Springer-Lehrbuch

Springer-Lehrbuch

Hermann Lux · Wolfgang Fichtner

Quantitative Anorganische Analyse
Leitfaden zum Praktikum

Neunte, neubearbeitete Auflage

Mit 50 Abbildungen

Springer-Verlag
Berlin Heidelberg New York
London Paris Tokyo
Hong Kong Barcelona Budapest

Professor Dr.-Ing. Hermann Lux
em. o. Prof. am Anorganisch-Chemischen Institut
der Technischen Universität München
Rottenbucherstraße 46
D-8032 Gräfelfing

Professor Dr. Wolfgang Fichtner
Fachhochschule Darmstadt
Fachbereich Chemische Technologie
Hochschulstr. 2
D-6100 Darmstadt

Die Deutsche Bibliothek – CIP-Einheitsaufnahme
Lux, Hermann: Praktikum der quantitativen anorganischen Analyse / Hermann Lux und Wolfgang Fichtner. – 9., neubearb. Aufl. – Berlin ; Heidelberg ; New York ; London ; Paris ; Tokyo ; Hong Kong ; Barcelona ; Budapest : Springer, 1992

ISBN-13: 978-3-540-55064-8   e-ISBN-13: 978-3-642-77246-7
DOI: 10.1007/978-3-642-77246-7

NE: Fichtner, Wolfgang:

Dieses Werk ist urheberrechtlich geschützt. Die dadurch begründeten Rechte, insbesondere die der Übersetzung, des Nachdrucks, des Vortrags, der Entnahme von Abbildungen und Tabellen, der Funksendung, der Mikroverfilmung oder der Vervielfältigung auf anderen Wegen und der Speicherung in Datenverarbeitungsanlagen, bleiben, auch bei nur auszugsweiser Verwertung, vorbehalten. Eine Vervielfältigung dieses Werkes oder von Teilen dieses Werkes ist auch im Einzelfall nur in den Grenzen der gesetzlichen Bestimmungen des Urheberrechtsgesetzes der Bundesrepublik Deutschland vom 9. September 1965 in der jeweils geltenden Fassung zulässig. Sie ist grundsätzlich vergütungspflichtig. Zuwiderhandlungen unterliegen den Strafbestimmungen des Urheberrechtsgesetzes.

© Springer-Verlag Berlin Heidelberg 1992

Die Wiedergabe von Gebrauchsnamen, Handelsnamen, Warenbezeichnungen usw. in diesem Werk berechtigt auch ohne besondere Kennzeichnung nicht zu der Annahme, daß solche Namen im Sinne der Warenzeichen- und Markenschutz-Gesetzgebung als frei zu betrachten wären und daher von jedermann benutzt werden dürfen.

Produkthaftung: Für Angaben über Dosierungsanweisungen und Applikationsformen kann vom Verlag keine Gewähr übernommen werden. Derartige Angaben müssen vom jeweiligen Anwender im Einzelfall anhand anderer Literaturstellen auf ihre Richtigkeit überprüft werden.

Bindearbeiten: Lüderitz & Bauer, Berlin
52/3020-6 5 4 3 2 1 0 — Gedruckt auf säurefreiem Papier

Vorwort zur neunten Auflage

Mit der vorliegenden neunten Auflage übernimmt der Unterzeichner die Bearbeitung des „Praktikums der quantitativen anorganischen Analyse", eines Lehrbuchs also, das auf eine jahrzehntelange Tradition zurückblicken kann. Es wendet sich an alle diejenigen, die während ihrer chemischen Ausbildung quantitativ arbeiten, also an Studenten von Universitäten und technischen Hochschulen mit Chemie als Haupt- oder Nebenfach, Fachhochschulstudenten, aber auch an angehende Laboranten und Chemotechniker sowie an Angehörige verwandter Ausbildungsgänge. Ferner soll es natürlich auch dem im Beruf Stehenden eine Hilfe sein.

Alle Kapitel wurden einer sorgfältigen Überarbeitung unterzogen. Veraltete Einheiten wurden durch die SI-Einheiten ersetzt, veraltete Literaturhinweise gestrichen, und die Nomenklatur wurde den geltenden Regeln angeglichen. Der Zuwachs des Textumfanges hält sich in engen Grenzen, um den bisherigen Charakter als Praktikumsbuch zu wahren. Es ist zu hoffen, daß sich diese Konzeption weiterhin als „benutzerfreundlich" erweist; für Hinweise auf Mängel oder Verbesserungsmöglichkeiten ist der Autor dankbar.

Darmstadt, im Januar 1992   W. Fichtner

Vorwort zur dritten bis siebenten Auflage

Im Text der dritten und vierten Auflage des Buches — der siebten bzw. achten seit seiner Begründung durch Alfred Stock — sind wiederum zahlreiche Erfahrungen berücksichtigt, die im Unterricht inzwischen gesammelt wurden. Darüber hinaus kamen neue Aufgaben hinzu, darunter Anwendungen von Ionenaustauschern, die Bestimmung von Calcium mit EDTA-Lösung, von Ammoniak nach der Formaldehydmethode und von Kalium mit Tetraphenylboranat. Auch einige theoretische Abschnitte wurden neu eingefügt, so daß das Buch in dem gegebenen Rahmen allen fruchtbaren neueren Entwicklungen Rechnung trägt und eine genügend große Auswahl an Aufgaben bietet. Als Abschluß des Praktikums sollte nach Möglichkeit anstelle einer ,,Prüfungsanalyse" eine Aufgabe aus der laufenden Literatur mit dem Zeitbedarf einer schwierigeren Trennung gestellt werden, bei der z. B. ein neueres Verfahren oder der Einfluß von pH-Änderungen oder störenden Elementen näher untersucht werden kann. Die Studierenden widmen sich einer solchen kleinen, eigenen Forschungsarbeit erfahrungsgemäß mit größtem Eifer und Interesse. In der sechsten Auflage wurde u. a. ein weiterer Abschnitt eingefügt, der eine tabellarische Übersicht über das Gesamtgebiet der analytischen Chemie enthält.

München, im Juni 1979 H. Lux

Vorwort zur ersten Auflage

Das Praktikum der quantitativen anorganischen Analyse von Alfred Stock und Arthur Stähler hat mit der vorliegenden Neuauflage eine sehr weitgehende Umgestaltung in Aufbau und Inhalt erfahren. Der Text wurde vollständig neu gefaßt, die Mehrzahl der Abbildungen erneuert.

Weggefallen sind die einführenden Versuche zur Gasanalyse und potentiometrischen Titration. Übungen in der Gasanalyse finden aus praktischen Gründen meist in Form eines Sonderkurses statt. Die Beschäftigung der Studierenden mit potentiometrischer Maßanalyse etwa im dritten Semester erscheint mir verfrüht. Diese Verfahren setzen ein gewisses theoretisches und praktisches Verständnis physikalisch-chemischer und elektrischer Meßverfahren voraus. Sie sollten daher in einem ihrer Bedeutung entsprechenden Umfang im Rahmen eines vertieften anorganischen Praktikums behandelt werden.

Weggeblieben ist weiterhin der Anhang, der ausführliche Angaben über die Bereitung und Ausgabe der zu analysierenden Lösungen enthielt. Der dadurch gewonnene Raum ermöglichte es, den Inhalt des Buches dem heutigen Stand anzupassen und in verschiedener Hinsicht zu erweitern. Zunächst wurden einige besonders wichtige moderne und ältere Arbeisweisen, die der Studierende unbedingt kennenlernen sollte, neu aufgenommen. Dadurch kann zugleich im Praktikum etwas mehr Abwechslung geboten werden. Die Arbeitsvorschriften sind nach Möglichkeit so gehalten, daß nicht nur Lösungen, sondern auch feste Substanzen analysiert werden können. Das Experimentelle ist, soweit es notwendig war, eingehender als früher behandelt.

An alle Aufgaben schließen sich nunmehr knapp gehaltene Erläuterungen, die dem Studierenden die vorerst notwendigsten Zusammenhänge und einen gewissen Überblick vermitteln sollen, um ihn vor verständnislosem „Herunterkochen" seiner Analyse zu bewahren. Die gegebenen Literaturhinweise beziehen sich durchweg auf theoretisch leicht verständliche, instruktive Arbeiten.

Den Herren Prof. W. Hieber und Prof. E. Wiberg danke ich für die freundlichen Hinweise bei der Durchsicht des Manuskripts.

München, im Oktober 1940 H. Lux

Inhalt

Einleitung

I. **Praktische und allgemeine Anweisungen** 3
   1 Glas, Porzellan, Quarzglas, Platin 3
   2 Zerkleinern und Sieben 6
   3 Trocknen und Aufbewahren 7
   4 Wiegen 9
   5 Abmessen von Flüssigkeiten 15
   6 Auflösen, Eindampfen und Abrauchen 22
   7 Fällen 25
   8 Filter, Trichter und Spritzflasche 27
   9 Filtrieren und Auswaschen 30
   10 Filtertiegel und Membranfilter 32
   11 Erhitzen 35
   12 Veraschen 39
   13 Reinigen der Geräte 40
   14 Reagenzien 42
   15 Menge und Konzentration 45
   16 Berechnung der Ergebnisse 48
   17 Feuchtigkeitsgehalt und Glühverlust 53
   18 Weiterführende Literatur 54

II. **Gewichtsanalytische Einzelbestimmungen** 58
    Allgemeines 58
    1 Chlorid als Silberchlorid 61
    2 Sulfat als Bariumsulfat 66
    3 Blei als Bleichromat 70
    4 Eisen als Oxid 70
    5 Aluminium als Oxid 73
    6 Calcium als Carbonat oder Sulfat 75
    7 Magnesium als Diphosphat 78
    8 Zink als Diphosphat 80
    9 Quecksilber als Sulfid 81

	10 Magnesium als Hydroxychinolat	82
	11 Aluminium als Hydroxychinolat	84
	12 Kalium als Tetraphenylborat	85
	13 Phosphat in Phosphorit	86
III.	**Maßanalytische Neutralisationsverfahren**	91
	Allgemeines zur Maßanalyse	91
	1 Säuren, Basen und Salze	95
	2 Herstellung von 0,1 n HCl	105
	3 Herstellung von 0,1 n Natronlauge	108
	4 Bestimmung des Gehalts von konz. Essigsäure	109
	5 Alkalimetallbestimmung im Borax	110
	6 Bestimmung von Ammoniak in Ammoniumsalzen nach der Formaldehydmethode	112
	7 Stufenweise Titration der Phosphorsäure	112
	8 Bestimmung von Phosphat durch Ionenaustausch	113
	9 Bestimmung von Na^+ in Natriumcarbonat	114
	10 Bestimmung von Hydrogencarbonat neben Carbonat	115
	11 Bestimmung von Stickstoff in Nitraten	117
	12 Stickstoff nach Kjeldahl	119
IV.	**Maßanalytische Fällungs und Komplexbildungsverfahren**	122
	1 Herstellung von 0,1 n $AgNO_3$-Lösung	123
	2 Chlorid nach Mohr	123
	3 Bromid mit Eosin als Adsorptionsindikator	124
	4 Chlorid nach Volhard	125
	5 Quecksilber nach Volhard	127
	6 Cyanid nach Liebig	127
	7 Titration von Calcium mit EDTA-Lösung	128
	8 Bestimmung von Bismut und Blei nebeneinander	129
V.	**Maßanalytische Oxidations- und Reduktionsverfahren**	130
	Allgemeines	130
	1 Manganometrie	136
	1.1 Herstellung von 0,1 n $KMnO_4$-Lösung	136
	1.2 Calcium	137
	1.3 Eisen	138
	1.4 Mangan	143
	1.5 Mangan in Eisensorten nach Volhard-Wolff	143
	2 Cerimetrie	144

Inhalt XI

2.1 Herstellung von 0,1 n Ce(SO$_4$)$_2$-Lösung 144
2.2 Wasserstoffperoxid 146
3 Dichromat-Verfahren 146
3.1 Eisen in Magnetit 146
4 Titan(III)-Verfahren 148
4.1 Herstellung von 0,02 n TiCl$_3$-Lösung 148
4.2 Eisen in Braunstein 149
5 Iodometrie 149
   5.1 Kaliumiodid als Reduktionsmittel 150
      5.1.1 Herstellung einer 0,1 n Thiosulfatlösung .. 150
      5.1.2 Nitrit 153
      5.1.3 Chromat 153
      5.1.4 Chlorkalk 154
      5.1.5 Oxidationswert von Braunstein nach Bunsen 155
      5.1.6 Bestimmung des Kupfers in Messing 156
      5.1.7 Cobalt 158
      5.1.8 Iodid 159
   5.2 Iodlösung als Oxydationsmittel 160
      5.2.1 Herstellung einer 0,1 n Iodlösung 160
      5.2.2 Arsen 160
6 Oxidationen mit Kaliumbromat und Kaliumiodat ... 162
   6.1 Herstellung einer 0,1 n Kaliumbromatlösung ... 162
   6.2 Antimon 162
   6.3 Zink als Hydroxychinolat, bromatometrisch 163
   6.4 Bestimmung von Bromid neben Chlorid mit KIO$_3$-Lösung 164

VI. Trennungen 165
Allgemeines 165
1 Ermittlung eines Bestandteils aus der Differenz: Eisen – Aluminium 166
2 Trennung durch ein spezifisches Fällungsreagens ... 166
   2.1 Calcium – Magnesium 166
   2.2 Bestimmung von Zink neben Eisen 167
3 Trennung durch Hydrolyse: Eisen und Mangan in Spateisenstein 170
4 Trennung nach komplexer Bindung eines Bestandteils: Nickel in Stahl 174
5 Trennung nach Verändern der Oxidationsstufe: Chrom in Chromeisenstein 178

XII   Inhalt

      6 Trennungen mit Hilfe von Ionenaustauschern 179
         6.1 Bestimmung von Calcium und Phosphat in Phosphorit 183
         6.2 Trennung Kupfer – Arsen 184
      7 Trennung durch Herauslösen eines Bestandteils: Natrium – Kalium 185
      8 Trennung durch Destillation: Arsen – Antimon 188
      9 Indirekte Analyse: Chlorid – Bromid 192

VII. Elektroanalyse 195
    Allgemeines 195
      1 Kupfer aus schwefelsaurer Lösung 202
      2 Silber 205
      3 Nickel 206
      4 Blei, schnellelektrolytisch 207
      5 Kupfer, schnellelektrolytisch 209

VIII. Kolorimetrie und Fotometrie 211
    Allgemeines 211
      1 Titan, kolorimetrisch 218
      2 Eisen, kolorimetrisch in einer Aluminiumlegierung . 218
      3 Mangan, kolorimetrisch 219
      4 Eisen, fotometrisch 221
      5 Kupfer, fotometrisch 222

IX. Vollständige Analysen von Mineralien und technischen Produkten 224
      1 Dolomit 224
         1.1 Feuchtigkeitsgehalt und Glühverlust 224
         1.2 Löserückstand 224
         1.3 Eisen und Aluminium 225
         1.4 Calcium 225
         1.5 Magnesium 226
         1.6 Kohlendioxid 226
      2 Messing (Bronze) 230
         2.1 Zinn 231
         2.2 Blei 232
         2.3 Kupfer 233
         2.4 Eisen 233
         2.5 Zink 233

Inhalt XIII

    3 Kupfer–Nickel-Legierung 234
    4 Kupferkies 235
       4.1 Löserückstand 235
       4.2 Kupfer 237
       4.3 Eisen 237
       4.4 Schwefel 238
    5 Bestimmung des Schwefelgehaltes von Pyrit durch Abrösten 239
    6 Hartblei 241
    7 Feldspat 244
       7.1 Kieselsäure 244
       7.2 Eisen- und Aluminiumoxid („R_2O_3") 248
       7.3 Calcium, Magnesium 250
       7.4 Alkalimetalle nach Smith 250
    8 Bestimmung der Alkalioxide in einem Glas 253

X.   **Aufgaben und Methoden der Analytischen Chemie** 254

Atomgewichte 257

Sachverzeichnis 260

Einleitung

Die quantitative Analyse ist ein Teilgebiet der *Analytischen Chemie*, deren Aufgaben vom qualitativen Nachweis anorganischer oder organischer Stoffe bis zu deren quantitativer Bestimmung, von der analytischen Trennung sehr ähnlicher Elemente wie der Lanthaniden bis zur Zerlegung kompliziertester Gemische organischer Stoffe und von der Atomgewichtsbestimmung bis zur radiochemischen Analyse reichen. Der Vielzahl der zu bewältigenden Aufgaben steht eine stattliche Reihe der verschiedenartigsten chemischen und physikalischen Methoden gegenüber, die ihrerseits nicht nur zur Beantwortung rein analytischer Fragen herangezogen werden können, sondern häufig auch Aussagen über Molekülbau, Kristallstruktur, Reaktionskinetik und viele andere Probleme ermöglichen.

Die *quantitative Analyse* dient zur Ermittlung der Mengen einzelner Bestandteile oder Elemente, die in einem Stoff enthalten sind. Für Wissenschaft und Technik ist sie von größter Bedeutung. Sie ergibt Zusammensetzung und Formel neuer Substanzen, sie liefert Aufschluß über Reinheit, Brauchbarkeit und den Verkaufswert chemischer Erzeugnisse.

Die Wahl eines zweckmäßigen quantitativ-analytischen Verfahrens ist nur möglich, wenn man die *qualitative* Zusammensetzung des zu analysierenden Materials kennt, wie bei vielen technischen Serienanalysen. Oft genug ist aber die qualitative Zusammensetzung des vorliegenden Materials nicht oder nur unzureichend bekannt. In diesen Fällen muß der quantitativen Analyse eine sorgfältige qualitative Analyse vorangehen, die auch bereits erkennen lassen muß, welche Bestandteile in großen Mengen und welche als geringfügige Beimengungen oder Verunreinigungen zugegen sind. Von den Ergebnissen ist häufig der Gang der quantitativen Analyse abhängig zu machen.

Es gibt eine Reihe grundsätzlich verschiedener *Verfahren der quantitativen Analyse*.

Bei der *Gewichtsanalyse* wird der zu bestimmende Stoff von den sonstigen Bestandteilen der Analysensubstanz durch Fällen, Destillieren oder andere Maßnahmen getrennt und in eine zur Wägung geeignete Form übergeführt. Bei der *Elektroanalyse* scheidet man das gesuchte Element mit Hilfe des elektrischen Stromes in wägbarer Form ab.

Die *Maßanalyse* beruht darauf, daß man der Lösung des zu bestimmenden Stoffes so lange eine Reagenslösung von bekanntem Gehalt zusetzt, bis die Umsetzung gerade beendet ist. Dieser Punkt läßt sich häufig an einer auffallenden Änderung der Farbe oder in anderer Weise erkennen. Die Maßanalyse findet wegen der Einfachheit und Schnelligkeit der Ausführung ausgedehnteste Verwendung.

In manchen Fällen kann man durch Zusammenbringen der Analysensubstanz mit geeigneten Reagenzien gasförmige Stoffe gewinnen, aus deren Volumina Rückschlüsse auf die Zusammensetzung der Substanz gezogen werden können. Dieses Verfahren, die *Gasvolumetrie*, steht jedoch an Bedeutung weit zurück hinter der eigentlichen *Gasanalyse*, bei der die quantitative Zusammensetzung von Gasgemischen ermittelt wird.

Physikalische Verfahren der quantitativen Analyse ermöglichen oft eine fortlaufende Überprüfung der Zusammensetzung. Bei ihnen wird aus geeigneten physikalischen Meßwerten auf die quantitative Zusammensetzung des untersuchten Stoffes geschlossen. Ein Beispiel ist die Bestimmung des Chlorwasserstoffs in wäßriger Salzsäure mittels des Aräometers. Wie hier die Dichte, so eignen sich auch viele andere Eigenschaften zu ähnlichen Messungen, z. B. Farbe (Kolorimetrie), Lichtbrechung (Refraktometrie), Drehung der Polarisationsebene des Lichtes (Polarimetrie), Dielektrizitätskonstante (dielektrische Analyse), elektrische Leitfähigkeit (konduktometrische Maßanalyse), elektromotorische Kraft (potentiometrische Maßanalyse), Stromstärke (amperometrische Titration, Polarographie), Strommenge (Coulometrie, coulometrische Titration), Radioaktivität (radiometrische Analyse, Aktivierungsanalyse), Reaktionswärme (thermometrische Maßanalyse).

Eine kurze Übersicht über das Gesamtgebiet der analytischen Chemie findet man in Abschnitt X.

I. Praktische und allgemeine Anweisungen[1]

1 Glas, Porzellan, Quarzglas, Platin

Bei quantitativen Arbeiten ist es unbedingt notwendig, die Eigenschaften des Gerätematerials genau zu erkennen, um Fehler zu vermeiden, die entstehen, wenn man ihm mehr zumutet, als es zu leisten vermag.

Das *gewöhnliche Glas* (Natrium-Calcium-Silicat) ist in Wasser und Säuren, zumal in der Wärme, etwas *löslich;* größer ist die chemische Widerstandsfähigkeit des alkaliarmen *Jenaer Glases* und mancher anderer „Geräteglas"-Sorten, welche auch bei Temperaturänderungen weniger leicht springen. Die starkwandigeren Geräte aus Jenaer *Duranglas* zeichnen sich ferner durch geringere Zerbrechlichkeit aus. *Alle Glassorten werden jedoch durch alkalische wäßrige Lösungen erheblich angegriffen* (vgl. S. 43).

Porzellan wird von Wasser und Säuren (ausgenommen Phosphorsäure) nur wenig, von alkalischen Lösungen jedoch ebenso stark angegriffen wie Glas.

Das bis gegen 1100 °C verwendbare, durchsichtige *Quarzglas* oder das billigere, durch Gasbläschen getrübte *Quarzgut* ist besonders gegen saure Lösungen sehr beständig, wird aber schon in der Kälte durch Laugen, bei höherer Temperatur durch alle basischen Oxide, durch Phosphorsäure und Borsäure angegriffen. Schon Spuren basischer Oxide (Handschweiß!) führen beim Erhitzen über 1000 °C rasch zur oberflächlichen Entglasung und damit zum Trübwerden des Quarzglases. Alle Stellen, die höher erhitzt werden sollen, sind daher zuvor mit alkoholfeuchter Watte abzureiben. Wegen seines kleinen Ausdehnungskoeffizienten springt Quarzglas auch bei schroffen Temperaturänderungen nicht.

Gewöhnliches Glas adsorbiert an der Luft nennenswerte Mengen Feuchtigkeit $(1-10 \text{ mg}/100 \text{ cm}^2)$; Jenaer Glas und Porzellan zeigen diese Erscheinung in geringerem Maße.

---

[1] Eine ausführliche Behandlung aller experimentellen Fragen findet man bei H. Lux: Anorganisch-chemische Experimentierkunst. Leipzig: J. A. Barth, 3. Aufl. 1969.

Glasart	SiO_2	Al_2O_3	B_2O_3	BaO	CaO	K_2O	MgO	Na_2O	Bemerkungen
Borosilicatglas[a]	70 bis 80	2 bis 7	7 bis 13	bis 5	bis 5	bis 8	bis 5	bis 8	Temperaturwechselbeständigkeit, verminderter Ausdehnungskoeffizient
Geräteglas 20	74,5	8,3	4,6	3,9	0,8		0,1	7,7	enthält ferner geringe Mengen TiO_2
Quarzreiches Glas[b]	96	0,5	3					0,5	temperaturbeständig bis ca. 870 °C, gute Festigkeit, UV-durchlässig, geringe Wärmeausdehnung
Quarzglas[c]	99,5								enthält ferner Li_2O und Fluorid. UV-durchlässig bis max. ca. 120 nm
Supremax	57	20 bis 22	8,9		4,8	0,6	3 bis 9	0,6	temperaturbeständig bis ca. 700 °C, gute Resistenz gegen Laugen

[a] Auch „Jenaer Glas" (z. B. Duran, Pyrex, Solidex, Fiolax). Borosilicatgläser können ferner bis zu 0,3% Fe_2O_3 enthalten.
[b] Vycor. — Mit steigendem Quarzgehalt erhöhen sich Schmelzpunkt und Temperaturbeständigkeit.
[c] Bzw. Quarzgut (vgl. Text). Mitunter auch als „Kieselglas" bzw. „Kieselgut" bezeichnet.

Die Zusammensetzungen und einige weitere Eigenschaften gebräuchlicher „Laborgläser" sind in der Tabelle auf S. 4 aufgelistet (Angaben in Gewichtsprozent, die angegebenen Größen sind Richtwerte).

Platin, dem zur Erhöhung der mechanischen Festigkeit meist etwa 0,5 % Iridium zugesetzt ist, wird bei der quantitativen Analyse vielfach zu Tiegeln, Schalen, Spateln, Spitzen von Tiegelzangen u. dgl. verwendet. Seine mechanische und chemische Widerstandsfähigkeit, sein hoher Schmelzpunkt (1 772 °C) und sein gutes Wärmeleitvermögen machen es fast unersetzlich. Von freien Halogenen und stark alkalischen Schmelzen wird es jedoch angegriffen. Platingefäße dürfen daher nicht mit Stoffen zusammengebracht werden, welche Chlor oder Brom enthalten oder zu entwickeln vermögen, wie salzsaure Lösungen von Oxidationsmitteln (Salpetersäure, Manganate, Eisen(III)-salze). Von Kaliumdisulfat- oder Sodaschmelzen wird Platin nur wenig angegriffen, stärker alkalische Schmelzen, auch Mischungen von Soda mit Na_2O_2 oder KNO_3, sowie geschmolzene Alkalihydroxide korrodieren Platin rasch.

Weit unangenehmer als dieser nur oberflächlich einsetzende Angriff ist die Eigenschaft des Platins, sich mit Elementen wie C, P, S, As, Sb, Pb, Sn, Ag, Fe u. a. bei höherer Temperatur unter Bildung von zum Teil sehr leicht schmelzbaren *Legierungen* zu vereinigen. Zur Zerstörung ausreichende Mengen dieser Elemente entstehen leicht aus ihren *Verbindungen* unter der Einwirkung schwach reduzierender Flammengase. *Keinesfalls* dürfen im Platintiegel Stoffe wie $PbSO_4$, SnO_2, AgCl, CuO, Arsenate u. dgl. erhitzt werden; auch Phosphate sind gefährlich. Tone und andere Mineralien enthalten oft erhebliche Mengen von organischer Substanz oder Sulfiden, die bei der unbedachten Ausführung eines Sodaaufschlusses ebenfalls zur Zerstörung führen können. Platingeräte darf man nur im *oberen* Teil der *entleuchteten* Bunsen- oder Gebläseflamme erhitzen, niemals mit leuchtender Flamme, da sie sonst durch Aufnahme von Kohlenstoff brüchig und unbrauchbar werden; Abb. 1a zeigt die fehlerhafte, 1b die richtige Stellung eines Tiegels in der Bunsenflamme. Beim Veraschen von Filtern ist der Tiegel schräg zu stellen, damit reichlich Luft hinzutreten kann. Glühendes Platin soll auch nicht mit Eisen in Berührung kommen; man erwärme Platingeräte daher nur auf mit Quarzröhren umkleideten Drahtdreiecken und fasse sie, solange sie glühend sind, nur mit einer Zange mit Spitzen aus Platin oder Reinnickel.

Platin und noch stärker Iridium beginnen oberhalb 900 °C merklich zu verdampfen. Ein Tiegel aus Platin mit 1 % Iridium verliert z. B. bei 1 000 °C bereits 0,3 mg an Gewicht je Stunde. Für Glühungen bei 1 200 °C verwendet man daher Porzellan.

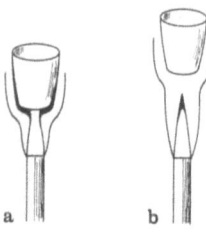

Abb. 1. Erhitzen des Platintiegels.
a falsch; b richtig

2 Zerkleinern und Sieben

Schwer angreifbare Stoffe müssen vor Beginn der Analyse sorgfältig zerkleinert werden. Man zerschlägt große Stücke mit einem Hammer, wobei man sie in glattes Papier oder Kunststoff-Folie einwickelt. Dann zerstößt man sie weiter in einem Stahlmörser (Abb. 2). In den röhrenförmigen, auf den Fuß des Mörsers aufgesetzten Teil werden einige grob zerkleinerte Stücke gegeben und nach Einführen des Stempels durch kräftige Hammerschläge zertrümmert. Das so dargestellte, etwa grießfeine Pulver wird schließlich in einer Reibschale aus Achat, verchromtem Stahl oder Borcarbid, ohne zu stoßen, in Mengen von je einer Messerspitze verrieben, bis keine größeren Teilchen mehr zu erkennen sind. Die Substanz soll nicht feiner verrieben werden, als es unbedingt notwendig ist, da hierbei merkliche Änderungen der Zusammensetzung durch Abreiben von Achat (dies besonders bei harten Stoffen wie SiO_2), durch Oxidation, durch Aufnahme von Feuchtigkeit u. a. m. eintreten können. Falls die Analysensubstanz leicht in Lösung zu bringen ist, pulverisiert man sie nur so weit, daß eine gute Durchschnittsprobe entnommen werden kann.

Häufig stellt sich jedoch bei schwer aufschließbaren Stoffen am Ende heraus, daß auch gröbere Teilchen vorhanden waren, die unangegriffen zurückbleiben. Es kann daher zweckmäßig sein, die Substanz zuvor durch ein feines Sieb zu streichen. Bleiben dabei gröbere Anteile

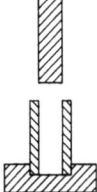 Abb. 2. Stahlmörser

zurück, so müssen diese von neuem zerkleinert werden, bis *alles* durchgesiebt ist. Andernfalls ist man nicht sicher, daß der zerkleinerte Teil die Zusammensetzung des ursprünglichen Materials hat. Zum Sieben kann man feine Drahtnetze aus Phosphorbronze verwenden[1], wobei nicht ganz zu vermeiden ist, daß Spuren Kupfer und Zinn in die Substanz gelangen. Man bindet das Sieb über ein Bechergläschen, in dem sich die Substanz befindet und befördert diese durch leichtes Beklopfen des umgedrehten Glases auf Glanzpapier.

Metallische Stoffe zerteilt man je nach ihrer Sprödigkeit durch Pulvern, Raspeln, Drehen, Bohren oder Auswalzen und Zerschneiden und extrahiert etwa anhaftendes Öl mit Ether.

Bei technischen Analysen kommt es häufig darauf an, aus einer großen Materialmenge eine Durchschnittsprobe zu entnehmen. Durch die Verbände der einzelnen Industriezweige sind für die meisten derartigen Fälle besondere Vorschriften ausgearbeitet worden.

3 Trocknen und Aufbewahren

Wenn eine Substanz getrocknet werden soll, wird sie in dünner Schicht in einem flachen Wägegläschen ausgebreitet und auf 110 °C oder höher erhitzt. Man verwendet dabei einen Trockenschrank oder einen Aluminiumblock. Die Trocknung ist erst dann beendet, wenn sich das Gewicht der Substanz bei weiterem Trocknen nicht mehr ändert.

Um getrocknete Substanzen, Wägegläser oder Tiegel vor Staub und Feuchtigkeit geschützt aufzubewahren, benutzt man starkwandige, Exsiccatoren genannte Glasgefäße mit plan aufgeschliffenem Deckel

---

[1] Lichte Maschenweite 0,060 mm entspricht 10 000 Maschen/cm^2; Maschenweite 0,090 mm entspricht 5 000 Maschen/cm^2; Pulver mit größerem Teilchendurchmesser ist bereits „fühlbar".

(Abb. 3), die nicht größer gewählt werden sollten, als es notwendig ist. Um einen luftdichten Abschluß zu erzielen, werden beide Ränder sparsam mit Exsiccatorfett eingerieben; altes Fett ist mit Watte und Toluol zu entfernen. In die Schale im unteren Teil gibt man meist 1 – 2 cm hoch als Trockenmittel gekörntes Calciumchlorid, das, solange es frisch ist, den Wasserdampfpartialdruck nach längerer Zeit bis auf etwa 0,4 mbar (entspricht einem Wasserrückstand von 0,3 mg H_2O/l Luft) herabsetzt. Der Exsiccator ist stets so rasch wie möglich wieder zu schließen. Weitere Trockenmittel sind wasserfreies $CaSO_4$ (0,005 mg H_2O/l), konzentrierte Schwefelsäure (0,003 bis 0,3 mg H_2O/l), von der man soviel zu Glasperlen gibt, daß beim Umhertragen nichts davon verspritzen kann, Kaliumhydroxid als Plätzchen oder Stangen (0,002 mg H_2O/l), wasserfreies Magnesiumperchlorat ($5 \cdot 10^{-4}$ mg H_2O/l) oder auf Glaswolle gestreutes Phosphorpentoxid ($< 2,5 \cdot 10^{-5}$ mg H_2O/l). Silicagel („Blaugel") hat nur geringe Trockenwirkung; der Farbumschlag nach rot erfolgt bei einem Wasserdampfdruck von etwa 4,7 mbar.

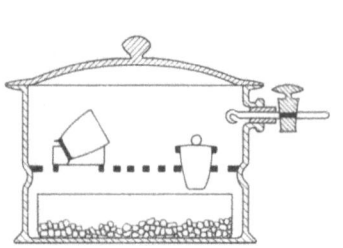

Abb. 3. Exsiccator

Abb. 4. Exsiccatoreinsatz mit drei verschiedenen Lochweiten

Als Unterlage für Tiegel (mit Porzellanschuh) oder Wägegläser dient ein kräftiges Messingdrahtnetz oder der in Abb. 4 wiedergegebene, aus Nickelband hergestellte Einsatz oder auch eine gelochte Porzellanplatte, die nötigenfalls mit drei Korken festgeklemmt wird. Empfindliche Substanzen, die das Erhitzen auf höhere Temperatur nicht vertragen, müssen bei Zimmertemperatur im Exsiccator von Feuchtigkeit befreit werden. Durch Evakuieren des Exsiccators mit Hilfe einer Drehkolbenpumpe läßt sich das Trocknen erheblich beschleunigen. Falls man eine Wasserstrahlpumpe verwenden will, ist es zweckmäßig, eine leere Saugflasche mit Manometer oder ein Rückschlagventil vorzuschalten, da sonst bei gelegentlichem Nachlassen des Wasserdrucks Wasser in den Exsiccator zurücksteigt. Sobald das erreichbare Vakuum hergestellt ist, wird der Hahn am Exsiccator geschlossen, um das Rückdiffundieren von Wasserdampf zu verhindern.

Exsiccatoren der in Abb. 3 gezeigten Bauweise sind im Laboratorium am weitesten verbreitet. Es empfiehlt sich, sie zum Schutz gegen Implosionen mit durchsichtiger Klebefolie zu umwickeln; ferner gibt es auch Geräte mit angenäherter Kugelform, die gegen den äußeren Druck unempfindlicher sind. Für lichtempfindliche Substanzen sind auch Exsiccatoren aus braunem Glas im Handel.

Soll zur Ermittlung der Formel eine präparativ dargestellte und gereinigte Substanz analysiert werden, die flüchtige Bestandteile wie Kristallwasser oder Pyridin enthält, so darf die oberflächlich anhaftende Feuchtigkeit nur unter Bedingungen entfernt werden, die eine Zersetzung ausschließen. Man trocknet in diesem Fall an der Luft oder gibt in den Exsiccator gesättigte Lösungen geeigneter Salze, die einen bestimmten Wasserdampfpartialdruck aufrechterhalten (Hygrostaten).

4 Wiegen

Im allgemeinen geht man bei quantitativen Analysen von 0,5 – 1 g Substanzeinwaage aus, in Sonderfällen auch von mehr. Die erforderlichen Wägungen werden auf einer „analytischen Waage" (Höchstbelastung 100 g!) in der Regel auf $\pm 0,1$ mg genau ausgeführt. Nicht behandelt werden in diesem Buch die Verfahren der Halbmikroanalyse (50 – 100 mg Einwaage) und der Mikroanalyse (5 – 20 mg Einwaage), bei denen Waagen von höherer Empfindlichkeit Verwendung finden.

Die älteste heute noch benutzte und wahrscheinlich bekannteste Waage ist die zweiarmige Balkenwaage (Hebelwaage) mit je einer Waagschale an beiden Enden. Der Waagebalken ist ein gleicharmiger Hebel. Sein Drehpunkt besteht aus einer Stahlschneide, die auf einer ebenen Unterlage aus Stahl oder Achat ruht. Vor Ausführung einer Wägung[1]

---

[1] In diesem Buch werden die Verben „wiegen" und „wägen" nicht sinngleich gebraucht, lediglich der Ausdruck „Wägung" wurde beibehalten. „Wiegen" bedeutet die Feststellung des Gewichtes eines Gegenstandes, unter „wägen" versteht man hingegen „Gewichte eichen".

ist die **Lage des Nullpunkts** zu bestimmen, der sich annähernd in der Mitte der Skala befinden soll und bei unmittelbar aufeinanderfolgenden Bestimmungen genau reproduzierbar sein muß. Abbildung 5 zeigt eine derartige Skala, die sich unten an der Waage befindet. Man setzt den Reiter genau auf die Nullmarke des Waagebalkens, bringt die Waage durch vorsichtiges Lösen der Arretierung in Schwingung, so daß der Zeiger im ganzen etwa über 5 – 10 Teilstriche hinweggeht und beobachtet, sobald die Schwingungen gleichmäßig geworden sind (Luftströmungen!), drei aufeinanderfolgende Ausschläge. Das beobachtende Auge muß sich dabei *genau* vor der Mitte des Waagekastens befinden, um parallaktische Fehler zu vermeiden. Um stets positive Werte zu erhalten, zählt man die Teilstriche vom linken oder besser vom *rechten* Ende, nicht von der Mitte der Teilung aus. In Abb. 5 markieren die Positionen *a*, *b* und *c* die Umkehrpunkte des Zeigers. Da diese, wie angedeutet, ihre Lage ändern, ist es notwendig, für den *gleichen* Zeitpunkt, in dem der Zeiger bei *b* links umkehrt, auf der rechten Seite aus den Werten von *a* und *c* einen Umkehrpunkt zu interpolieren, indem man aus diesen das arithmetische Mittel bildet. Lauten die Ablesungen z. B. $a = 3,9$; $b = 14,1$; $c = 5,1$, so ergibt sich für die Null-Lage $4,5 + 14,1 = 18,6$. Bei Division durch 2 erhält man die wirkliche Lage des Schwingungsmittelpunktes auf der Skala. Wenn mit der Zählung rechts begonnen wird, ändern sich die abgelesenen Werte im gleichen Sinne wie die rechts aufgelegten Gewichte. Die Bestimmung des Nullpunkts kann allenfalls unterbleiben, wenn die *zugehörige* zweite Wägung *unmittelbar* auf die erste folgt. Langsame Verschiebungen des Nullpunkts werden u. a. durch ungleiche Aufnahme von Feuchtigkeit durch die Achatschneiden bei Änderung der Luftfeuchtigkeit hervorgerufen.

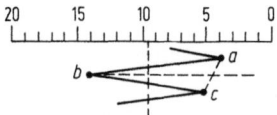

Abb. 5. Bestimmung des Schwingungsmittelpunktes

Man überzeuge sich auch davon, daß die Waage auf die richtige **Empfindlichkeit** eingestellt ist. Die Summe der Ausschläge sollte sich bei einer gewöhnlichen analytischen Waage und normaler Belastung um 2 – 3 Einheiten ändern, wenn man durch Verschieben des Reiters

4 Wiegen

1 mg zulegt. Diese Empfindlichkeit ist mehr als ausreichend, um auf 0,1 mg genau wiegen zu können; größere Empfindlichkeit ist nur von *Nachteil*, weil sich dann die Lage des Nullpunkts leichter ändert, die Schwingungen länger dauern und die Empfindlichkeit stärker von der Belastung abhängt.

Bei Ausführung einer Wägung bringt man den zu wiegenden Gegenstand auf die linke Waagschale, legt rechts die erforderlichen Gewichte auf 5 – 10 mg genau auf und ermittelt die Milligramme und ihre Bruchteile, indem man den Reiter auf der Teilung des Waagebalkens solange verschiebt, bis die durch Schwingungsbeobachtung ermittelte Ruhelage des Zeigers auf den zuvor bestimmten Nullpunkt fällt. Bei einiger Übung kommt man weit schneller zum Ziel, wenn man den Reiter nur auf *ganze* Milligramme setzt und die Zehntelmilligramme aus der Abweichung vom Nullpunkt mit Hilfe der für normale Belastung einmal festgestellten Empfindlichkeit errechnet.

Bei älteren Waagen befindet sich die Nullmarke für den Reiter noch in der Mitte des Waagebalkens, während an beiden Enden 10 mg-Marken, einem Reitergewicht von 10 mg entsprechend, angebracht sind. Zweckmäßiger beginnt die tief eingekerbte Teilung am linken Ende mit Null, während die Zehner-Marke sich am rechten Ende befindet, in diesem Falle verwendet man einen Reiter von 50 mg oder auch von 5 mg.

Bei Waagen, die mit Luftdämpfung versehen sind, klingen die Schwingungen so schnell ab, daß die Ruhelage des Zeigers nach kurzer Zeit unmittelbar abgelesen werden kann.

Eine Variante der zweiarmigen Balkenwaage ist die einschalige, ungleicharmige Balken- oder Hebelwaage. Bei ihr zeigt eine Waagschale nach vorne, die zweite ist in einem Gehäuse verdeckt durch eine mechanische Vorrichtung ersetzt, die es gestattet, die Gegenmasse in Form von Schaltgewichten aufzulegen oder zu entfernen. Diese Waagen sind häufig mit einer Projektionsablesung ausgerüstet, wobei die erste, zweite, dritte und vierte Dezimalstelle des in Gramm ausgedrückten Gewichts unmittelbar abzulesen ist. Oftmals ist mit der Waage innerhalb des Gehäuses noch eine Vorwiegeeinrichtung („Vorwaage") verbunden. Diese ermöglicht es, das Gewicht des Wägeguts zunächst grob zu bestimmen – beispielsweise auf Zehntelgramme genau – bevor es endgültig abgewogen wird. Durch diese Konstruktion werden die Schneiden geschont. Ganz moderne Waagen zeigen das Gewicht digital an und drucken es gleich aus.

Auf andere Waagentypen (beispielsweise Elektrowaagen) wird in diesem Buch nicht eingegangen.

Bei der **Wägung** ist im einzelnen zu beachten: Die zu wiegende Substanz wird nie unmittelbar auf die Waagschale gebracht, sondern in einem *geeigneten*, leichten Gefäß abgewogen. Meist empfiehlt es sich, sie in einem langen, mit Schliffkappe und Füßchen versehenen „Wägeröhrchen" zu wiegen, aus dem Röhrchen dann eine passende Menge in das Gefäß zu schütten, in welchem das Material weiterverarbeitet werden soll, und das Röhrchen zurückzuwiegen. Bei langen Röhrchen von bekanntem Gewicht ist die Menge besser abzuschätzen als bei den standfesteren Wägegläschen. Für zwei aufeinanderfolgende Einwaagen sind insgesamt nur 3 Wägungen notwendig.

Falls eine *bestimmte* Menge einer − an der Luft unveränderlichen − Substanz eingewogen werden soll, verwendet man offene Wägeschiffchen aus Glas oder Kunststoff. Nach Möglichkeit bedient man sich hierbei einer „Einwiegewaage".

Das Auflegen und Abnehmen von Wägegut und/oder Gewichten darf nur bei arretierter Waage unter Benutzung der seitlichen Türen erfolgen. Hochziehen des vorderen Schiebefensters führt zu Fehlern durch Erschütterung der Waage und durch die Atemfeuchtigkeit. Um festzustellen, ob das probeweise aufgelegte Gewicht zu leicht oder zu schwer ist, löst man die Arretierung nur so weit, daß der Zeiger 1−2 Teilstriche ausschlägt. Schwingt die Waage, so arretiert man, wenn der Zeiger sich dem Nullpunkt *nähert*. Vor der endgültigen Wägung sind die Türen des Waagengehäuses zu schließen, damit Störungen durch Luftströmungen ausgeschlossen werden.

Wird ein Gewichtssatz benutzt, so schreibt man sich das Ergebnis zunächst nach den Lücken im Kästchen auf und prüft die Zahl beim Abnehmen der Gewichte von der Waagschale. *Waage und Gewichte sind peinlich sauber zu halten.*

Jede Erwärmung oder Kälteeinwirkung durch Fenster, Heizkörper, Lampen, Sonnenstrahlung, Hände usw. sind von der Waage möglichst fern zuhalten. Heiße Gegenstände, die gewogen werden sollen, läßt man erst an der Luft etwas abkühlen und stellt sie dann im Exsiccator neben die Waage, bis völliger Temperaturausgleich eingetreten ist. Platingefäße dürfen nach einer halben Stunde, Glas- und Porzellangeräte nach 45 min. gewogen werden. Diese Zeit ist unbedingt einzuhalten. Ein bedeckter Tiegel, dessen Temperatur nur um 1 °C höher ist als die Umgebung, erfährt allein infolge der geringeren Dichte der in ihm enthaltenen wärmeren Luft etwa 0,1 mg Auftrieb; im gleichen Sinne wirken die dabei auftretenden Konvektionsströmungen der Luft. Den Gewichtssatz bewahre man des Temperaturausgleichs wegen im Wägezimmer auf.

Verschlossene, über Calciumchlorid aufbewahrte Wägegläschen oder sonstige *Glas*geräte stellt man vor der Wägung etwa 10 min. ins Innere des Waagekastens, damit sich ihre stets von einer dünnen Silicagelschicht bedeckte Oberfläche mit der Feuchtigkeit der Luft ins Gleichgewicht setzen kann. Beim Wiegen von größeren Glasgeräten wie U-Rohren, Wägebüretten u. dgl. ist es zweckmäßig, ein gleiches, ganz wenig leichteres Gerät als Tara zu benutzen, so daß sich die durch Adsorption von Feuchtigkeit hervorgerufenen Fehler kompensieren. Quarzglas zeigt diese störende Erscheinung nicht. Porzellan- oder Platintiegel mit geglühten oder getrockneten Niederschlägen werden in *bedecktem* Zustand möglichst rasch gewogen, wobei das von der vorangehenden Wägung her schon bekannte Gewicht vorher aufgelegt ist; enthalten die Tiegel stark hygroskopische Substanzen, so muß man sie in ein größeres Wägeglas einschließen. Wichtig ist, daß man bei der Leerwägung in genau der *gleichen* Weise vorgeht wie bei der Wägung mit Substanz.

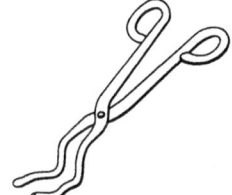

Abb. 6. Tiegel-Haltezange

Etiketten, Glanzpapier, Filtrierpapier, Korken, durch Fingerabdrücke beschmutzte Geräte u. dgl. zeigen kein konstantes Gewicht; sie gehören nicht auf eine analytische Waage. Gegenstände, die *sofort* gewogen werden sollen, faßt man bei genauen Analysen stets mit einer Haltezange (Abb. 6), sonst wegen der damit verbundenen Erwärmung höchstens ganz kurz mit den Fingerspitzen; um eine Beschmutzung des Wägeguts zu vermeiden, kann man auch ein Stück Rehleder, Zinnfolie oder nichtfaserndes Tuch zu Hilfe nehmen. Gewichte dürfen nur mit der dafür bestimmten Pinzette gefaßt werden. Zur Wägung bestimmte Gegenstände reibt man nicht mit einem Leder oder Tuch ab, da sich hierbei – besonders stark bei Quarzglas – elektrische Oberflächenladungen ausbilden, welche die Wägung stören.

Zu genauen Wägungen mit der zweiarmigen Balkenwaage verwendet man einen „**analytischen Gewichtssatz**". Wenn er *neu* von einer zuverlässigen Firma bezogen ist, bedarf er keiner besonderen Eichung, sofern die Genauigkeit der Wägungen 0,02 mg nicht überschreitet. Als Fehlergrenzen für einen analytischen Gewichtssatz erster Qualität werden heute für das 1 g-Gewicht ±0,02 mg, für ein 100 mg-Gewicht ±0,01 mg gewährleistet. Billige Gewichte mit eingeschraubtem Kopf und Bleiausgleichsfüllung nehmen im Laufe der Zeit durch Bildung von basischem Bleicarbonat um mehrere Milligramm zu. Im Zweifelsfall müssen sie nachjustiert werden.

Die Einteilung des Gewichtssatzes in Stücke von 1, 2, 3 und 5 Einheiten ist anderen Unterteilungen entschieden vorzuziehen. Falls Gewichtsstücke von gleichem Nennwert vorkommen, müssen sie durch Kennzeichen leicht zu unterscheiden sein. Sie sind immer in der gleichen Folge im Kästchen unterzubringen. Bei wiederholten Wägungen verwendet man stets die *gleichen* Gewichtsstücke und richtet es so ein, daß ein Austausch größerer Gewichte unterbleiben kann.

Wägegut und Gewichte erfahren in der Luft einen **Auftrieb.** Seine Größe hängt vom spezifischen Gewicht bzw. dem Volumen des Wägeguts und der Gewichtsstücke und ferner von Druck, Temperatur und Feuchtigkeitsgehalt der Luft ab. Der Auftrieb eines Wägekörpers von 10 ml Volumen ändert sich beispielsweise bei einer Barometerschwankung von ca. 13 mbar um etwa 0,14 mg, bei einer Temperaturänderung von 5 °C um etwa 0,20 mg. *Kleinere* Schwankungen von Temperatur und Druck, die in der Zeit zwischen Leerwägung und Substanzwägung eintreten, können somit beim Wiegen von Porzellantiegeln, Wägegläschen u. dgl. gerade noch vernachlässigt werden.

Die Atomgewichte (vgl. S. 257) beziehen sich auf Wägungen im luftleeren Raum. Bei sehr genauen Analysen sind daher an den gefundenen Gewichten Korrektionen für den Luftauftrieb anzubringen[1], die allerdings nur in vereinzelten Fällen 0,05% übersteigen. Falls der Auftrieb der Luft nicht berücksichtigt worden ist, hat die Angabe von Ziffern, die Hundertstel-Prozenten der Auswage entsprechen, keinerlei reale Bedeutung.

---

[1] Vgl. Küster-Thiel: Rechentafeln für die chemische Analytik. Berlin: de Gruyter.

5 Abmessen von Flüssigkeiten

Zum Abmessen von Flüssigkeiten dienen Meßkolben, Pipetten und Büretten. Sie sind öfters und sorgfältig in der auf S. 40 angegebenen Weise zu reinigen.

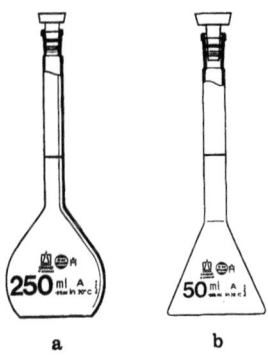

Abb. 7. a Meßkolben; b Meßkolben, trapezförmig. (Mit freundlicher Genehmigung der Firma BRAND; Wertheim.)

Die **Meßkolben** (Abb. 7) sind Standkolben mit langem Hals und eingeschliffenem Stopfen. Beim Kauf ist darauf zu achten, daß ihr Hals nicht übermäßig lang ist, so daß man mit allen Pipetten den Boden erreichen kann. Füllt man bei Zimmertemperatur in den Kolben so viel Flüssigkeit, daß der untere Rand des Meniskus (vgl. Abb. 9e) gerade die am Kolbenhals angebrachte Marke berührt, so hat die Flüssigkeit das auf dem Kolben angegebene Volumen. Bei stark gefärbten und daher undurchsichtigen Flüssigkeiten orientiert man sich am oberen Rand des Meniskus.

Abbildung 7 a zeigt einen Meßkolben in der heute gebräuchlichsten, Abb. 7 b in trapezförmiger Form. Ältere (hier nicht abgebildete Formen) hatten mitunter oberhalb der Eichmarke eine bauchförmige Erweiterung.

Meßkolben werden zur Herstellung von Maß- und Eichlösungen (vgl. S. 94) und zum definierten Verdünnen von Lösungen verwendet; die Genauigkeit eines Meßzylinders reicht hierfür nicht aus. Will man eine Maßlösung ansetzen, so wird die abgewogene Substanz mittels eines geeigneten Trichters in den Meßkolben gegeben, der anschließend etwa zur Hälfte mit destilliertem bzw. entsalzten Wasser gefüllt wird. Man bringt die Substanz in Lösung und füllt weiter bis knapp unterhalb der Eichmarke auf. Bei besonders exaktem Arbeiten temperiert man dann den Kolben mit Inhalt auf 20 °C und füllt danach mit einer kleinen Pipette auf wie oben angegeben. Oberhalb der Eichmarke dürfen sich an der Gefäßwand keinerlei Flüssigkeitstropfen befinden.

Um Lösungen aus einem Becherglas quantitativ in einen Meßkolben zu bringen, setzt man einen Trichter in den Hals des Meßkolbens ein, läßt die Lösung einem Glasstab entlang vorsichtig einfließen und spült in der auf S. 31, Abb. 19, gezeigten Weise nach, wobei auch die Außenseite des Trichterhalses nicht vergessen werden darf. Nach dem Auffüllen bis zur Marke wird die Lösung gründlich durchmischt, indem man den Kolben unter Festhalten des Schliffstopfens wenigstens 8 – 10mal auf den Kopf stellt; erst dann können aliquote Teile der Lösung mit einer Pipette entnommen werden[1]. Wie alle Meßgeräte dürfen Meßkolben nicht erhitzt werden, weil sich ihr Volumen dadurch bleibend verändern kann. Manche Meßkolben tragen zwei Marken; die obere ist „auf Ausguß" berechnet, d. h. füllt man den Kolben bis zu ihr und gießt den Inhalt aus, so hat die *ausgeflossene Menge* das angegebene Volumen.

Vollpipetten (Abb. 8a und b) haben im mittleren Teil eine Erweiterung und dienen zur Entnahme einer bestimmten Flüssigkeitsmenge aus einem größeren Vorrat. Die Flüssigkeit wird mit einem Peleusball (Gummiball mit Ventil) oder anderen im Handel befindlichen Pipettierhilfen bis etwa 1 cm über die Ringmarke angesaugt, anschließend läßt man das zuviel aufgenommene Volumen ablaufen und stellt so den unteren Meniskus auf die Ringmarke ein. Die Handhabung des Peleusballs erfordert etwas Übung, gegebenenfalls füllt man noch etwas mehr Flüssigkeit auf, entfernt den Ball rasch und reguliert den Flüssigkeitsspiegel mit dem schwach angefeuchteten Zeigefinger. Keinesfalls darf das Ansaugen mit dem Mund erfolgen! Anschließend entleert man die Vollpipette in ein anderes Gefäß unter Anlegen der Spitze an die Wandung. Hierbei ist die Pipette ganz ruhig und *senkrecht* und das Gefäß schräg zu halten. Man wartet noch 15 Sek., nachdem die Flüssigkeit ausgelaufen ist und bringt die Spitze kurz mit der Flüssigkeitsoberfläche in Berührung oder streicht sie an der Wandung des Gefäßes ab, ohne in die Pipette hineinzublasen. Falls keine trockene Pipette zur Verfügung steht, schleudert man das Wasser in der Spitze ab, trocknet diese außen sorgfältig mit Filtrierpapier, saugt ein wenig von der zu pipettierenden Flüssigkeit auf und schüttelt oder

---

[1] Unter einem „aliquoten Teil" versteht man den zu analysierenden Bruchteil einer Gesamtmenge.

dreht die Pipette in waagrechter Lage, bis alle Teile der Wandung bespült sind; das Ausspülen wird dann noch ein- oder zweimal wiederholt. Gleich nach Gebrauch werden die Pipetten mit destilliertem Wasser ausgespült und mit der Spitze nach oben aufgestellt. Die Aufbewahrung erfolgt am besten in einer sauberen, mit Filtrierpapier ausgelegten Schublade. Die Pipettenspitze ist sorgsam vor Beschädigungen zu schützen. Das freie Ausfließen darf nicht zu schnell vor sich gehen, es soll z. B. bei 10 ml Pipetteninhalt mindestens 20, bei 50 ml Inhalt 50 Sek. dauern.

Bei **Meßpipetten** (Abb. 8c bis f) befindet sich die Flüssigkeit in einer langen, unterteilten Röhre, so daß man mit ihnen beliebige, kleinere Flüssigkeitsmengen *rasch* abmessen kann. Vorteilhaft ist mitunter die Verwendung von Saugkolben-Meßpipetten, bei denen die Flüssigkeit mit Hilfe eines vertikal beweglichen, gläsernen Stopfens angesaugt werden kann (Abb. 8f). Ausblaspipetten (Abb. 8e) tragen die Beschriftungen „Ex" und „ausblasen-blow out". Sie werden entleert wie andere Voll- und Meßpipetten auch, jedoch zum Schluß mit einer Pipettierhilfe ausgeblasen. Dies ersetzt die Wartezeit.

Büretten (Abb. 9a bis d) sind lange, in 0,1 ml unterteilte Röhren von meist 50 ml Inhalt, welche unten durch einen Hahn zu verschließen sind. Sie werden zur Titration (Maßanalyse) eingesetzt. Die völlig trockene Schliffzone des Hahnkükens wird beiderseits der Bohrung der Länge nach mit so wenig Schlifffett bestrichen, daß der Schliff nach dem Hin- und Herdrehen klar durchsichtig erscheint, ohne daß Fett in die Bohrung selbst eintritt. Um eine Ablösung des Fettfilms und ein Undichtwerden weitgehend zu verhindern, verwendet man am besten ein Siliconpräparat. Beim Einsatz von Büretten mit einem Hahnküken aus Teflon ist das Fetten überflüssig. Die Büretten werden mit Klemmen senkrecht an einem Stativ befestigt und dienen zum *genauen* Abmessen beliebiger Flüssigkeitsvolumina. Falls die Bürette naß ist, spült man sie zunächst unter Drehen mit einigen Millilitern Lösung aus. Sie wird dann in solcher Höhe eingeklemmt, daß die Spitze ein wenig in den Hals des Titrierkölbchens hineinragt. Nachdem man die Lösung mit einem kleinen, trockenen Trichter eingefüllt und diesen wieder entfernt hat, öffnet man den Hahn einige Male für einen Augenblick ganz, damit in der Hahnbohrung sitzende Luftblasen mitgerissen werden. Über die obere Öffnung stülpt man ein kurzes Reagensglas, um das Eintragen von Staub in die Maßlösung zu verhindern. Kleine elektromagnetische Drosselventile ermöglichen es, die Tropfgeschwindigkeit sehr fein zu regeln. Wenn nach dem Abmessen

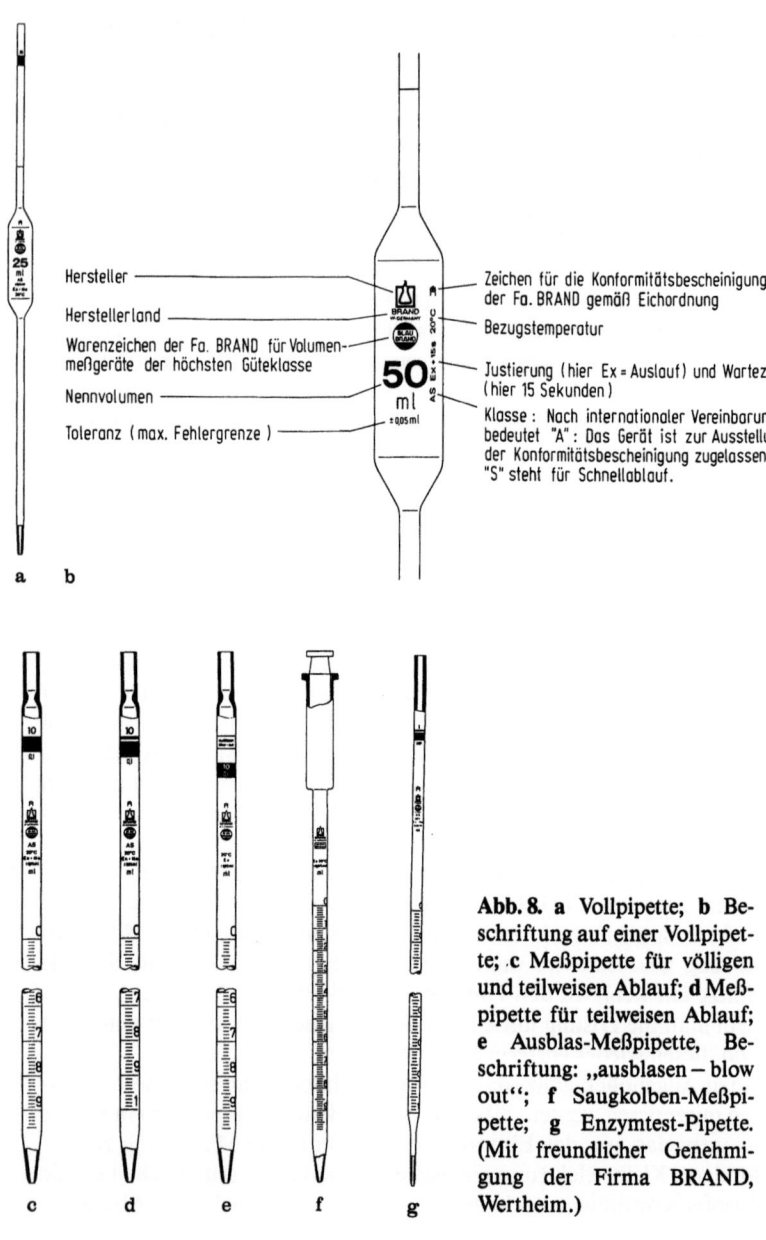

Abb. 8. a Vollpipette; **b** Beschriftung auf einer Vollpipette; **c** Meßpipette für völligen und teilweisen Ablauf; **d** Meßpipette für teilweisen Ablauf; **e** Ausblas-Meßpipette, Beschriftung: „ausblasen – blow out"; **f** Saugkolben-Meßpipette; **g** Enzymtest-Pipette. (Mit freundlicher Genehmigung der Firma BRAND, Wertheim.)

5 Abmessen von Flüssigkeiten 19

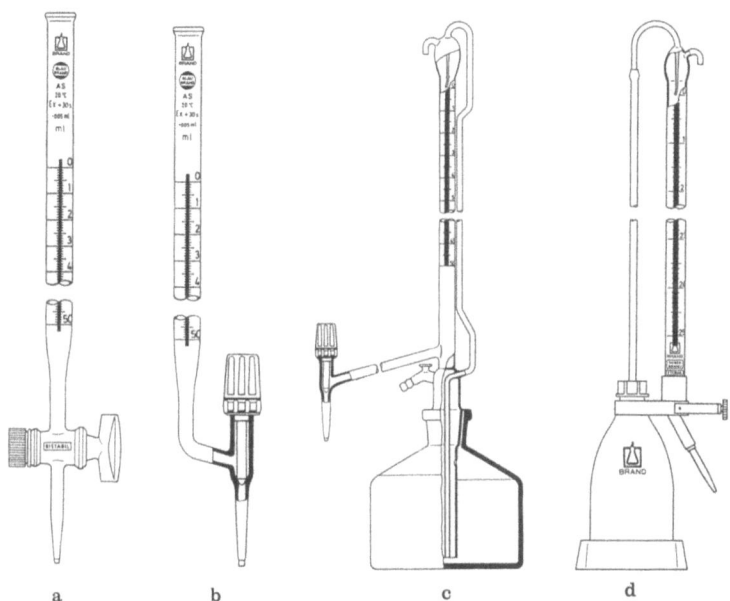

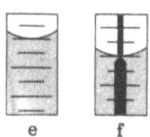

Abb. 9. a Bürette mit Glashahn; **b** Bürette mit Ventilhahn; **c** Bürette mit automatischer Nullpunkteinstellung und Vorratsgefäß; **d** Titrierapparat nach Schilling; **e** Volumenablesung ohne Schellbachstreifen; **f** Volumenablesung mit Schellbachstreifen. (Mit freundlicher Genehmigung der Firma BRAND, Wertheim.)

eines bestimmten Volumens ein Tropfen an der Bürettenspitze hängenbleibt, streift man ihn an der Gefäßwand oder mit einem dünnen Glasstab ab. Auf diese Weise kann man in der Nähe des Äquivalenzpunkts die Menge eines Tropfens in mehreren Anteilen der Lösung zuführen; keinesfalls darf jedoch die Spitze der Bürette mit destilliertem Wasser abgespült werden. Nach Gebrauch spült man die Bürette aus und läßt sie bis zum Rand mit destilliertem Wasser gefüllt stehen. Laugen dürfen nie längere Zeit in Hahnbüretten stehen, da sonst das Küken festbackt.

Wird die Maßlösung langsam einer heißen Lösung zugetropft, so verwendet man Büretten mit waagerecht nach vorn verlängertem Auslaufrohr; es gibt sie mit Ventil- (Abb. 9b) oder Glashahn. Im Praktikum werden fast ausschließlich Büretten ohne automatische Nullpunkteinstellung verwendet. In größeren analytischen Laboratorien jedoch wird für Routineuntersuchungen meist über längere Zeit dieselbe Maßlösung benutzt. Hier werden „Zulaufbüretten" eingesetzt, die mit einer größeren Vorratsflasche fest verbunden sind und bei denen sich der Nullpunkt automatisch einstellt (Abb. 9c und d). Beim Titrierapparat nach Schilling (Abb. 9d) ist das Steigrohr aus PVC und die Vorratsflasche aus Polyethylen.

Große Sorgfalt ist bei allen maßanalytischen Arbeiten dem **Ablesen des Flüssigkeitsvolumens** zu widmen. Stets muß sich das Auge *auf gleicher Höhe* mit dem Meniskus der Flüssigkeit befinden. Diese Bedingung ist leicht zu erfüllen, wenn die Eichmarken zu einem vollen Kreis ausgezogen sind, wie es bei Meßkolben und Pipetten der Fall ist. Der Kreis erscheint dann bei richtiger Augenhöhe und bei lotrechter Stellung des Gefäßes als eine gerade Linie. Auch bei Büretten sollen die Marken für die ganzen Milliliter voll ausgezogen sein; die Hundertstel-Milliliter werden noch geschätzt. Das Volumen eines Tropfens soll 0,02 – 0,03 ml betragen.

Das Ablesen der Meniskusstellung bei hellen Flüssigkeiten (Abb. 9e) wird erleichtert, wenn man an der Rückseite der Bürette eine auf der unteren Hälfte geschwärzte Karte mit einer Klammer so befestigt, daß die Grenze zwischen Schwarz und Weiß einige Millimeter unter dem Meniskus liegt. Dieser tritt dann deutlich mit dunkler Farbe hervor. Bei den empfehlenswerten, nur unerheblich teureren Schellbach-Büretten ist auf der Rückseite ein Milchglasstreifen mit blauer Mittellinie angebracht. Er erzeugt nahe beim tiefsten Punkt des Meniskus eine feine Spitze, deren Höhe man abliest (Abb. 9f). Bei stark gefärbten Lösungen ist die Stellung des oberen, geraden Randes der Flüssigkeit zu notieren.

Besondere Beachtung erfordert beim Arbeiten mit Büretten und Pipetten der **Nachlauffehler,** der durch Nachrinnen des an der Innenwandung der Bürette haftenden Flüssigkeitsfilms zustande kommt. Es hat sich gezeigt, daß der Nachlauf um so später beginnt und dann auch um so kleiner ist, je *langsamer* die Flüssigkeit abgelassen wird. Entleert man eine 50 ml-Bürette gleichmäßig langsam in der vorgeschriebenen Ablaufzeit von 1 min, so beginnt der Flüssigkeitsspiegel im Büretteninneren erst nach 2 – 3 min meßbar anzusteigen, um erst nach mehreren Stunden völlig zum Stillstand zu kommen. Definierte Flüssigkeitsmengen lassen sich daher einer Bürette nur entnehmen, wenn man die vorgeschriebene Ablaufzeit ungefähr einhält und nach einer kurzen Wartezeit von etwa 30 Sekunden abliest.

Völlig frei vom Nachlauffehler und unabhängig von der Temperatur sind „Wägebüretten", mit deren Hilfe beliebige Flüssigkeitsmengen abgewogen werden können; sie finden bei besonders genauen Arbeiten Verwendung (0,1 mg entsprechen 0,0001 ml!).

Für die **Eichung der Meßgefäße** wird der Liter, d.h. das Volumen eines Kubikdezimeters zugrunde gelegt.
Im Handel werden „gewöhnliche" und „eichfähige" bzw. geeichte Meßgeräte unterschieden. Für die letzteren lassen die Eichvorschriften die folgenden Abweichungen vom Sollwert zu: bei Pipetten von 2 ml Inhalt ±0,3%, von 20 ml ±0,1%; bei Büretten von 50 ml ±0,08%; bei Meßkolben von 100 ml ±0,05%, von 1000 ml ±0,018%. Durchweg ist der Fehler um so geringer, je größer das abzumessende Volumen ist. Für „gewöhnliche" Meßgeräte ist der zulässige Fehler etwa doppelt so groß.

Ehe man Meßgeräte unbekannter Qualität in Gebrauch nimmt, überzeugt man sich durch Auswägen mit destilliertem Wasser von ihrer Zuverlässigkeit. Meßkolben werden erst leer, dann bis zur Marke mit Wasser von bekannter Temperatur gefüllt gewogen. Pipetten füllt man bis zur Marke und entleert sie genau in der vorgeschriebenen Weise in einen auf einige Milligramm genau gewogenen, kleinen Erlenmeyerkolben mit Schliffstopfen und wägt wieder. Dasselbe Verfahren dient zur Eichung der Büretten. Man füllt sie mit Wasser bis zum Nullpunkt und läßt je 5 ml davon, wie angegeben, ausfließen. Die Berechnung des Volumens aus dem Wassergewicht ist anhand der Rechentafeln von Küster-Thiel (vgl. S. 14, Fußnote 1) vorzunehmen. Die sich ergebenden Korrekturen vermerkt man an auffallender Stelle im Laborjournal. Fehler, die sich aus der Ungenauigkeit der Bürette ergeben, lassen sich zum Teil dadurch vermindern, daß man beim Abmessen von Flüssigkeiten *stets* bei der Nullmarke beginnt.

Die Eichung der Gefäße erfolgt für 20°C. Nur bei dieser **Temperatur** hat ihr Inhalt genau den angegebenen Wert. Will man Lösungen von anderer Temperatur abmessen, so muß man die Änderungen des Flüssigkeits- und des Gefäßvolumens mit der Temperatur berücksichtigen. Die folgende Tabelle enthält die Korrekturen, die an einem Volumen von 50 ml Wasser oder 0,1 n Lösung für die Reduktion auf 20°C anzubringen sind.

Die Tabelle zeigt, daß man beim Gebrauch der Bürette von einer Temperaturkorrektur absehen kann, wenn die Temperatur der Lösung nicht erheblich von 20°C abweicht. Beim Auffüllen eines 1 l-Meßkolbens kommt es dagegen auf 0,5 ml mehr oder weniger nicht an, falls man die Wassertemperatur unberücksichtigt läßt.

Temperatur der Lösung	18 °C	16 °C	14 °C	12 °C	10 °C
Korrektur für 50 ml	+0,02	+0,03	+0,04	+0,05	+0,06 ml
Temperatur der Lösung	22 °C	24 °C	26 °C	28 °C	30 °C
Korrektur für 50 ml	−0,02	−0,04	−0,06	−0,09	−0,12 ml

6 Auflösen, Eindampfen und Abrauchen

Das **Lösen** einer Substanz erfolgt in dem Gefäß, in welchem die Lösung weiterverarbeitet werden soll. Entwickelt sich dabei ein Gas, so vermeidet man die durch Spritzen eintretenden Verluste, indem man das Gefäß mit einem Uhrglas bedeckt, das später abgespült wird, oder man verwendet einen Erlenmeyerkolben, in dessen Hals ein Trichter eingesetzt ist. Ebenso ist zu verfahren, wenn eine Lösung gekocht werden muß. Auch bei vorsichtigem Lösen in einem hohen Becherglas gehen so von 100 ml Lösung bis zu etwa 0,05% verloren; bei kleinerem Flüssigkeitsvolumen ist der Verlust entsprechend größer. Es empfiehlt sich daher bei genauen Analysen, die Substanz in einem Erlenmeyerkolben zu lösen, in dessen Hals ein mit reiner Watte gefülltes, trichterförmiges Rohr eingelassen ist, das nachher ausgewaschen wird. Es ist zu beachten, daß alle der Luft ausgesetzten Flüssigkeiten, insbesondere aber CO_2-haltige, wie sie z. B. durch Ansäuern alkalischer Lösungen entstehen, beim Erwärmen Gasblasen aufsteigen lassen. Solange dies der Fall ist, sind die Schalen mit Uhrgläsern zu bedecken, welche später vorsichtig mit Wasser abgespritzt werden. Glasstäbe sind vor dem Eindampfen aus den Lösungen herauszunehmen. Um Gefäße mit kochenden Lösungen bequem anfassen zu können, benutzt man zwei kurze, der Länge nach aufgeschnittene Stücke eines weiten Schlauchs, die über Daumen und Zeigefinger geklemmt werden.

Das **Eindampfen** von Lösungen geschieht bei quantitativen Arbeiten am sichersten und raschesten auf dem Wasserbad (Abb. 10) in flachen Porzellanschalen, um eine möglichst große Flüssigkeitsoberfläche und Beheizungsfläche wirksam werden zu lassen. Bechergläser sind weit weniger zweckmäßig; man kann sie mit einem passenden dicken Gummiring umgeben und so tief wie möglich ins Wasserbad setzen. Es ist immer darauf zu achten, daß der aus dem Siedetopf entweichende Dampf nicht zu der eindampfenden Flüssigkeit gelangt; andernfalls wird nicht nur das Eindampfen verzögert, sondern die Lösung kann auch über den Schalenrand kriechen. Wenn der Schaleninhalt wie z. B. bei der Bestimmung der Kieselsäure nicht wesentlich über 100 °C erhitzt werden darf, ist in jedem Fall auf dem Wasserbad einzudampfen. In anderen Fällen sind besonders Oberflächenerhitzer (Infrarotstrahler) sehr nützlich. Bei gewissenhafter Aufsicht und Einregelung kann man auch auf einem Sandbad eindampfen oder einen mit „Pilzaufsatz" versehenen Brenner in genügendem Abstand unter der Schale anbringen und so klein stellen, daß keine Blasenbildung erfolgt.

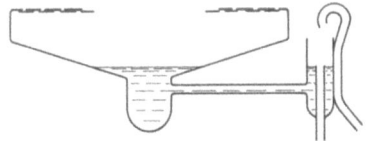

Abb. 10. Wasserbad

Da die Gefäße, in denen man das Abdampfen vornimmt, längere Zeit offen stehen, muß man durch Schutzvorrichtungen dafür sorgen, daß sich nicht Ruß oder Staub darin ansammeln können. Hierzu eignet sich ein in etwa 25 cm Höhe über der Schale angebrachter Rahmen aus Glasstäben oder Holz von 25 · 25 cm Größe, über den man einen Bogen Filtrierpapier legt. Besonders unsinnig und zeitraubend ist es, Lösungen über einem Brenner in einem Becherglas eindampfen zu wollen, das „zur Sicherheit" mit einem Uhrglas nahezu dicht abschließend bedeckt ist.

Zum raschen, verlustfreien Eindampfen von Lösungen, die stark zum Kriechen oder Spritzen neigen, verfährt man am besten folgendermaßen (vgl. Abb. 11). Die Lösung wird an einem vor Luftzug geschützten Platz in einer flachen, dunkel glasierten Porzellanschale über einem Pilzbrenner eingedampft. Die Schale steht dabei auf einem Drahtnetz, dessen Belag etwas kleiner ist als die Schale, so daß der Schalenrand durch die aufsteigenden Flammengase heißer gehalten wird. 0,5 – 1 cm unterhalb des Randes der Schale endet ein Trichter mit Absaugrohr. Trichter und Schale müssen genau rund und in ihrer Größe so zueinander abgepaßt sein, daß zwischen ihnen ein gleichmäßig breiter Schlitz von 2 mm bleibt. Der Flüssigkeitsspiegel darf bis höchstens 1 cm unterhalb des Trichterrandes reichen. Zum Absaugen

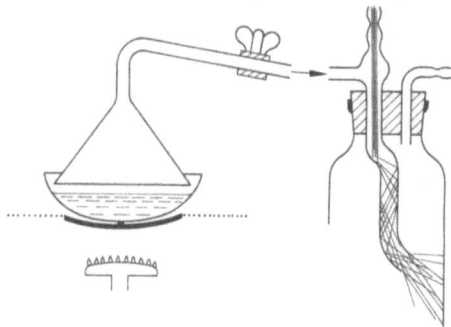
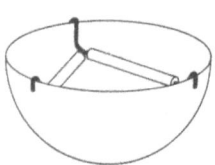

Abb. 11. Abdampfvorrichtung mit Wasserstrahlgebläse

Abb. 12. Luftbad

der Dämpfe dient ein Wasserstrahlgebläse (vgl. Abb. 11); notfalls lassen sich auch 2 Wasserstrahlpumpen verwenden.

Beim Eindampfen von Ammoniumsalzlösungen stellt man die Flämmchen gegen Schluß für längere Zeit so klein wie nur möglich, besonders dann, wenn die Masse zu spritzen droht. Erst wenn diese Gefahr völlig vorbei ist, entfernt man den Trichter und raucht dann die Ammoniumsalze bei voller Stärke des Pilzbrenners ab.

Manche Salze, so z. B. die Alkalichloride, schließen beim Eindampfen stets Mutterlauge ein, was zur Folge hat, daß sie bei höherem Erhitzen verknistern. Man bringt in diesem Fall die Lösung in einer kleinen Platinschale vorsichtig zur Trockne, bedeckt dann die Schale mit einem *heißen* Uhrglas und erhitzt mit dem Pilzbrenner, bis das Verknistern aufgehört hat. Falls sich am Uhrglas Feuchtigkeit niederzuschlagen droht, bestreicht man es von oben mit einer Sparflamme und lüftet es ab und zu kurz.

Wenn das Eindampfen in einem Tiegel geschehen muß, der später gewogen werden soll, umwickelt man ihn mit einem Streifen Filtrierpapier, so daß er den Wasserbadring nicht unmittelbar berührt, oder man setzt den Tiegel in eine passend ausgeschnittene Glimmerscheibe ein.

Das **Abrauchen** von Ammoniumsalzen, Schwefelsäure u. dgl. nimmt man im Luftbad (Abb. 12), einer eisernen Schale mit eingesetztem Tondreieck oder auf einem Sandbad vor, das nur mit reinem Seesand beschickt werden darf. Man befestigt ein hochgradiges Thermometer in waagrechter Lage so, daß die Kugel direkt unterhalb des

Schalenbodens im Sand eingebettet ist. Gute Dienste können hierbei auch mit „Pilzaufsatz" versehene Brenner leisten, die viele kleine Flämmchen liefern. Das Abrauchen von Schwefelsäure in Tiegeln geschieht am bequemsten bei 280−300 °C im offenen Aluminiumblock (vgl. S. 36).

7 Fällen

Es ist zweckmäßig, die Menge des notwendigen Reagens vor jeder Fällung durch eine kurze Überschlagsrechnung zu ermitteln und so zu bemessen, daß möglichst nur 5−10% Überschuß vorhanden sind. Sobald sich der Niederschlag abgesetzt hat, überzeugt man sich von der Vollständigkeit der Fällung durch Zugeben von weiterem Fällungsreagens. Nach dem Abfiltrieren des Niederschlags wird die Prüfung wiederholt, wobei gegebenenfalls darauf zu achten ist, ob die Lösung auch bei längerem Stehen klar bleibt. Das Fällen von Niederschlägen wird meist in Bechergläsern oder Porzellankasserollen (Abb. 13) vorgenommen, die am Ende der Operation höchstens zu zwei Dritteln gefüllt sein dürfen. Das Zugeben von Fällungsreagens geschieht meist mit Hilfe einer Meßpipette oder eines kleinen Meßzylinders, in dessen Schnauze man ein rechtwinklig abgebogenes Glasstäbchen legt; falls sehr langsames Zugeben des Reagens erforderlich ist, benutzt man besser eine Bürette. In jedem Falle läßt man das Fällungsreagens unter Rühren mit einem Glasstab an der Wandung des Gefäßes herabfließen oder auch aus ganz geringer Höhe zutropfen. Glasstäbe (3−4 mm ⌀, etwa 20 cm lang) rollen beim Ablegen nicht weg, wenn man sie einige Zentimeter vom Ende kaum merklich knickt. Die Enden von Glasstä-

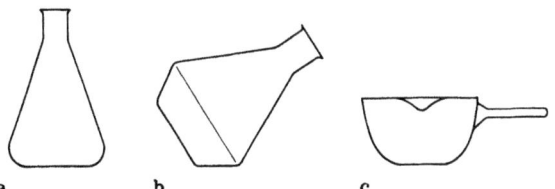

Abb. 13. a Erlenmeyerkolben; b Kantkolben; c Kasserolle

ben und Glasröhren sind stets rund zu schmelzen, da sonst unvermeidlich kleinste Glassplitter in die Analyse gelangen und zudem die Gefahr von Schnittwunden besteht. An angegriffenen oder durch unvorsichtiges Rühren verkratzten Gefäßwandungen setzen sich sowohl kristalline als auch schleimige Niederschläge außerordentlich festhaftend an. Gelingt es nicht, den Niederschlag restlos zu entfernen, so muß man ihn auflösen und nochmals ausfällen. Bei schleimigen oder auch bei sehr feinen Niederschlägen (z. B. Schwefel) ist es gelegentlich vorteilhaft, der Lösung vor dem Ausfällen etwas „Filterstoffschleim" (etwa $^1/_4$ Tablette) zuzusetzen. Er wird hergestellt, indem man eine der käuflichen Filterstofftabletten, das sind Tabletten aus aschefreiem Filterpapierstoff, in kleine Stücke zerreißt und sie in einem Erlenmeyerkolben in etwa 200 ml heißem Wasser völlig zerfasert; eine große Gummifahne an einem genügend langen Glasstab eignet sich hierbei vorzüglich als Quirl.

Gut filtrierbare Niederschläge werden oft erhalten, wenn man die Fällung bei 70–80 °C und hohem Elektrolytgehalt der Lösung unter dauerndem kräftigem Rühren vornimmt. Bisweilen ist es zweckmäßig, die Lösung danach 2–3 min aufzukochen; in anderen Fällen wird längeres „Digerieren" des Niederschlags, d. h. Stehenlassen auf dem Wasserbad, vorgeschrieben. Dies kann erforderlich sein, um eine Rekristallisation und Selbstreinigung des Niederschlags herbeizuführen; bei Hydroxidniederschlägen führt es aber in der Regel zur verstärkten Aufnahme von Alkalisalzen. Da sich diese durch Auswaschen nur zum Teil entfernen lassen, ist das Wiederauflösen auf dem Filter und nochmaliges Fällen („Umfällen") ein häufig durchzuführender Arbeitsgang.

Um einen Niederschlag durch Einleiten eines Gases wie H_2S zu fällen, verwendet man ein höchstens zu zwei Dritteln mit Lösung gefülltes, mit einem Uhrglas bedecktes Becherglas und führt das Gaseinleitungsrohr zwischen Uhrglas und Schnauze ein; auch ein weithalsiger Erlenmeyerkolben oder Kantkolben (Abb. 13), mit einem gelochten Uhrglas bedeckt, ist geeignet. Zum Einleiten dient ein gerades, nicht zu weites Glasrohr mit rundgeschmolzenen Enden, welches man in die Lösung einführt und später aus ihr herauszieht, während es vom Gas durchströmt wird. So vermeidet man, daß sich ein Teil des Niederschlags im Rohrinneren ansetzt. Das Einleiten von H_2S soll so geschehen, daß man die Blasen noch bequem zählen kann.

8 Filter, Trichter und Spritzflasche

Zum Trennen von Niederschlag und Lösung verwendet man entweder Papierfilter oder Filtertiegel je nach Art des Niederschlags und der weiteren Behandlung, die man beabsichtigt.

Im ersten Falle werden „quantitative" **Filter** von 7, 9 oder 11 cm Durchmesser benutzt, denen bei der Herstellung die mineralischen Bestandteile durch Behandeln mit Salzsäure und Flußsäure so weit entzogen werden, daß der beim Veraschen bleibende Rückstand vernachlässigt werden kann. Es gibt außer den gewöhnlichen quantitativen Filtern besonders feinporige, sog. Barytfilter, die sich für sehr feine Niederschläge eignen; andere, weichere Filter dienen zum Filtrieren schleimiger Niederschläge. Die nachfolgende Tabelle gibt eine kurze Übersicht über die gebräuchlichsten Filterpapierarten (die Bezeichnungen „Schwarz-", „Weiß"- und „Blauband" sind Handelsnamen der Firma *Schleicher und Schüll*).

Filterart	Porengröße (µm)	Anwendung
weich (Schwarzband)	bis 8	schleimige, gelartige, voluminöse und grobkristalline Niederschläge
mittelhart (Weißband)	bis 6	Kristalle mittlerer Körnung, z. B. $BaSO_4$
hart (Blauband)	bis 2	feinkristalline und pulvrige Niederschläge, z. B. SiO_2

Man kann auch schwarze Filter verwenden, wenn man einen weißen Niederschlag abzufiltrieren hat, der auf dem Filter wieder gelöst werden soll.

Die Größe des Filters bemißt man nach dem Volumen des Niederschlags, nicht nach der Menge der Flüssigkeit; das Filter darf höchstens zur Hälfte vom Niederschlag angefüllt werden.

Gute **Trichter** erleichtern das Filtrieren und Auswaschen außerordentlich. Die konische Öffnung des Trichters (meist 7 cm Durchmesser) muß so gestaltet sein, daß ein genau rechtwinklig gefaltetes Filter der Wandung überall anliegt. Die Weite des wenigstens 10 cm langen

28 I. Praktische und allgemeine Anweisungen

Fallrohres soll gleichmäßig 3 mm betragen und frei von fettigen Verunreinigungen sein, damit es sich leicht mit einer Flüssigkeitssäule füllt, die durch ihre Saugwirkung die Filtriergeschwindigkeit wesentlich erhöht. Zum Halten der Trichter verwendet man am besten ein leicht zu reinigendes Glasstabdreieck (Abb. 14), das in verschiedener Weise befestigt werden kann.

Vor dem Einlegen eines Filters faltet man es fast genau rechtwinklig, öffnet die etwas größere Hälfte und setzt das Filter in den Trichter ein. Nach dem Befeuchten mit Wasser liegt es im obersten Teil der Trichterwand fest an und hängt im übrigen frei; die durch das Filter dringende Flüssigkeit kann so unbehindert ablaufen. Durch kräftiges Andrücken mit dem Finger verschließt man die am Rand der dreifachen Papierlage gewöhnlich vorhandenen Rillen, damit durch diese nicht Luft nachgesaugt werden kann. Sicherer ist dies zu vermeiden, wenn man zuvor eine Ecke einreißt und nach der anderen Seite umschlägt, wie dies Abb. 15 zeigt. Durch das eingelegte Filter gießt man zunächst heißes Wasser, bewirkt nötigenfalls die Füllung des Fallrohrs durch sanftes Auf- und Niederbewegen und überzeugt sich davon, daß die Flüssigkeitssäule im Fallrohr hängen bleibt. Das Filter muß wenigstens 0,5 cm Abstand vom Rand des Trichters haben; es darf niemals vollständig mit Flüssigkeit gefüllt werden, da sonst das an seinem Rand hängende Filter absackt. Das untere Ende des Fallrohrs liegt beim Filtrieren an der Wand des ein wenig schräg gestellten Auffanggefäßes an.

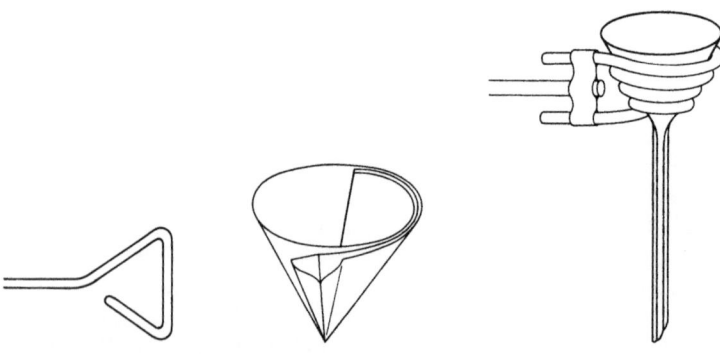

Abb. 14. Glasstabdreieck   **Abb. 15.** Filter   **Abb. 16.** Dampftrichter

Sehr zweckentsprechende Formen weisen die mit Aussparungen versehenen Jenaer Analysentrichter auf. Es gibt für quantitative Zwecke auch zerlegbare Porzellantrichter, bei denen die Filtration durch Unterdruck beschleunigt werden kann.

Hat man es mit langsam filtrierenden, schleimigen Niederschlägen zu tun, so empfiehlt es sich, die Abkühlung der Flüssigkeit im Trichter zu verhindern. Man umgibt dann den Trichter mit einem 4–5 mm starken Bleirohr (Abb. 16), durch welches man Wasserdampf strömen läßt.

Kaltes destilliertes Wasser hält man am besten in einer der käuflichen elastischen Polyethylenspritzflaschen bereit. Vor allem muß aber *heißes* destilliertes Wasser beim quantitativen Arbeiten stets zur Hand sein. Man bedient sich dabei einer **Spritzflasche** aus Glas (Abb. 17; 750–1 000 ml), die mit einem Gummistopfen oder Schliff versehen ist. Beim Bau einer Spritzflasche ist es ebenso wie in allen anderen Fällen unbedingt notwendig, die Enden der Glasrohre unter Drehen am Rand einer Flamme rundzuschmelzen, bevor sie in die mit einem Tropfen Glycerin gleitend gemachten Gummistopfen oder Schläuche eingeführt werden. Um den Hals bindet man eine Lage Schnur oder dünne Korkplatten, um sie auch heiß bequem anfassen zu können. Als Spitze dient ein etwas engeres Rohr von 3–4 mm Innendurchmesser, das man am vorderen Ende in der Flamme unter Drehen bis auf eine 0,5 mm weite Öffnung zusammenfallen läßt. Es muß möglich sein, dieses Ablaufrohr zwischen Zeige- und Mittelfinger in beliebige Richtung zu führen. Wenn man das Ablaufrohr nicht zu kurz macht, kann man es als Heber benutzen und durch verschieden starkes Neigen der Flasche die Tropfgeschwindigkeit regeln, was besonders beim Auswaschen des Filterrandes bequem ist. Es empfiehlt sich, für andere Flüssigkeiten als destilliertes Wasser wenigstens noch eine zweite, kleinere Spritzflasche aus Glas bereitzuhalten. Beim Arbeiten mit heißem, Ammoniak oder Schwefelwasserstoff enthaltendem Wasser kann man sich gegen das Zurücktreten der Dämpfe schützen, wenn man die in Abb. 18 gezeigte Vorrichtung an Stelle des einfachen Mundstücks einsetzt. Ihr wesentlicher Teil ist das Bunsenventil, ein am Ende geschlossenes, mit einem 3–4 cm langen Schlitz *B* versehenes Stück Gummischlauch, welches Gas aus-, aber nicht eintreten läßt. Beim Gebrauch wird das kurze, offene Rohrstück mit dem Daumen verschlossen. Dieses kann auch als drittes Rohr durch den Gummistopfen geführt werden; das Bunsenventil findet dann im Hals der Spritzflasche seinen Platz.

30   I. Praktische und allgemeine Anweisungen

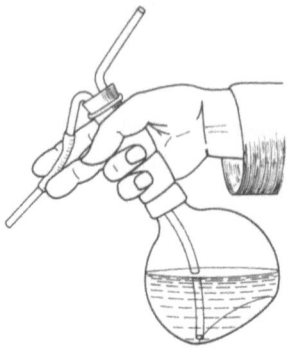 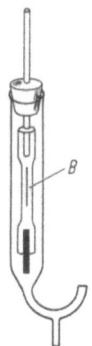

Abb. 17. Spritzflasche   Abb. 18. Bunsenventil

9 Filtrieren und Auswaschen

Das Auswaschen der Niederschläge ist der schwierigste analytische Arbeitsgang. Seine nachlässige Ausführung ist die Ursache für viele Analysenfehler.

Am gleichmäßigsten kommen alle Teile eines Niederschlags mit der Waschflüssigkeit durch das **Abgießen** („Dekantieren") in Berührung. Nach dem Absitzen des Niederschlags gießt man die überstehende Lösung an einem Glasstab entlang möglichst vollständig in das Filter, fügt zu dem Niederschlag unter Abspülen der Gefäßwand eine größere Menge Waschflüssigkeit, rührt gründlich durch und läßt wieder absitzen. Dieser Vorgang wird noch 2–3mal wiederholt. Besonders vorteilhaft ist das Abgießen, wenn der Niederschlag wieder gelöst und nochmals gefällt werden soll; in diesem Fall läßt man die Hauptmenge des Niederschlags im Becherglas. Das Abgießen ist nicht zu empfehlen, wenn sich Niederschläge schlecht absetzen, sich merklich in der Waschflüssigkeit lösen oder wenn das Volumen des Filtrats möglichst klein gehalten werden soll.

Nach dem Abgießen der Lösung rührt man den Niederschlag auf und läßt ihn in das Filter gleiten. Setzt man beim **Filtrieren** ab, wird der Glasstab so in das Becherglas gestellt, daß er *nicht* die Schnauze berührt, an der Teilchen des Niederschlags haften. Die letzten Reste des Niederschlags werden mit der Spritzflasche aus dem etwas nach unten geneigten Gefäß an einem Glasstab entlang in das Filter gespült

9 Filtrieren und Auswaschen

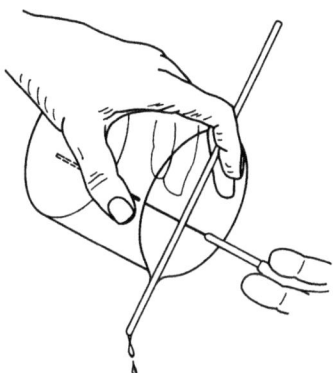

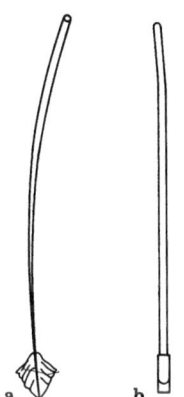

Abb. 19. Ausspülen eines Becherglases

Abb. 20 a. Federfahne; b Gummiwischer

(Abb. 19). Festhaftende Reste werden mit Hilfe einer Federfahne oder eines über einen Glasstab gezogenen, zuvor mit Natronlauge ausgekochten Gummiwischers (Abb. 20) vollständig entfernt. Am Gefäß sitzende Reste können oft auch mit aschefreiem Filtrierpapier aufgenommen werden, das man zum Niederschlag gibt.

Wenn es die Löslichkeitsverhältnisse des Niederschlags gestatten, wird zum **Auswaschen** *heißes* Wasser verwendet; es wäscht gründlicher aus und läuft schneller durch das Filter als kaltes.

Das *vollständige* Auswaschen des Niederschlags geschieht unmittelbar anschließend auf dem Filter, indem man ihn mit einem nicht zu dicken, kräftigen Wasserstrahl aus der Spritzflasche *gründlich aufrührt*, wobei man neue Waschflüssigkeit aufgibt, sobald die alte abgelaufen ist. Nur bei schleimigen Niederschlägen, die leicht Risse bekommen, oder wenn eine Oxidation zu befürchten ist, wartet man nicht so lange. Beim Filtrieren und Auswaschen ist stets darauf zu achten, daß Flüssigkeitstropfen nur aus ganz geringer Höhe möglichst auf die Seitenflächen des Filters fallen, damit Verluste durch Verspritzen vermieden werden. Man vergesse nicht, auch den *Rand* des Filters auszuwaschen. Hierbei läßt man das Waschwasser unmittelbar auf den Filterrand *tropfen*. Falls sich dabei ein wenig Niederschlag an der Trichterwandung hinaufzieht, wischt man den Trichter nach dem Herausnehmen des Filters mit einem Stückchen Filtrierpapier aus.

Wie oft der Waschvorgang wiederholt werden muß, hängt von Art,

Menge und Vorbehandlung des Niederschlags ab. Im allgemeinen genügt 5–6maliges Auswaschen; ehe man aufhört, prüft man etwa 5 ml des Waschwassers durch ein geeignetes Reagens oder verdampft einige Tropfen davon auf einem Platinblech. Besonders für den Anfänger ist es lehrreich, den Verlauf des Waschvorgangs unter Benutzung eines Farbstoffs zu verfolgen. Man verdünnt z. B. etwa 50 ml 2 n Calciumchloridlösung mit 100 ml Wasser und fällt heiß mit 50 ml 2 n Sodalösung. Nach dem Filtrieren übergießt man den Niederschlag auf dem Filter mit einem Gemisch von etwa 2 ml 2 n Sodalösung mit 2 ml Bromthymolblaulösung und nimmt dann das Auswaschen wie üblich vor.

Die Ausflockung von Niederschlägen beruht auf der Aggregation kolloider Teilchen unter der Einwirkung adsorbierter Elektrolyte. Entfernt man diese Elektrolyte durch längeres Auswaschen, so beobachtet man häufig, daß der Niederschlag wieder kolloid in Lösung zu gehen beginnt und durchs Filter läuft, um im elektrolythaltigen Filtrat wieder auszufallen. Diese lästige Erscheinung läßt sich vermeiden, wenn man dem Waschwasser kleine Mengen geeigneter, später durch Trocknen oder Glühen zu beseitigender Elektrolyte wie verdünnte Salzsäure oder NH_4NO_3 zusetzt. Auf alle Fälle empfiehlt es sich, beim Beginn des Auswaschens das zum Auffangen des Filtrats dienende Gefäß zu wechseln, um nicht beim Durchlaufen des Niederschlags noch einmal die ganze Flüssigkeitsmenge filtrieren zu müssen. Die klar filtrierte Lösung versetzt man nochmals mit Fällungsreagens und läßt sie gegebenenfalls einige Zeit stehen, um sich von der Vollständigkeit der Fällung zu überzeugen.

10 Filtertiegel und Membranfilter

Zum Sammeln von Niederschlägen kann man häufig **Filtertiegel** aus Porzellan oder Glas benutzen (Abb. 21), deren filtrierende Schicht aus einer porösen Porzellan- oder Glasmasse besteht. In ihnen können Niederschläge nach dem Trocknen oder Glühen unmittelbar gewogen werden. Glasfiltertiegel haben den Vorteil, durchsichtig zu sein, können aber nicht auf Temperaturen über 500 °C erhitzt werden. Man benutzt, soweit möglich, an Stelle von Papierfiltern Filtertiegel, insbesondere aber, wenn beim Veraschen des Filters eine Reduktion des Niederschlags zu befürchten ist. Für schleimige Niederschläge wie

Al(OH)$_3$ oder Fe(OH)$_3$ sind jedoch Filtertiegel kaum brauchbar, da der poröse Tiegelboden verstopft wird.

Glas- und Porzellanfiltertiegel gibt es mit unterschiedlichen Porenweiten. Die nachstehende Tabelle gibt die Kennzeichnung von Glasfiltertiegeln wieder, wobei nur die für die im Rahmen des vorliegenden Buches wichtigen Porengrößen berücksichtigt sind.

Porengröße	alte Bezeichnung	neue Bezeichnung	Bemerkungen
① 100–160 μm	D1, G1	P 160 (Zahlenwert: max. Porenweite)	D: Duran-, G: Geräteglas (vgl. S. 4). Geeignet zur Grobfiltration
② 40–100 μm	D2, G2	P 100	geeignet zur präparativen Filtration
③ 16–40 μm	D3, G3	P 40	geeignet zur quantitativen Abscheidung der meisten (mittelfeinen) Niederschläge
④ 10–16 μm	D4, G4	P 16	quantitative Filtration feiner Niederschläge. — Empfehlenswert: die etwas größere Form 1G4 bzw. 1D4

Bei den Porzellanfiltertiegeln hat die Sorte A1 mit ca. 6 μm Porenweite die feinsten, A3 (8–10 μm) die gröbsten Poren.

Zum Filtrieren wird der Filtertiegel in einen „Vorstoß" eingesetzt, über den man ein kurzes Stück eines weiten, dünnwandigen Schlauchs gezogen und nach innen eingestülpt hat, wie es Abb. 21 zeigt. Zum Einsetzen der Filtertiegel sind auch entsprechend profilierte Gummiringe im Handel. Der Vorstoß ist so weit zu wählen, daß der Tiegel beim Ansaugen zu einem Drittel bis zur Hälfte darin sitzt und der Tiegelboden mindestens 5 mm unter dem Gummiring hervorsteht; andernfalls gerät Lösung zwischen Schlauch und Tiegelwand und wird beim Herausnehmen des Tiegels von der porösen Masse des Bodens aufgesaugt. Der Vorstoß wird mit einem Gummistopfen in eine 750 ml-Saugflasche oder besser in ein Filtriergerät (Abb. 22) eingesetzt. Im Inneren des starkwandigen Gefäßes (Wittscher Saugtopf) findet ein 400 ml-Becherglas bequem Platz. Es wird mit einem durchlochten Uhrglas bedeckt, falls das Filtrat quantitativ weiterverarbeitet

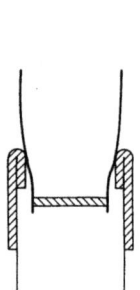
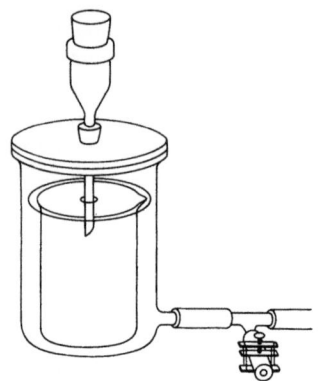

Abb. 21. Filtertiegel mit Vorstoß **Abb. 22.** Filtriergerät (Wittscher Saugtopf)

werden soll. In den zur Wasserstrahlpumpe führenden Schlauch schaltet man ein T-Stück mit einem durch eine Klemmschraube verschließbaren Schlauchstück ein, um die Saugwirkung nach Bedarf regeln und ganz unterbrechen zu können. Bei schwankendem Wasserdruck ist es ratsam, sich gegen das Zurücksteigen des Pumpenwassers durch Vorschalten einer Waschflasche oder Saugflasche zu sichern, deren langes Rohr mit der Pumpe verbunden wird.

Läuft die Flüssigkeit anfangs trübe durch, so gießt man sie nach einiger Zeit nochmals auf. Man ist bemüht, mit möglichst *geringem* Unterdruck zu filtrieren. Am günstigsten ist ein Unterdruck von etwa 0,13 bar gegen die Atmosphäre; die Lösung tropft dabei *langsam* durch. Besonders bei sehr feinen, noch mehr bei schleimigen Niederschlägen kommt es darauf an, die Poren des Filters nicht schon zu Beginn durch zu starkes Ansaugen zu verstopfen. Der Niederschlag soll während des Auswaschens dauernd locker und naß gehalten und erst zum Schluß durch starkes Saugen möglichst von Waschflüssigkeit befreit werden; an der Unterseite des Tiegelbodens dürfen zuletzt keine Tropfen mehr hängen. Bevor man den Tiegel in den Trockenschrank bringt, wird er äußerlich mit einem nichtfasernden Tuch gesäubert.

Hat man mehrere gleichartige Bestimmungen hintereinander zu machen, so kann man oft die neuen Niederschläge zu den alten, gewogenen filtrieren, ohne den Tiegel jedesmal zu reinigen. Meist empfiehlt es sich des besseren Auswaschens wegen, die Hauptmenge der Substanz vorher auszuschütten.

Besonders feine Niederschläge, die auch durch feinporige Papierfilter hindurchgehen wie Zinnsäure, Zinksulfid, sehr feine Gangart u. dgl. werden durch **Membranfilter** zurückgehalten, die es mit fast gleichmäßiger Porenweite bis herab zu 0,01 µm gibt. Ihre Oberfläche ist so glatt, daß der Niederschlag wieder quantitativ abgespritzt und weiterverarbeitet werden kann. Das Veraschen der Membranfilter ist wegen ihres erheblichen Aschegehalts und der bei ungeschicktem Vorgehen eintretenden Verpuffung weniger empfehlenswert.

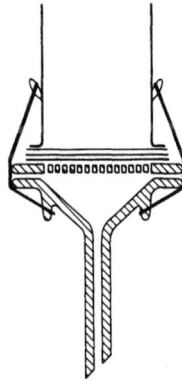

Abb. 23. Filtriervorrichtung für Membranfilter

Abbildung 23 zeigt eine Filtriervorrichtung für Membranfilter, die in der üblichen Weise (Abb. 22) an die Wasserstrahlpumpe angeschlossen wird. Man legt das unter Wasser aufzubewahrende Membranfilter (für analytische Zwecke, 4 cm Durchmesser) zusammen mit zwei gleich großen, als Unterlage dienenden gewöhnlichen Filtern auf die Porzellansiebplatte des Geräts und preßt es mit dem plan geschliffenen Rand des aufgesetzten Glaszylinders fest. Beim Auswaschen gibt man die Waschflüssigkeit auch auf den außerhalb liegenden Rand des Filters.

11 Erhitzen

Zum Erhitzen auf Temperaturen von 100–200 °C dient am besten ein elektrischer **Trockenschrank** mit automatischer Temperaturregelung. Weniger gleichmäßig ist die Wärme in Lufttrockenschränken, die durch einen Brenner auf die gewünschte Temperatur gebracht werden.

Sie wird durch ein von oben in den Kasten eingeführtes Thermometer angezeigt, dessen Kugel sich neben dem zu erhitzenden Gegenstand befinden muß. Wägegläschen oder Tiegel, die getrocknet werden sollen, bringt man auf den im Kasten befindlichen, peinlich sauber zu haltenden Metall- oder Porzellaneinsatz, niemals unmittelbar auf den heißeren Boden des Schrankes. Filtertiegel stellt man schräg in ein passendes Schälchen, so daß auch der Filterboden der Luft ausgesetzt ist. Man erhitzt sie in der Regel 1 bis 1,5 Std. auf 110 °C im Trockenschrank, wiegt, erhitzt nochmals etwa 30 min und prüft auf Gewichtskonstanz. Diese wird bei *leeren* Porzellanfiltertiegeln bei 110 °C nach etwa 20–30 min erreicht.

Filter mit Niederschlägen werden im Trichter getrocknet, nachdem man die im Fallrohr hängende Flüssigkeit abgeschleudert und die Trichteröffnung mit angefeuchtetem Filtrierpaper überdeckt hat. Substanzen, die saure Dämpfe entwickeln, dürfen keinesfalls in den Trockenschrank gebracht werden. Papier ist als Unterlage im Trockenschrank *nicht geeignet*.

Will man eine Substanz auf etwas höhere Temperaturen oder unter Ausschluß von Luftsauerstoff oder Feuchtigkeit erhitzen, so verwendet man einen **Aluminiumblock** (Abb. 24). Durch die hohe Wärmeleitfähigkeit des Aluminiums ist eine sehr gleichmäßige Erwärmung gewährleistet. Der aus reinstem Aluminium bestehende Block kann mit einem kräftigen Brenner bis gegen 500 °C erhitzt werden, ohne Schaden zu erleiden (Schmelzpunkt von Al: 659 °C). Zur Aufnahme eines gewöhnlichen oder hochgradigen Thermometers ist eine Bohrung vorgesehen. In den mittleren Hohlraum paßt ein Gefäß aus Jenaer Glas,

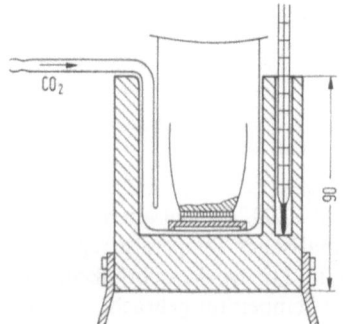

Abb. 24. Aluminiumblock

dessen oberer Rand so geschliffen sein sollte, daß durch Auflegen eines Uhrglases ein fast luftdichter Abschluß erzielt wird. Niederschläge in Filtertiegeln oder Substanzen in Wägegläsern werden in dieses Gefäß gebracht und können so in trockenem CO_2 oder einem beliebigen anderen Gas erhitzt werden. Das Ende des in einer seitlichen Fuge laufenden gläsernen Zuführungsrohrs bleibt kalt. Zur schnelleren Abkühlung wird das Einsatzgefäß mitsamt dem Tiegel herausgehoben, auf eine hitzebeständige Platte gestellt und gegebenenfalls sogleich ein weiteres Gefäß eingesetzt. Gut gekühlte Gefäße aus Jenaer Geräteglas halten diese Beanspruchung beliebig oft aus; es ist nur darauf zu achten, daß das Ansatzrohr reichlich Spielraum hat. Im Glaseinsatz können sogar z. B. bei der indirekten Analyse von Chlorid-Bromid Tiegel im Chlorstrom erhitzt werden, da das entweichende Chlor durch die aufsteigenden Flammengase nach oben weggeführt wird. Besonders bequem gestaltet sich das Abrauchen von Schwefelsäure im offenen Aluminiumblock ohne Glaseinsatz bei 280–300 °C. Die erhaltenen Sulfate werden unmittelbar anschließend bei 450 °C auf Gewichtskonstanz gebracht, wobei der Block nur mit einem gelochten Uhrglas verschlossen wird.

Hohe Temperaturen erreicht man in elektrischen Tiegelöfen, die durch einen vorgeschalteten Schiebewiderstand zu regeln sind. Sie ermöglichen ein gleichmäßiges Anheizen am besten und gestatten, in *oxidierender* Atmosphäre Temperaturen bis 1 100 °C und mehr zu erreichen. Schmelzaufschlüsse dürfen aber auf keinen Fall im elektrischen Ofen ausgeführt werden. Zum Aufhängen des Ofendeckels, dessen Unterseite peinlich sauber zu halten ist, muß sich am Aufstellungsort des Tiegelofens ein Haken befinden. Tiegel werden im elektrischen Ofen auf einen kleinen Porzellandreifuß gestellt; ihre Unterseite bleibt zweckmäßig unglasiert. Filtertiegel sind vor stärkerem Erhitzen *völlig* zu trocknen und so langsam auf höhere Temperatur zu bringen, daß in dem porösen Boden keine Risse entstehen. Besondere Vorsicht ist angebracht, wenn sich der getrocknete Niederschlag beim Erhitzen unter Entwicklung von Gasen zersetzt.

Tiegel und Schalen, welche mit Hilfe des Bunsen-, Teclu- oder des Mékerbrenners oder des Gebläses geglüht werden sollen, stellt man auf Porzellan- oder Quarzdreiecke. Diese legt man auf eiserne Ringe, die in beliebiger Höhe an einem Stativ befestigt werden können. Die gewöhnlichen Dreifüße sind für diesen Zweck ungeeignet.

Platintiegel dürfen in die Flamme des Mékerbrenners bis an die leuchtenden Kegelchen hineingesenkt werden; man beachte jedoch stets das auf S. 6 Gesagte. Porzellangefäße sind stets vorsichtig mit einer schwach leuchtenden Flamme anzuheizen. Sie zeigen selbst nach sehr starkem Erhitzen über 1200 °C noch konstantes Gewicht, während dies bei Platin oberhalb 1000 °C nicht mehr der Fall ist.

Die Glut des erhitzten Gegenstandes bietet einen Maßstab für die Temperatur (schwache Rotglut etwa 700 °C, sehr helle Rotglut 900—1000 °C). In einem offenen Tiegel nehmen nur die der Wand anliegenden Substanzteile annähernd die Tiegeltemperatur an; der Rest bleibt wegen des durch Strahlung verursachten Wärmeverlustes erheblich kälter. Um alles gleichmäßig zu erhitzen, verschließt man den Tiegel mit dem Deckel, den man zeitweise abnimmt, wenn der Tiegelinhalt reichlich mit Luft in Berührung kommen soll. Will man reduzierende Flammengase ausschließen, so legt man den Tiegel schräg auf das Dreieck und richtet die Flamme nur gegen den Tiegelboden. Durch Anwendung kleiner Essen aus Ton läßt sich der Wärmeverlust verringern und die Heizwirkung der Brenner wesentlich erhöhen. Reduzierende Wirkungen der Flammengase sind hierbei aber nur schwer auszuschließen.

Um einen Filtertiegel mit Hilfe von Brennern auf dunkle Rotglut zu erhitzen, stellt man ihn in einem größeren Nickel- oder auch Porzellan-Schutztiegel auf einen kleinen Porzellandreifuß; bei höherem Erhitzen benutzt man das den Tiegeln beigegebene Glühschälchen („Tiegelschuh").

Soll eine feste Substanz im Gasstrom (z. B. von H_2 oder CO_2) hoch erhitzt werden, so verwendet man einen unglasierten Porzellantiegel, den sog. „Rosetiegel". Er wird mit einem gelochten Deckel verschlossen, durch den das zum Einleiten des Gases dienende Porzellanrohr eingeführt wird (Abb. 25); an Stelle des Porzellandeckels kann man eine gelochte, durchsichtige Glimmerscheibe verwenden.

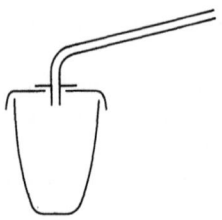

Abb. 25. Rosetiegel

12 Veraschen

Filter mit Niederschlägen werden möglichst feucht verascht; nur wenn eine Trennung des Niederschlags vom Filter notwendig ist, trocknet man sie zuvor. Liegt ein schleimiger, stark wasserhaltiger Niederschlag vor, so empfiehlt es sich, ihm zunächst die Hauptmenge des Wassers zu entziehen. Dazu legt man das zusammengeklappte Filter kurze Zeit auf ein großes, feuchtes, in einer Porzellannutsche liegendes Filter, das der Saugwirkung der Pumpe ausgesetzt ist. Zum Veraschen faltet man das Filter wie bei einer Tüte so zusammen, daß bei etwaigem Spritzen nichts vom Niederschlag verlorengehen kann. Es wird dann in einen Tiegel gelegt und im schräg gestellten, offenen elektrischen Tiegelofen langsam auf höhere Temperatur erhitzt. Wenn man mit dem Bunsenbrenner veraschen will, stellt man den offenen Tiegel auf einem Ringstativ in einiger Höhe über einer kleinen Bunsenflamme *schräg* auf ein Dreieck. Das Filter soll, solange noch Gase entweichen, nicht in Brand geraten, da durch die sonst auftretenden Luftwirbel kleine Teilchen mitgerissen werden. Sobald die Gasentwicklung beendet ist, bringt man die abgeschiedene Kohle durch stärkeres Erhitzen zum Verglimmen, wobei man den Brenner so stellt, daß die Luft *unbehindert* in den Tiegel eindringen kann, den man von Zeit zu Zeit dreht. Zum Schluß erhitzt man den senkrecht gestellten, mit einem Deckel verschlossenen Tiegel ca. 15–30 Min im elektrischen Tiegelofen, mit dem Brenner oder dem Gebläse. Danach läßt man den Tiegel an der Luft etwas abkühlen und bringt ihn noch heiß, jedoch nicht glühend in den daneben gestellten Exsiccator. Hierbei nimmt man den Tiegeldeckel für kurze Zeit ab.

Beim Veraschen eines Filters versuche man, die Kohle bei möglichst tiefer Temperatur zum Verglimmen zu bringen, da sie bei höherem Erhitzen immer weniger reaktionsfähig wird. Ob die Kohle restlos verbrannt ist, läßt sich bei dunkel gefärbten Niederschlägen nur durch Prüfen auf Gewichtskonstanz feststellen. Auf jeden Fall sollte man sich nach Möglichkeit davon überzeugen, daß der gewogene Niederschlag von Salzsäure klar gelöst wird.

Bisweilen ist es erforderlich, die Hauptmenge des Niederschlags vor dem Veraschen vom Filter zu trennen, um eine Reduktion des Niederschlags in größerem Ausmaß zu vermeiden. Man trocknet dazu den Niederschlag auf dem Filter und bringt den größten Teil davon durch vorsichtiges Aneinanderreiben der Wandungen auf schwarzes oder weißes Glanzpapier, wobei sehr darauf zu achten ist, daß durch Verstäuben nichts verlorengeht. Nachdem das Filter unter reichlichem Luftzutritt völlig verascht und die etwa eingetretene Reduktion rückgängig gemacht ist, befördert man den Niederschlag mit Hilfe eines Pinsels in den Tiegel.

13 Reinigen der Geräte

Zum Reinigen von Glas oder Porzellan dienen handelsübliche, oberflächenaktive Laborreinigungsmittel. Die früher übliche Anwendung von Chromschwefelsäure − einer etwa 2%-ige Lösung von $Na_2Cr_2O_7$ oder $K_2Cr_2O_7$ in konzentrierter Schwefelsäure − sollte unterbleiben, da ihre Handhabung nicht unproblematisch ist und Cr(VI)-Verbindungen in atembarer Form zu den krebserzeugenden Stoffen gerechnet werden.

Hähne und Schliffe werden zuvor mit Hilfe eines mit Toluol oder Aceton *schwach* angefeuchteten Wattebausches entfettet; zum Reinigen der Hahnbohrungen leisten Pfeifenputzer gute Dienste. Gefäße mit engen Öffnungen wie Pipetten füllt man mit dem Reinigungsmittel durch Ansaugen mit der *Wasserstrahlpumpe* und verschließt die Ansaugöffnung mit Schlauch und Quetschhahn. Man spült die Geräte nach 5−10 min. − nötigenfalls wieder mit Hilfe der Pumpe − gründlich mit Leitungswasser, dann mit destilliertem Wasser aus und stellt sie, nachdem das tropfbar flüssige Wasser abgelaufen ist, an einem warmen Ort oder im Trockenschrank mit der Mündung nach oben auf, da feuchte Luft leichter ist als trockene. In vielen Fällen genügt es auch, die Reinigung mit Bürste, Spülmitteln und heißem Wasser vorzunehmen. Die gründlich mit destilliertem bzw. entsalzten Wasser nachgespülten Bechergläser oder Erlenmeyerkolben können dann außen mit einem sauberen Handtuch getrocknet und zunächst mit der Öffnung auf das Handtuch gestellt werden; keinesfalls aber darf man sie innen mit einem Tuch auswischen. Die mattierten Flächen an Bechergläsern lassen sich mit Hilfe der üblichen Geschirrputzmittel leicht von Aufschriften befreien. Beim Gebrauch solcher Putzmittel ist aber darauf zu achten, daß keine Sandkörnchen hinzugeraten. Im übrigen ist auch die Tischfläche selbst einwandfrei sauber zu halten. Sie wird mindestens einmal täglich naß abgewischt und mit einem Handtuch getrocknet. Alle nicht zur Arbeit unmittelbar erforderlichen Geräte bleiben in der Schublade oder im Schrank, wo sie in sauberem Zustand geordnet aufbewahrt werden.

Besonders sorgfältig sind Pipetten und Büretten zu reinigen; an ihren Wandungen dürfen beim Ablassen von Lösungen *keine Tropfen* zurückbleiben. Wirklich reine, fettfreie Glasoberflächen zeigen nach dem Ablaufen des Wassers kurz nach dem Auftrocknen Interferenzstreifen. Pipetten trocknen schneller, wenn man Luft hindurchsaugt, die durch Wattebäusche oder Filterpapier von Staub befreit ist. Meist ist jedoch das besondere Trocknen, auch das der Meßgeräte, entbehrlich. Trocknen mit Alkohol und Ether ist wenig zu empfehlen, da danach die Glasoberfläche nicht mehr einwandfrei benetzt wird. Es kann auch angebracht sein, die Innenwandung von Büretten und Pipetten durch Behandlung mit Desicote (Beckman) oder einem ähnlichen Siliconpräparat völlig wasserabweisend zu machen. Dies führt besonders bei Mikro- und Ultramikro-Büretten zu einer wesentlichen Erhöhung der Genauigkeit, da hier das Verhältnis von Oberfläche zu Volumen wesentlich ungünstiger ist.

Beim Reinigen von Filtertiegeln ist es vorteilhaft, die Reinigungsflüssigkeit in umgekehrter Richtung durchzusaugen, wobei man den Tiegelrand auf einen genügend großen, im Hals einer Saugflasche sitzenden, durchbohrten Gummistopfen preßt; im übrigen richtet man sich nach dem im Filtertiegel enthaltenen Niederschlag; man löst z. B. $BaSO_4$ in warmer konzentrierter Schwefelsäure, $Mg_2P_2O_7$ durch Kochen mit Salzsäure, säureunlösliche Sulfide oder Schwefel in Brom und Tetrachlorkohlenstoff, Ammoniummolybdatophosphat in Ammoniak, Silberhalogenide werden mit Zink und verdünnter Schwefelsäure aufgeschlossen usw. Der Boden solcher Tiegel darf niemals ausgekratzt oder geschabt werden.

Porzellantiegel und Quarzgeräte werden durch Kochen mit Salzsäure oder durch Schmelzen mit Kaliumdisulfat gereinigt.

Verbeulte Platintiegel lassen sich wieder glätten, wenn man sie unter Pressen mit einem runden hölzernen Griff hin und her rollt; sie werden dann am besten mit Wasser und Bariumcarbonat oder rundkörnigem Seesand gereinigt; falls notwendig, schmilzt man sie zuvor mit Kaliumdisulfat, Soda oder noch wirksamer mit einer Mischung von Soda und Borax (3 + 1, beide wasserfrei) aus. Platintiegel enthalten oft Eisen von der Verarbeitung her oder wenn darin Sodaaufschlüsse eisenhaltiger Substanzen ausgeführt wurden; sie sind *vor* Gebrauch stets auf Eisen zu prüfen! Die oberflächliche Bildung einer Eisenlegierung ist erst zu erkennen, nachdem man den Platintiegel einige Minuten scharf geglüht hat. Der dabei auftretende dunkle, oft violettstichige Anflug läßt sich rasch durch Erhitzen mit etwas $K_2S_2O_7$ bis zur hellen Rotglut, Ausgießen der Schmelze und Behandeln mit heißem Wasser entfernen; nötigenfalls ist das Glühen und Schmelzen zu wiederholen. Zur Reinigung aller Platingeräte darf nur reinste konz. Salpetersäure *oder* Salzsäure verwendet werden.

14 Reagenzien

Alle Chemikalien enthalten mehr oder minder große Mengen von Verunreinigungen, deren Natur je nach Ausgangsmaterial und Herstellungsweise recht verschieden sein kann. Die im Handel erhältlichen Produkte werden nach dem Reinheitsgrad unterschieden durch die Bezeichnungen: technisch, rein (purum), reinst (purissimum), zur Analyse (pro analysi); außerdem gibt es unter verschiedenen Bezeichnungen besonders gereinigte Reagenzien z. B. zur Spurensuche, zur Spektroskopie oder für biochemische Zwecke. Es ist jedoch bei analytischen Arbeiten nicht notwendig, daß ein Reagens völlig frei von allen Beimengungen ist; es genügt, wenn darin keine Stoffe nachzuweisen sind, die das Ergebnis der Analyse beeinflussen könnten. Vielfach findet sich der Höchstgehalt der hauptsächlichen Verunreinigungen

Handelsübliche Konzentration flüssiger Reagenziern

	Dichte (15 °C)	Gewichtsprozent	Mol/l
Salzsäure	1,16	31,5 HCl	10,0
Salzsäure (rauchend)[a]	1,19	37,2 HCl	12,1
Salpetersäure	1,40	65,3 HNO_3	14,5
Salpetersäure (rauchend)	1,48	86,1 HNO_3	20,2
Schwefelsäure	1,84	95,6 H_2SO_4	18,0
Schwefelsäure (rauchend)	2,02	65 SO_3	23,6
Perchlorsäure	1,67	70 $HClO_4$	11,7
Phosphorsäure	1,71	85 H_3PO_4	14,8
Flußsäure	1,13	40 HF	22,4
Essigsäure	1,06	96 $C_2H_4O_2$	16,9
Ammoniaklösung	0,91	25,0 NH_3	13,3
Ammoniaklösung	0,885	33,7 NH_3	17,5

[a] Die bei 20 °C gesättigte Lösung enthält 42% HCl.

auf der Reagenzienflasche verzeichnet. Um die Verunreinigung von Reagenzien durch Verwechseln der Stopfen auszuschließen, müssen Schliffstopfen und Flasche jeweils die gleiche eingeätzte Nummer tragen.

Nach dem Öffnen einer Flasche behält man den Schliffstopfen am besten so lange in der einen Hand, bis sie wieder verschlossen werden kann; falls er jedoch abgelegt werden muß, darf der mit dem Reagens in Berührung kommende Teil nicht die Tischfläche berühren. Unter keinen Umständen dürfen auch feste oder flüssige Reagenzien, die einer Flasche bereits entnommen worden sind, wieder zurückgeschüttet werden; ebenso ist das Pipettieren aus einer Reagenzienflasche zu vermeiden.

Bei analytischen Arbeiten dürfen niemals Reagenzien von unbekannter Qualität verwendet werden, ohne daß man sie auf ihre Reinheit und, wo es darauf ankommt (z. B. bei Schwefelsäure, Schwefel, Ammoniumcarbonat) auf vollständige Flüchtigkeit prüft. Ebenso notwendig ist es, sich *des öfteren* davon zu überzeugen, daß das destillierte Wasser beim Verdampfen keinen Rückstand hinterläßt; es kann vorkommen, daß der Destillationsapparat nicht sachgemäß bedient wird. Der Reinheitsgrad von gewöhnlichem destillierten Wasser reicht für die allermeisten Zwecke aus; dies gilt auch für das mit Hilfe von Ionenaustauschern hergestellte ,,deionisierte" (entsalzte) Wasser. Um wirklich reines Wasser zu erhalten, destilliert man einmal unter Zusatz von Ätznatron und $KMnO_4$, zweimal unter Zusatz von Phosphorsäure und $KMnO_4$, dann unter Einschaltung einer ,,Trockenstrecke" und schließlich in Quarzgeräten.

Während Gase und feste Stoffe im allgemeinen beliebig lange unverändert aufbewahrt werden können, ist dies bei Lösungen meist nicht der Fall. Sie können durch Oxidation, Zersetzung, Aufnahme von CO_2, Ionenaustausch mit dem Glas, bakterielle Einwirkung und anderes mehr verändert werden. Vor allem ist das zur Aufbewahrung von Lösungen meist benutzte Material, das Glas, in neutralen und sauren, namentlich aber in *alkalisch* reagierenden Flüssigkeiten in einem Ausmaß löslich, der unter Umständen weit die Fehlergrenze einer quantitativen Bestimmung überschreitet.

Von der **Löslichkeit des Glases** kann man sich durch einen Versuch leicht überzeugen. Man spült einen *neuen* 1 l-Rundkolben *aus gewöhnlichem Glas* zur Entfernung des Staubs mit destilliertem Wasser aus, füllt ihn zu zwei Dritteln mit Wasser und läßt 24 Std. schwach sieden. Man entfernt schließlich die Hauptmenge des Wassers durch Einkochen, dampft den Rest in einer zuvor gewogenen Platinschale ein, glüht diese schwach und bestimmt die Gewichtszunahme durch nochmalige Wägung. Die Menge des in Lösung gegangenen Glases ergibt sich bei diesem Versuch in der Regel zu 10 – 20 mg, beim Erhitzen mit Ammoniaklösung zu 20 – 50 mg; beim Kochen mit verdünnter Natronlauge gehen sogar 400 – 600 mg in Lösung. Es besteht somit alle Veranlassung, bei quantitativen Arbeiten nur Geräte aus chemisch besonders *widerstandsfähigem* Glas oder *Porzellan* zu benutzen. Jenaer Glas und Porzellan sind allerdings nur gegen Wasser und Säuren recht beständig, *keineswegs aber gegenüber alkalischen Lösungen*. Alkalische, besonders auch ammoniakalische Lösungen sind daher vor dem Eindampfen oder Stehenlassen nach Möglichkeit schwach anzusäuern. Zur Aufbewahrung aller alkalisch reagierenden Lösungen kommen nur Polyethylenflaschen in Frage.

Beim Dosieren von Reagenzien sind Tarierwaage und Meßzylinder zu verwenden. Reagenslösungen werden möglichst frisch durch Auflösen fester Substanzen oder durch Einleiten von Gasen hergestellt und anschließend durch ein dichtes Faltenfilter filtriert, auch wenn die Lösungen klar zu sein scheinen. *Ammoniak oder Natronlauge aus gläsernen Standflaschen* sind nach dem oben Gesagten *infolge ihres meist erheblichen Alkalisilicat-Gehalts zu gewichtsanalytischen Zwecken völlig unbrauchbar*. Natronlauge muß stets aus festem Ätznatron in Silber-, Platin- oder Polyethylengefäßen unter guter Kühlung frisch bereitet werden. Auch Ammoniaklösungen werden erst bei Bedarf hergestellt, indem man Ammoniakgas aus einer Stahlflasche unter Kühlung in destilliertes Wasser einleitet, das nötigenfalls (Erdalkalimetalle!) zuvor durch Auskochen von CO_2 befreit worden ist. Man sichert sich gegen das Zurücksteigen durch eine verkehrt dazwischengeschaltete, leere Waschflasche.

Luft, die von CO_2 befreit werden soll, läßt man durch ein Rohr mit Natronkalk (mit Natronlauge gelöschtes CaO) strömen. Da Kautschuk für CO_2 durchlässig ist, leitet man sie durch Glasrohre, die durch kurze Stücke Schlauch, Glas an Glas stoßend, verbunden werden. Auch Chlor darf nur durch Glasrohre geleitet werden, da es mit Gummi reagiert und dabei Verunreinigungen aufnimmt. Es ist zu beachten, daß Kautschuk in Alkohol, Ether oder Schwefelkohlenstoff quillt und teilweise löslich ist sowie an Alkalilaugen, strömenden Wasserdampf, Chlor u. dgl. Schwefel abgibt. Kautschuk ist durchlässig für CO_2 und H_2O, ein wenig auch für Wasserstoff, praktisch nicht für Luft oder andere Gase. In einem mit CO_2 oder H_2O gefüllten, geschlossenen, mit Gummischläuchen versehenen Apparat entsteht infolgedessen allmählich ein Vakuum, so daß z. B. Flüssigkeiten in Waschflaschen zurücksteigen können. Gummi macht man durch ganz wenig Glycerin oder auch durch Wasser gleitend. Auch Siliconfett ist geeignet; es verhindert zudem das Ankleben bei längerem Stehen. Neue Schläuche enthalten meist Talkum; man entfernt es mit warmem Wasser und trocknet den Schlauch durch längeres Durchsaugen von trockener Luft.

Gase, die durch Einwirkung von starker Salzsäure entstehen, wie CO_2, H_2S oder H_2, werden zur Befreiung von Salzsäuredämpfen oder Nebeln zunächst mit Wasser gewaschen, wobei man Waschflaschen verschiedener Art benutzen kann. Zum Trocknen der Gase dienen sog. Calciumchloridrohre, U-Rohre oder Trockentürme, die je nach der chemischen Natur der Gase mit geeigneten Trockenmitteln (vgl. S. 8) beschickt werden. Man kann sie — nicht zu lose — mit Watte füllen, um mitgerissene Flüssigkeitströpfchen oder Staub zurückzuhalten. Kleine Beimengungen von Luft in Gasen schaden meist nicht; zur Herstellung von gänzlich luftfreiem CO_2 müssen besondere Vorrichtungen verwendet werden.

15 Menge und Konzentration

Flüssigkeiten und Gase werden in den Volumeneinheiten Liter (l), Milliliter (ml) oder Mikroliter (1 µl = 10^{-6} l), Gewichte werden in Gramm (g), Milligramm (mg), Mikrogramm (1 µg = 10^{-6} g) oder Nanogramm (1 ng = 10^{-9} g) angegeben.

Man gibt jedoch die Menge eines reagierenden Stoffes häufig nicht in g, sondern in Mol an. Im Internationalen System der Einheiten (abgekürzt „SI") ist das **Mol** eine Basiseinheit, die Einheit der Stoffmenge. Unabhängig von der chemischen Natur des betreffenden Stoffes enthält ein Mol einer Substanz immer dieselbe Zahl von Atomen oder Molekülen, nämlich $6,02 \cdot 10^{23}$ (Loschmidt-Zahl N_L, gerundeter Wert) und entspricht zahlenmäßig ihrer Molmasse (dem Molekulargewicht) in g.

Bei der Ermittlung von Analysenergebnissen ist es oft praktischer, mit der **Äquivalentmenge** zu rechnen (auch: „Äquivalentgewicht"). Diese Mengenangabe nimmt auf die chemische Wirkung Bezug und ist besonders bei Neutralisations- und Redoxreaktionen vorteilhaft.

Das ebenfalls in der Einheit Mol anzugebende Äquivalentgewicht[1] ist definiert gemäß der Beziehung

$$\text{Äquivalentgewicht} = \frac{\text{Atomgewicht}}{\text{Wertigkeit}};$$

tritt hierbei an die Stelle des Atomgewichtes das Molekulargewicht, so erhält man das Äquivalentgewicht der Verbindung (die ein Molekül oder ein Molekül-Ion sein kann).

Der Begriff „Wertigkeit" hat in der obigen Gleichung verschiedene Bedeutungen:

— bei Säuren versteht man darunter in diesem Zusammenhang die Zahl der abdissoziierbaren Protonen, bei Basen die der abspaltbaren OH^--Ionen. Ein Äquivalent Säure oder Base ist diejenige Substanzmenge, die ein g H^+-Ionen abzugeben oder aufzunehmen vermag. Diese Definition läßt sich auch auf Säure-Anionen anwenden; so entspricht die Äquivalentmenge von Na_2CO_3 seinem halben Molekulargewicht

— bei einatomigen Ionen, wie Metall- oder Halogenid-Ionen, ist die Wertigkeit im allgemeinen gleich der Ladung

— bei Redoxreaktionen versteht man darunter die Zahl der ausgetauschten Elektronen, also z. B. fünf bei der Oxidation von Mn^{2+} zu MnO_4^-. Bei Elementen, die in mehreren Oxidationsstufen vorkommen, entspricht demnach jeder Oxidationsstufe ein bestimmtes Äquivalentgewicht. Ursprünglich wurde hier als Äquivalent jene Menge bezeichnet, die 1 Mol $H_2/2$ oder $Cl_2/2$ oder $O_2/4$ **in ihrer Wirkung** zu ersetzen vermag (vgl. S. 133).

Der Ausdruck „1 Äquivalent Eisen" ist ohne nähere Angabe vieldeutig: es können soviel Gramm bzw. Mol gemeint sein, wie ein halbes oder ein drittel Atomgewicht Eisen beträgt, wenn dieses in zweiwertigem oder in dreiwertigem Zustand vorliegt, oder aber soviel Gramm wie das ganze Atomgewicht, wenn an die *Änderung* der Oxidationsstufe bei der Verwendung von Fe^{2+} als Reduktionsmittel gedacht ist. Da es sich bei analytischen Rechnungen fast durchweg um Mengen im Milligrammbereich handelt, bevorzugt man die kleinere Einheit Millimol (mmol). Wenn ausgedrückt werden soll, daß zwei Stoffmengen einander äquivalent sind, wird das Zeichen z benutzt: 35,453 mg Cl z 107,870 mg Ag.

---

[1] Die alte Einheit „Val" wird in diesem Buch nicht mehr verwendet.

15 Menge und Konzentration

Als **Konzentration** bezeichnet man die Menge eines Stoffes in der Volumeneinheit. Sie wird ausgedrückt in mol/l oder in g/l. Als Symbol für eine beliebige Konzentration eines Stoffes dient der Buchstabe c mit Index, gelegentlich auch seine in *runde oder eckige Klammern* gesetzte Formel, die nicht mit einer Komplexformel verwechselt werden darf. c_{HCl} = [HCl] = 1 bedeutet, daß 1 Mol = 36,5 g Chlorwasserstoff in einem Liter *der Lösung* (von 20 °C) enthalten sind. Die Konzentration des Wassers in reinem Zustand bei 20 °C beträgt: c_{H_2O} = 55,41 (mol/l), da 1 l Wasser 998,2071 g H_2O = 55,41 · 18,015 g enthält. Die Konzentration *aller* Gase bei Normalbedingungen ist stets 0,045 (mol/l), weil 1 Mol eines jeden beliebigen Gases hierbei 22,4 l einnimmt.

Eine Maßlösung heißt 1 molar (1 m), wenn sie 1 Mol eines Stoffes im Liter gelöst enthält. Ist **in einem Liter der Lösung** die dem Äquivalentgewicht entsprechende Stoffmenge *enthalten, so bezeichnet man sie als* **1 normale** (1 n) **Lösung.** *Ihre Normalität beträgt dann eins* (N = 1). Häufig werden bei quantitativen Arbeiten zehntelnormale (0,1 n) Lösungen benutzt. Man beachte, daß mmol, mg und ml einander ebenso entsprechen wie mol, g und l. Eine 1 n oder, was dasselbe ist, eine 1 m HCl-Lösung enthält je ml 35,453 mg Cl^-- und 1,00797 mg H^+-Ionen; eine 0,1 n $AgNO_3$-Lösung enthält je ml 0,1 mmol Ag = 10,787 mg Ag.

Es kann bei konzentrierten Lösungen oder bei Schmelzen, deren temperaturabhängiges Volumen man oft nicht kennt, zweckmäßig sein, das Verhältnis der gelösten zu den insgesamt vorhandenen Molen als „**Molenbruch**" (Stoffmengenanteil) anzugeben. Besteht eine solche Lösung z. B. aus 1 mol A und 3 mol B, so hat der Molenbruch von A den Wert $\frac{1}{1+3}$ = 0,25; dies entspricht (mit 100 multipliziert) 25 Mol-% A.

Bei Lösungen gibt man auch häufig den Prozentgehalt an; dabei kann sowohl der gelöste Stoff wie die fertige Lösung in Gewichtseinheiten oder in Volumeneinheiten gemessen werden, so daß insgesamt vier verschiedene Möglichkeiten, den Prozentgehalt auszudrücken, bestehen. Im allgemeinen ist die Angabe von reinen **Gewichtsprozenten** (Massenprozenten), also in g Gelöstem je 100 g Lösung vorzuziehen, weil sie unabhängig von der Temperatur ist. In einer 30%igen Natronlauge sind in 100 g dieser Lauge 30 g NaOH enthalten; man muß also 30 g NaOH in 70 g H_2O auflösen; dabei wäre noch zu berücksichtigen, daß das käufliche, feste Ätznatron etwa 5% Wasser enthält. Das

Volumen dieser Lösung ist erheblich kleiner als 100 ml. Bei verdünnten Lösungen ist es oft bequemer, den Gehalt in g je 100 ml Lösung oder auch in g je 100 ml Lösung*mittel* anzugeben. Gelegentlich, wenn es auf die genaue Einhaltung einer bestimmten Konzentration nicht ankommt, schreibt man auch die Volumina der konzentrierten oder wasserfreien Flüssigkeit und des Lösungsmittels vor, die miteinander gemischt werden sollen[1], z. B. Salzsäure (1 + 9); oder es wird angegeben, auf das wievielfache Volumen verdünnt werden soll, z. B. 1 : 10. Da diese Angabe leicht mißverstanden wird, findet man sie nur noch selten.

Die Aufgabe, eine Lösung von *bestimmter* Konzentration herzustellen, ist mit Hilfe der Mischungsregel leicht zu bewältigen; Beispiel: Einer 1,5 n salzsauren Lösung soll soviel konz. Salzsäure (12,1 n) zugesetzt werden, daß die Lösung 2,3 n an Salzsäure wird. Der ohne weiteres verständliche Ansatz lautet:

$$\begin{array}{cc} 1{,}5\,n & 9{,}8\,ml \\ & \searrow\;\nearrow \\ & 2{,}3\,n \\ & \nearrow\;\searrow \\ 12{,}1\,n & 0{,}8\,ml \end{array}$$

Durch Bildung der Differenzen ergibt sich: man muß je 9,8 ml der 1,5 n Lösung mit 0,8 ml konz. Salzsäure versetzen. Die Mischungsregel läßt sich in derselben Weise auf den Prozentgehalt oder die Dichte sowie auf das Zumischen von reinem Wasser anwenden. Ein geringfügiger Fehler (etwa 0,1%) entsteht beim obigen Beispiel dadurch, daß beim Mischen der Lösungen eine kleine Volumenverminderung eintritt.

16 Berechnung der Ergebnisse

Ablesungen und Wägungen werden ohne Ausnahme *sogleich* in das **Laboratoriumstagebuch** („Laborjournal") eingetragen. Dieses enthält ferner im Telegrammstil nähere Angaben über die untersuchte

---

[1] Bei festen Stoffen bezieht sich diese Angabe selbstverständlich auf Gewichtsteile. Im DAB. 6 bedeutet sie in jedem Falle Gewichtsteile; dadurch geht der Vorteil dieser rein dem praktischen Bedürfnis dienenden Ausdrucksweise verloren, da man zum raschen Abmessen von Flüssigkeiten fast immer den Meßzylinder verwendet.

16 Berechnung der Ergebnisse

Substanz, das gewählte Trennungs- und Bestimmungsverfahren und die Literaturstelle; auch alle besonderen, eigenen Beobachtungen bei der Analyse werden darin verzeichnet. Das Laboratoriumstagebuch enthält außerdem in übersichtlicher Anordnung und aller Vollständigkeit die Berechnung der Analysenergebnisse einschließlich der dabei benutzten Faktoren und Logarithmen. Irrige Eintragungen werden so gestrichen, daß sie lesbar bleiben. Keinesfalls darf radiert oder dürfen Seiten herausgerissen werden, da dann eine spätere Rekonstruktion im Hinblick auf eventuelle Fehlerquellen unmöglich wird. Kurven, die auf Millimeterpapier gezeichnet werden, werden in das Laborjournal nicht lose eingelegt, sondern eingeklebt.

In jeder chemischen Verbindung verhält sich das Gewicht eines Elements zum Gesamtgewicht der Verbindung wie das Atomgewicht zum Molekulargewicht. Man braucht daher nur das gefundene Gewicht der Verbindung mit dem *Verhältnis* der entsprechenden Atom- und Molekulargewichte zu multiplizieren, um die Menge des darin enthaltenen Elements zu erfahren. Man multipliziert z. B. das Gewicht eines AgCl-Niederschlags mit dem Verhältnis $\frac{Cl}{AgCl} = \frac{35{,}453}{107{,}870 + 35{,}453}$, wenn man die darin enthaltene Menge Cl erfahren will, dagegen mit dem Verhältnis $\frac{Ag}{AgCl}$, wenn man sich für die darin enthaltene Menge Ag interessiert. In entsprechender Weise erhält man aus dem Gewicht Na_2SO_4 die darin enthaltene Menge Na durch Multiplizieren mit dem **Umrechnungsfaktor** $\frac{2\,Na}{Na_2SO_4}$; in Zähler und Nenner müssen also stets *gleich viele Atome* des betreffenden Elements stehen. Fertig ausgerechnet findet man diese Umrechnungsfaktoren und ihre Logarithmen in den *Rechentafeln* von Küster-Thiel[1]. Die Menge eines Bestandteils wird meist nicht als solche, sondern in Gewichtsprozenten der untersuchten Substanz angegeben. Hierzu dividiert man das Gewicht des Bestandteils durch die entsprechende Einwaage und multipliziert mit 100.

Wie leicht abzuleiten ist, gilt:
Prozentgehalt des gesuchten Bestandteils

$$= 100 \times \text{Umrechnungsfaktor} \times \frac{\text{Auswaage}}{\text{Einwaage}};$$

---

[1] Küster, F. W. u. A. Thiel: Rechentafeln für die chemische Analytik. Berlin: de Gruyter.

wenn man daher soviel g einwiegt, wie der Umrechnungsfaktor angibt, braucht man die Auswaage nur mit 100 zu multiplizieren, um den Prozentgehalt an dem gesuchten Stoff zu erfahren.

Rechenaufgaben:
1. Wieviel Gewichtsprozent MnO sind in $Mn_2P_2O_7$ enthalten?
2. Um wieviel Prozent ändert sich das Gewicht von FeS, wenn es beim Glühen in Fe_2O_3 übergeht?
3. Wieviel BeO entsteht aus 100 mg $(NH_4)_2Be(SO_4)_2 \cdot 2H_2O$ beim scharfen Glühen?
4. Wieviel Fe_2O_3 erhält man aus 100 mg reinem Fe_3O_4?

Analytische Rechnungen werden — oft ohne Anführung von Kennziffern — mit fünfstelligen Logarithmen ausgeführt, wobei man sich das lästige Interpolieren meist ersparen kann. Zum Nachprüfen der dabei erhaltenen Zahlen und zu schnellen Überschlagsrechnungen benutzt man einen Taschenrechner oder den Rechenschieber, mit dessen Handhabung nach wie vor jeder Chemiker vertraut sein sollte. Für analytische Zwecke eignen sich wegen der größeren Genauigkeit besonders solche Schieber (25 cm, noch besser 50 cm lang), auf denen eine Skala von doppelter Länge untergebracht ist; allerdings muß man an ihren Gebrauch gewöhnt sein. Es erleichtert Überschlagsrechnungen außerordentlich, wenn man die Menge einer Substanz nicht wie die Gewichte der Tiegel oder Wägegläser in g, sondern in mg ausdrückt.

Hat man viele Analysen derselben Art zu berechnen, so ist auch das graphische Verfahren zu empfehlen. Man trägt auf Millimeterpapier als Abszisse das Gewicht der Verbindung, als Ordinate die daraus berechnete Menge des gesuchten Bestandteils auf und verbindet die zusammengehörigen Werte durch eine Gerade. Durch Projektion der analytisch ermittelten eigenen Werte von der Abszisse auf die Ordinate ist die Menge des gesuchten Bestandteils schnell ablesbar. Mit Hilfe besonderer Skalen lassen sich selbst kompliziertere Rechnungen rasch und genau durchführen (Nomographie).

Die Genauigkeit, mit der die einzelnen Bestandteile einer Substanz bestimmt werden, ist oft recht verschieden; in jedem Falle wird das Rechenergebnis mit soviel Ziffern angeführt, daß *die letzte Stelle um eine Einheit unsicher ist;* schätzt man den größtmöglichen Fehler auf mehrere Einheiten der letzten Stelle, so deutet man dies durch kleinere Schreibweise der letzten Ziffer an. Im Gang der Rechnung selbst führt man über die unsichere Dezimalstelle hinaus noch eine weitere Ziffer mit, um zu vermeiden, daß das Ergebnis durch das Rechenverfahren

16 Berechnung der Ergebnisse

beeinflußt wird. Die Genauigkeit vierziffriger Mantissen reicht für viele Zwecke nicht ganz aus; schon bei einem Produkt aus 3 Faktoren kann ein Fehler von ±0,2% auftreten.

Ein Fehler kann absolut oder relativ betrachtet sehr verschieden groß sein. Hat man z. B. in einem Stahl den Phosphorgehalt bei einer Einwaage von etwa 1 g zu 0,0022% ermittelt, so beträgt — wie aus der letzten angegebenen Ziffer ersichtlich ist — *der absolute* Fehler 0,0001% oder 0,001 mg, der relative etwa 5%. *Man beachte stets, daß die Genauigkeit eines Endergebnisses dem größten absoluten Fehler entspricht, der vorkommt.* Hat man von einer Substanz n gleichartig bestimmte Analysenwerte $x_1, x_2, \ldots x_n$, so kann man den Mittelwert $\bar{x} = \dfrac{1}{n} \sum_{1}^{n} x_i$ leicht berechnen. Als Maß für die Reproduzierbarkeit der Werte dient die Standardabweichung ±s; sie ergibt sich aus $s^2 = \dfrac{1}{n-1} \sum_{1}^{n} (x_i - \bar{x})^2$. $\bar{x}$ und s lassen sich sehr einfach und schnell auf graphischem Wege mit Hilfe eines Wahrscheinlichkeitsnetzes ermitteln. Die Größe s berücksichtigt jedoch nur die unvermeidlichen zufälligen Fehler, nicht aber den bisweilen wesentlich größeren systematischen Fehler, der den Mittelwert $\bar{x}$ vom Sollwert unterscheidet.

Die Bestandteile von Salzen und Lösungen gibt man meist in Ionenform an. Bei der vollständigen Analyse komplizierterer oxidischer Verbindungen und Mineralien empfiehlt es sich jedoch, die darin enthaltenen Elemente in Form ihrer Oxide anzuführen, z. B. K_2O, CaO, FeO, Fe_2O_3, SO_3, CO_2, P_2O_5 usw. Enthält jedoch die untersuchte Substanz gleichzeitig Halogenid- oder Sulfid-Ionen, so müssen diese als Elemente angeführt und die äquivalenten Mengen Sauerstoff in Abzug gebracht werden. Die Summe der Bestandteile liegt bei sorgfältig ausgeführten Analysen erfahrungsgemäß zwischen 99,7 und 100,5%.

Gelegentlich hat man die Aufgabe, aus der ermittelten prozentualen Zusammensetzung einer Verbindung oder eines Minerals die chemische **Formel** zu berechnen. Man erhält sich dazu vor Augen, daß die Prozentzahlen die Gewichtsmengen der einzelnen Bestandteile in g angeben, die in 100 g Substanz enthalten sind (vgl. das folgende Beispiel, Spalte a). Dividiert man diese Gewichte durch das ihnen entsprechende Atom-, Molekular- oder Ionengewicht (b), so erfährt man die Zahl der Mole (c), welche von den einzelnen Bestandteilen vorhanden ist. Man erkennt meist ohne weiteres, daß sich dabei ganzzahlige

Verhältnisse ergeben. Um die Formelindices ganzzahlig zu machen, dividiert man sie durch den kleinsten, dabei vorkommenden Index (d). Beispiel:

```
              a              b           c                d
Ba²⁺   56,2 g(%):   137,34 = 0,41 ⎫
Cl⁻    29,0 g(%):   35,453 = 0,82 ⎬   Ba_{0,41} Cl_{0,82} (H₂O)_{0,82} = BaCl₂ · 2H₂O
H₂O    14,8 g(%):   18,015 = 0,82 ⎭       0,41    0,41      0,41

       100,0 g(%)
```

Um aus den Gewichtsprozenten Atomprozente zu berechnen, summiert man zunächst die Molzahl der links stehenden Bestandteile, die sich aus Spalte c ergibt:

Ba	0,41 mol
Cl	0,82 mol
O	0,82 mol
H 2 × 0,82 =	1,64 mol
	3,69 mol

In der Verbindung entfallen also von insgesamt 3,69 mol nur 0,41 mol auf das Barium; dies entspricht $\frac{0,41}{3,69} = 11,\bar{1}$ Atom-% Ba, d.h. 1 Atom Ba auf insgesamt 9 Atome, wie es die Formel verlangt.

Übungsaufgaben: Die Analyse eines Minerals habe die folgenden Werte ergeben: CaO: 55,4%, P_2O_5: 42,2%, F: 3,4%, Cl: 0,9%. Man berechne den Gewichts-Prozentgehalt an Sauerstoff, welcher dem Gehalt an Fluor und Chlor äquivalent ist und ziehe ihn von der Gewichtssumme der Bestandteile ab (vgl. oben); falls die Analyse stimmt, muß sich annähernd 100% ergeben.

Zur Ermittlung der Formel rechnet man zunächst das Gewicht von CaO in Ca^{2+}, von P_2O_5 in PO_4^{3-} um, verfährt weiter wie oben und versucht dann, sich ein Bild von der Formel des Minerals zu machen.

Ein reiner Dolomit verliere beim scharfen Glühen 46,40% an Gewicht; wieviel Gewichtsprozent CaO und MgO sind darin enthalten? Wieviel Atome Ca entfallen darin auf 1 Atom Mg?

Die Analyse eines Salzgemisches ergab: 24,39 Gew.-% Na^+; 5,35% K^+; 3,32% Mg^{2+}; 52,16% Cl^-; 14,78% H_2O. Um welche Salze handelt es sich? In welchem Gewichtsverhältnis sind sie gemischt?

Bei vielen in der Natur vorkommenden komplizierteren Gemischen ist es unmöglich, auf Grund der chemischen Analyse anzugeben, wie groß der Anteil der einzelnen bei mikroskopischer Beobachtung oder im Anschliff erkennbaren Substanzen ist. Man kann jedoch annähernd Aufschluß darüber erhalten durch planimetrische Vermessung der Anschliffe oder durch Verfahren der „*rationellen*" *Analyse*. Wenn man z. B. eine Mischung von Ton, Quarz und Feldspat längere Zeit mit konz. Schwefelsäure erhitzt, bleiben Quarz und Feldspat unangegriffen, während sich aus dem Ton $Al_2(SO_4)_3$ und hydratische Kieselsäure bildet, die mit heißer starker Natronlauge in Lösung gebracht werden kann. Analysen dieser Art sind für die Keramik wichtig.

17 Feuchtigkeitsgehalt und Glühverlust

Zur Bestimmung der oberflächlich anhaftenden **Feuchtigkeit** dient die pulverisierte und gut durchgemischte, lufttrockene Substanz. Man erhitzt 0,5 – 0,7 g davon in einem flachen Wägegläschen ausgebreitet — oder, wenn anschließend der Glühverlust bestimmt werden soll, in einem Porzellantiegel — auf 105 – 110 °C im Trockenschrank oder Aluminiumblock etwa 1 Std. lang, wiegt, erhitzt nochmals 30 min und prüft auf Gewichtskonstanz. Das Wägegefäß wird sofort nach dem Einbringen in den Exsiccator mit einem Deckel verschlossen, da es mehrere Stunden dauert, bis die beim Öffnen des Exsiccators eingedrungene feuchte Luft völlig getrocknet ist. Erst vor dem Herausnehmen aus dem Exsiccator wird der Deckel des Wägegefäßes kurz angehoben, um vollständigen Druckausgleich herbeizuführen. Zum Einüben können Gemische von $BaCl_2 \cdot 2 H_2O$ und NaCl dienen.

Zur Bestimmung der einzelnen Bestandteile kann man von der bei 105 – 110 °C getrockneten Substanz ausgehen. Meist ist es jedoch vorteilhafter, zur Analyse die lufttrockene Substanz zu verwenden, die Feuchtigkeit in einer besonderen Probe zu bestimmen und später die *Ergebnisse auf Trockensubstanz umzurechnen*. Man kann dann die Analyse sogleich beginnen und beim Einwiegen sorgloser verfahren.

Hat man bei der Bestimmung der Feuchtigkeit z. B. aus 100,0 mg lufttrockener Substanz 97,2 mg Trockensubstanz erhalten, so müssen die auf lufttrockene Substanz berechneten Prozentgehalte der einzelnen Bestandteile mit dem Faktor (100/97,2) multipliziert werden, damit sie wie gebräuchlich für die Substanz im Trockenzustand (i. T.) gelten. Getrennt davon ist der mit den atmosphärischen Bedingungen wechselnde Feuchtigkeitsgehalt der lufttrockenen Probe zu vermerken. Der Feuchtigkeitsgehalt von Substanzen, die sich beim Erhitzen zersetzen, oxidieren oder leicht CO_2 aufnehmen, muß nötigenfalls durch Stehenlassen im Vakuumexsiccator oder durch eine besondere Wasserbestimmung (vgl. S. 230) ermittelt werden.

Die Menge der oberflächlich anhaftenden Feuchtigkeit nimmt beim Verreiben einer Substanz mit der Vergrößerung der Oberfläche stark zu. Stoffe, die in grob pulverisiertem Zustand kaum Feuchtigkeit enthalten, vermögen oft mehr als 1% davon aufzunehmen, wenn sie in feinster Verteilung vorliegen.

Bei der Analyse von Silicaten, Carbonaten oder Oxiden wird häufig der „Glühverlust" durch Erhitzen auf etwa 1000 °C bestimmt. Die Verwendung von Platintiegeln ist hierbei nicht nur überflüssig, sondern auch wenig empfehlenswert, weil sie oberhalb 1000 °C an Gewicht verlieren. Beim Glühen können mancherlei Veränderungen der Substanz vor sich gehen. Chemisch gebundenes Wasser entweicht, Carbonate, soweit sie nicht als Alkali- oder Bariumcarbonat vorliegen, zersetzen sich, Sauerstoff kann aufgenommen oder auch abgespalten werden (z.B. bei $FeCO_3$ oder MnO_2), Sulfide gehen in Oxide oder Sulfate über, Kohlenstoff oder organische Beimengungen werden verbrannt. Der Wert des Glühverlustes ist für manche Substanzen charakteristisch und gibt oft einen Anhaltspunkt für den Gehalt an CO_2 oder H_2O.

18 Weiterführende Literatur

Aus dem umfangreichen Schrifttum der anorganisch-quantitativen Analyse können hier nur einige der bekanntesten und meistbenutzten neueren Werke aufgeführt werden. Weiterführende Literaturhinweise finden sich als Fußnoten in den betreffenden Kapiteln.

A. Lehrbücher, Gewichts- und Maßanalyse, instrumentelle Methoden

Autorenkollektiv, Analytikum. Leipzig: Deutscher Verlag für Grundstoffindustrie.
Biltz, H. u. W. Biltz, Ausführung quantitativer Analysen. Stuttgart: Hirzel.
Blumenthal, G. u. H. Hartung, Stöchiometrie auf der Grundlage des modernen Molbegriffs (Lehrprogramm). Leipzig: Geest und Portig.
Bock, R., Methoden der Analytischen Chemie. Band 1: Trennungsmethoden,

Band 2 (3 Teilbände): Nachweis- und Bestimmungsmethoden. Weinheim: Verlag Chemie bzw. VCH.
Bock, R., Aufschlußmethoden in der anorganischen und organischen Chemie. Weinheim: Verlag Chemie.
Brandes, G., Einführung in die Stöchiometrie. Leipzig: Deutscher Verlag für Grundstoffindustrie.
Ewing, G. W., Instrumental methods of chemical analysis. New York: McGraw Hill.
Fiedler, H., Chemisches Rechnen. Weinheim: Verlag Chemie.
Fritz, J. S. u. G. H. Schenk, Quantitative Analytische Chemie. Braunschweig, Wiesbaden: Vieweg.
Hägg, G., Die theoretischen Grundlagen der analytischen Chemie. Basel: Birkhäuser.
Hillenbrand, W. F., G. E. F. Lundell, H. A. Bright u. J. I. Hoffman, Applied Inorganic Analysis. New York: Wiley.
Hübschmann, U., u. E. Links, Einführung in das chemische Rechnen. Hamburg: Handwerk und Technik.
Hütter, L. A., Wasser und Wasseruntersuchung. Aarau, Frankfurt/M.: Diesterweg, Sauerländer.
Jander, G. u. E. Blasius, Einführung in das anorganisch-chemische Praktikum. Stuttgart und Leipzig: Hirzel.
Jander, G. u. K. F. Jahr, Maßanalyse. Berlin, New York: de Gruyter.
Kober, F., Quantitative Analyse. Alsbach: Leuchtturm-Verlag.
Kolditz, L. (Hrsg.), Anorganikum. Berlin: Deutscher Verlag der Wissenschaften.
Kolthoff, I. M. u. P. J. Elving (Hrsg.), Treatise on Analytical Chemistry. New York: Interscience. − Zahlreiche Einzelbände, erscheint seit 1976.
Kolthoff, I. M., E. B. Sandell, E. J. Meehan u. S. Bruckenstein, Quantitative Chemical Analysis. London: Macmillan.
Kolthoff, I. M. u. V. A. Stenger, Volumetric Analysis. New York: Interscience. Dreibändiges Werk, dritter Band von I. M. Kolthoff u. R. Belcher.
Kullbach, W., Mengenberechnungen in der Chemie. Weinheim: Verlag Chemie.
Kunze, U. R., Grundlagen der quantitativen Analyse. Stuttgart: Thieme.
Laitinen, H. A. u. W. E. Harris, Chemical Analysis. New York: McGraw Hill.
Latscha, H. P. u. H. A. Klein, Analytische Chemie. Berlin, Heidelberg, New York: Springer.
Leithold, A. et al., Rechenpraxis in Chemieberufen. Leipzig: Deutscher Verlag für Grundstoffindustrie.
Müller, G. O., Lehrbuch der Angewandten Chemie. Band II: Chemisch-mathematische Übungen, Band III: Quantitativ-anorganisches Praktikum. Leipzig: Hirzel.
Nylén, P. u. N. Wigren, Einführung in die Stöchiometrie. Darmstadt: Steinkopff.

Pecsok, R. L., L. D. Shields, T. Cairns u. I. McWilliam, Modern Methods of Chemical Analysis. New York: Wiley.
Poethke, W., Praktikum der Gewichtsanalyse. Dresden: Steinkopff.
Poethke, W., Praktikum der Maßanalyse. Dresden: Steinkopff.
Poethke, W. u. H. Reuther, Grundlagen des chemischen Rechnens. Dresden: Steinkopff.
Seel, F., Grundlagen der Analytischen Chemie. Weinheim: Verlag Chemie.
Willard, H. H., u. N. H. Furman, Grundlagen der quantitativen Analyse. Wien: Springer.
Willard, H. H., L. L. Merritt u. J. A. Dean, Instrumental Methods of Analysis. New York: van Nostrand.
Wilson, C. L. u. D. W. Wilson (Hrsg.), Comprehensive Analytical Chemistry. London: Elsevier.
Wittenberger, W., Rechnen in der Chemie. Wien, New York: Springer.

B. Chemisch-technische Analyse

Analyse der Metalle, herausgegeben vom Chemikerausschuß der Gesellschaft Deutscher Metallhütten- und Bergleute e. V. – Berlin, Heidelberg, New York: Springer.
Chemical Analysis of Metals, Sampling and Analysis of metal bearing ores. Philadelphia: ASTM.
Furman, N. H. u. F. J. Welcher (Hrsg.), Standard Methods of Chemical Analysis. New York: van Nostrand.
Handbuch für das Eisenhüttenlaboratorium, herausgegeben vom Chemikerausschuß des Vereins Deutscher Eisenhüttenleute. Düsseldorf: Stahleisen m. b. H.
Koch, W., Metallkundliche Analyse. Weinheim: Verlag Chemie.
Firma E. MERCK, Darmstadt (Hrsg.), Chemisch-technische Untersuchungsmethoden für die Eisen- und Stahlindustrie. Weinheim: Verlag Chemie.
Snell, F. D. u. L. S. Ettre, Encyclopedia of Industrial Chemical Analysis. New York: Wiley.
Specht, F., Quantitative anorganische Analyse in der Technik. Weinheim: Verlag Chemie.

C. Sammelwerke und Tabellen

Analytiker-Taschenbuch. Veröffentlicht von einem Herausgeberkollektiv, mehrbändige Serie mit Einzelbeiträgen, erscheint seit 1980. Berlin, Heidelberg: Springer.
D'Ans, J. u. E. Lax, Taschenbuch für Chemiker und Physiker (3 Bände). Berlin, Göttingen: Springer.

Fresenius, W. u. G. Jander (Hrsg.), Handbuch der analytischen Chemie, erscheint seit 1940. Berlin: Springer.
Kaltofen, R. et al., Tabellenbuch Chemie. Thun, Frankfurt/M.: Deutsch.
Küster, F. W. u. A. Thiel, Rechentafeln für die chemische Analytik. Berlin: de Gruyter.
Latscha, H. P., G. Schilling u. H. A. Klein, Chemie-Datensammlung. Berlin, Heidelberg, New York: Springer.
Meites, L. (Hrsg.), Handbook of analytical chemistry. New York: McGraw-Hill.
Firmenschrift der Firma E. MERCK, Tabellen für das Labor. Darmstadt.
Synowietz, C. u. K. Schäfer, Chemiker-Kalender. Berlin, Heidelberg, New York, Tokyo: Springer.
Weast, R. C. (Hrsg.), Handbook of chemistry and physics. Palm Beach: CRC Press. − Jährliche Neuauflagen, erscheint auch in einer speziellen Studentenausgabe.

D. Zeitschriften

In Klammern sind die beim Zitieren zu verwendenden Kürzel angegeben. Spezialzeitschriften (z. B. über spektroskopische Methoden etc.) werden hier nicht berücksichtigt.
The Analyst (Analyst), seit 1876.
Analytica Chimica Acta (Anal. chim. Acta), seit 1947.
Analytical Chemistry (Anal. Chem.), seit 1929. − Bis 1947 unter dem Titel „Industrial and Engineering Chemistry, Analytical Edition" (Ind. Eng. Chem., analyt. Edit.).
Fresenius' Zeitschrift für Analytische Chemie (Fresenius' Z. Anal. Chem.), seit 1862. − Erscheint seit 1990 unter dem Titel „Fresenius' Journal of Analytical Chemistry" in englischer Sprache (Fresenius J. Anal. Chem.).
Journal of the Association of Official Analytical Chemists (J. Assoc. Off. Anal. Chem.), seit 1915.
Talanta (Talanta), seit 1958.

E. Hinweis

In vielen der hier zitierten Bücher finden sich zahlreiche weitere Literaturhinweise. Wer sich intensiver mit diesem interessanten Gebiet befassen möchte, dem seien die folgenden beiden Bücher empfohlen.

Mücke, M., Die chemische Literatur − ihre Erschließung und Benutzung. Weinheim: Verlag Chemie.
Nowak, A., Fachliteratur des Chemikers. Darmstadt: Steinkopff.

II. Gewichtsanalytische Einzelbestimmungen

Allgemeines

Einige Beispiele sollen die wichtigsten bei der Gewichtsanalyse verwendeten Verfahren erläutern:

Das Natriumchlorid in einer *reinen* Kochsalzlösung ermittelt man durch *Eindampfen* der Lösung und Wiegen des Rückstandes.

Den Wassergehalt einer Substanz findet man, indem man sie auf eine Temperatur erhitzt, bei der sich das Wasser *verflüchtigt*. Man erfährt dessen Menge aus der Gewichtsabnahme der Substanz.

Gold bestimmt man in einer Lösung durch *Fällen* mit Eisen(II)-Lösung; das abgeschiedene *Metall* wird abfiltriert und gewogen.

Kupfer schlägt man aus einer Kupferlösung durch Elektrolyse an einer Platinelektrode als Metall nieder und erfährt seine Menge aus der Gewichtszunahme der Elektrode.

Barium wird aus seiner Lösung durch Schwefelsäure als *Bariumsulfat* gefällt und *auch in dieser Form* gewogen.

Magnesium scheidet man als *Magnesium-Ammoniumphosphat* ab und wiegt es, nachdem es durch Glühen des Niederschlags in *Magnesiumdiphosphat* übergeführt ist.

Das Ausfällen von Substanzen durch Reagenzien oder durch Elektrolyse ist das allgemeinste Hilfsmittel zur quantitativen Trennung verschiedener Stoffe voneinander. Der ausgefällte Niederschlag muß sich auf einfache Weise in eine zur Wägung geeignete Form von exakt definierter Zusammensetzung überführen lassen. Es ist dabei günstig, wenn das Gesamtgewicht des Niederschlags möglichst groß im Verhältnis zu dem darin enthaltenen, zu bestimmenden Element ist.

Qualitative Nachweisreaktionen sind nicht ohne weiteres für die quantitative Analyse zu gebrauchen; in der Regel ist zunächst eine eingehende Untersuchung ihrer Fehlerquellen und die Ausarbeitung genauer Vorschriften für deren Vermeidung erforderlich. Diese Vorschriften, für die die folgenden Übungsaufgaben Beispiele geben, müssen *sorgfältig* befolgt werden.

Die im Text dieses Buches in Kleindruck gegebenen kurzen Hinweise auf weitere analytische Verfahren *sollen und können ausführliche Arbeitsvorschriften keinesfalls ersetzen.* Auch die theoretischen Erläuterungen stellen nur eine erste knappe Einführung dar, die die geistige

Verarbeitung des in Vorlesungen und Lehrbüchern gebotenen Stoffes nicht entbehrlich macht.

Die allgemeinen, praktischen Anweisungen sind mehrmals durchzulesen. Vor jeder eigenen Analyse ist zu überprüfen, was von dem dort Gesagten für die betreffende Bestimmung in Betracht kommt.

Gewissenhaftigkeit und peinliche Sauberkeit sind oberstes Gebot. Man achte auf die Reinheit des Arbeitsplatzes und der Luft. Niemals darf vorausgesetzt werden, daß Reagenzien die erforderliche Reinheit besitzen, nur weil sie gerade zur Hand sind. Bei Mißerfolgen muß nach der Fehlerquelle gesucht werden. Diese sind viel schwerer als bei der qualitativen Analyse zu erkennen, da sie meist auf *scheinbar unwesentlichen* Abweichungen von der Vorschrift und den praktischen Anweisungen beruhen. Auch wenn man eine Analyse schon zum zehnten Male durchführt, kann man seine Arbeit immer noch in zahlreichen Punkten gewissenhafter, sorgfältiger und besser machen. Gerade das Praktikum der quantitativen Analyse bietet in besonderem Maße die Gelegenheit, das zu lernen, was bei jeder experimentellen Forschungsarbeit auf einem beliebigen Gebiet der Chemie eine der wichtigsten Voraussetzungen für den Erfolg darstellt, nämlich die Gewöhnung an eine saubere exakte Ausführung und kritische Überwachung von Arbeitsgängen.

Bei den gewichtsanalytischen Bestimmungen erfährt man die Menge des Stoffes meist aus der Differenz zweier Wägungen, indem man z. B. einen Tiegel zunächst leer, dann mit Substanz wiegt. Dabei muß die Gewißheit bestehen, daß das Gewicht des Tiegels *für sich* in beiden Fällen genau das gleiche ist. Dies ist nur dann zu erreichen, *wenn man sowohl das leere wie das mit Substanz beschickte Gefäß in derselben Weise behandelt, zur Wägung bringt und dies wiederholt, bis der gewogene Gegenstand* **konstantes Gewicht** *zeigt;* Unterschiede von 1 − 2 Zehntelmilligramm können dabei in Kauf genommen werden.

Porzellanfiltertiegel zeigen z. B. ein merklich geringeres Gewicht (etwa 1 mg), wenn sie geglüht wurden, statt bei 110 °C bis zur Gewichtskonstanz getrocknet zu werden. Einen Filtertiegel, durch den eine stark alkalische Lösung filtriert werden muß, setzt man vorher dem Angriff des gleichen Lösungsmittels aus. Wird hierbei festgestellt, daß sich das Tiegelgewicht um einen gleichen, geringen Betrag *wiederholt* ändert, so kann man allenfalls eine entsprechende kleine Korrektur an der folgenden Substanzwägung vornehmen. Besondere Vorsicht ist bei allen Geräten angebracht, die neu in Benutzung genommen werden.

Von jeder Analyse sind grundsätzlich **zwei** *Bestimmungen nebeneinan-*

der auszuführen. Man teilt sich dabei die Arbeit so ein, daß die eine Bestimmung der anderen immer *ein wenig* voraus ist. Da man bei der zweiten Bestimmung schon eine gewisse Erfahrung hat, wird sie genauer ausfallen als die erste. Falls die Ergebnisse der beiden Bestimmungen ohne erkennbaren Grund stark voneinander abweichen, sind mit der gleichen Substanz zwei weitere Bestimmungen auszuführen. Bei guter Übereinstimmung von *wenigstens* drei Werten kann ein davon stark abweichender Wert als fragwürdig ausgeschieden und bei der Bildung des Mittels unberücksichtigt gelassen werden. *Notwendige Vorbereitungen sind so zu treffen, daß man ununterbrochen beschäftigt ist.* Oberflächliche Hast, Versuche, Analysen zu „vereinfachen", rächen sich stets durch mangelhafte Ergebnisse. Bemerkt man, daß ein Versehen unterlaufen ist, muß die Analyse sofort verworfen und neu begonnen werden. Unter gar keinen Umständen darf man versuchen, den Fehler durch Anbringen subjektiver und daher meist gänzlich falscher Korrektionen auszugleichen.

Im folgenden ist bei jeder Einzelbestimmung die Genauigkeit angegeben, die im Rahmen des Praktikums unschwer erreicht werden kann. Die genaue **Übereinstimmung der Ergebnisse** von zwei Parallelbestimmungen ist indessen noch *kein* Beweis für ihre Richtigkeit. Sie zeigt nur, daß der Analytiker sehr gleichmäßig, vielleicht aber falsch gearbeitet hat. Selbst wenn bei einer quantitativen Gesamtanalyse die Summe aller Bestandteile genau 100% ergibt, ist noch nicht mit Sicherheit erwiesen, daß die einzelnen Werte alle richtig sind. Es wird deshalb dringend angeraten, sich gewissenhaft von dem Gelingen einer Trennung durch eine empfindliche qualitative Prüfung des ausgewogenen Niederschlags zu überzeugen.

Oft ist es zweckmäßig, eine gewisse Menge des zu bestimmenden Elements in geeigneter Form (z. B. als metallisches Ag, analysenreines NaCl) genau abzuwiegen und damit eine „Probeanalyse" zu machen. Man sollte sich, vor allem bei der Bestimmung sehr kleiner Mengen, stets vergewissern, daß die gleiche Folge von analytischen Operationen keinen wiegbaren Niederschlag liefert, wenn man sie *ohne* Analysensubstanz als „Leeranalyse" („Blindanalyse") durchführt. Manche Fehler, die beim Vorbereiten, Aufschließen und Lösen einer festen Substanz auftreten, sind nur durch Probeanalysen auszuschließen, bei denen eine ähnliche Substanz eingesetzt wird, deren Zusammensetzung durch Präzisionsanalysen bereits gesichert ist. Am besten ist es, wenn Bestimmungen nach ganz verschiedenartigen, zuverlässigen Verfahren zu übereinstimmenden Werten führen.

Zur Entgegennahme der zu analysierenden Lösungen übergibt man dem Assistenten zwei mit Uhrgläsern bedeckte Bechergläser oder zwei mit passenden Kristallisierschälchen bedeckte Erlenmeyer- oder Titrierkolben[1], für feste Substanzen ein mit Namensschild versehenes Wägeglas. Die Ergebnisse beider Parallelbestimmungen sind in das Tagebuch einzutragen und vorzulegen.

Schon während der gewichtsanalytischen Einzelbestimmungen sollte *man sich mit den theoretischen Grundlagen der Maßanalyse an Hand von Abschnitt III vertraut machen.*

1 Chlorid

Chlorid-Ionen werden in schwach salpetersaurer Lösung als **AgCl** *gefällt; man sammelt den Niederschlag in einem Filtertiegel und wiegt nach dem Trocknen.*

Reagenzien S. 42 – Menge und Konzentration S. 45 – Fällen S. 25 – Gebrauch des Filtertiegels S. 32, 33, 35, 38 – Auswaschen S. 30 – Trocknen S. 35 – Wiegen S. 9 – Berechnung der Ergebnisse S. 48

Die annähernd neutrale Chloridlösung wird in einem 400 ml-Becherglas auf 100 – 150 ml verdünnt und mit 10 ml chloridfreier (!) 2 n Salpetersäure versetzt. Dann läßt man, ohne zu erwärmen, vorsichtig aus einer größeren Meßpipette etwa 0,1 n Silbernitratlösung an der Wandung des Becherglases herab unter Umrühren zufließen, bis ein *geringer* Überschuß von AgNO$_3$ vorhanden ist. Dieser Punkt ist meist daran zu erkennen, daß der Niederschlag plötzlich auszuflocken beginnt (AgCl fällt anfangs kolloidal aus und ballt sich bei einem geringen Überschuß an Ag$^+$-Ionen bei gleichzeitigem Rühren zusammen). Der lichtempfindliche Niederschlag ist vor der Einwirkung von *grellem* Tageslicht zu schützen. Sobald sich das Silberchlorid etwas abge-

---

[1] In vielen Instituten werden die zu analysierenden Lösungen in 100 ml-Meßkolben ausgegeben. In diesem Fall füllt man bis zur Marke mit destilliertem Wasser auf, mischt *gründlich* durch und entnimmt dem Meßkolben je 50 ml Lösung für jede Bestimmung. Die auf S. 15 – 22 gegebenen Hinweise sind dabei genau zu beachten. Angabe des Ergebnisses: mg in 50 ml der Lösung. Die Verwendung von 250 ml-Meßkolben ist unzweckmäßig, da verdünnte Lösungen weniger genau zu titrieren sind.

setzt hat, überzeugt man sich durch Zugeben einiger Tropfen Reagens von der Vollständigkeit der Fällung. Man erhitzt schließlich die Lösung für einige Minuten bis fast zum Sieden, rührt dabei kräftig durch und läßt im Dunkeln völlig erkalten, am besten über Nacht.

Inzwischen hat man einen Glas- oder Porzellan-Filtertiegel (P_2) hergerichtet und nach dem Trocknen bei 130°C gewogen. Durch ihn gießt man jetzt die Flüssigkeit ab, ohne den Niederschlag aufzurühren, indem man sie an einem Glasstab gegen die Wand des Tiegels fließen läßt. Man füllt den Tiegel bis höchstens 5 mm unterhalb des Randes. Um zu verhindern, daß der Niederschlag beim Auswaschen kolloid in Lösung geht, benutzt man als Waschflüssigkeit etwa 0,01 n Salpetersäure. Man wäscht etwa 3mal mit je 20 ml Waschflüssigkeit unter Abgießen aus und bringt dann erst den Niederschlag mit Hilfe eines Gummiwischers restlos in den Tiegel. Der Niederschlag, der infolge seiner käsigen Beschaffenheit leicht etwas Lösung mechanisch einschließt, läßt sich durch Abgießen weit wirksamer auswaschen als später in zusammengebacktem Zustand. Das Auswaschen wird im Filtertiegel mit *kleinen* Mengen Waschflüssigkeit fortgesetzt, bis einige Milliliter des Filtrats auf Zusatz eines Tropfens verdünnter Salzsäure nur noch schwache Opaleszenz zeigen. Zum Schluß wäscht man mit *wenig* reinem Wasser nach, um die dem Niederschlag anhaftende verdünnte Salpetersäure zu entfernen. Gegen Ende des Auswaschens kann sich das Filtrat schwach trüben, weil das in der Waschflüssigkeit merklich lösliche Silberchlorid durch den Überschuß an Ag^+ im Filtrat wieder ausgefällt wird.

Man trocknet den Filtertiegel mit dem Niederschlag im Trockenschrank oder Aluminiumblock bei etwa 130°C 45 min, dann nochmals 30 min, bis *Gewichtskonstanz* erreicht ist.

Das bei der zweiten Bestimmung gefällte Silberchlorid kann nach Beendigung der ersten Analyse in denselben Tiegel filtriert werden, nachdem man dessen Inhalt ausgeschüttet und den Tiegel, ohne ihn weiter zu reinigen, neu gewogen hat. Die Bestimmung läßt sich bei einer Auswage von 200–400 mg unschwer auf ±0,2% genau ausführen.

Die Konzentration der undissoziierten Moleküle eines gelösten Stoffes hat bei gegebener Temperatur einen bestimmten Wert, sobald *Sättigung* eingetreten ist. Dies gilt auch, wenn der gelöste Stoff so gut wie vollständig in Ionen dissoziiert. Bei der Fällungsreaktion

$$Ag^+ + Cl^- \rightleftharpoons AgCl_{undiss.} \rightleftharpoons AgCl_{fest}$$

1 Chlorid

ist die Konzentration der undissoziierten AgCl-Moleküle — einerlei, welchen Wert sie hat — *konstant*, vorausgesetzt, daß festes AgCl als „Bodenkörper" vorhanden ist. Nach dem Massenwirkungsgesetz, das zunächst nur für eine homogene Phase gilt, ergibt sich:

$$c_{Ag^+} \cdot c_{Cl^-} = k \cdot c_{AgCl} = L_{AgCl}. \qquad 1$$

Die Konstante L_{AgCl} wird als das **Löslichkeitsprodukt** von AgCl bezeichnet[1]; sie ist für ein gegebenes Lösungsmittel im wesentlichen nur von der Temperatur abhängig. Zahlenwerte für die Löslichkeitsprodukte einiger Niederschläge finden sich auf S. 169.

Die Löslichkeit, d. h. die in der Volumeneinheit insgesamt gelöste Menge eines Stoffes, setzt sich im allgemeinen zusammen aus einem dissoziiert und einem undissoziiert vorliegenden Anteil. Bei den in Wasser restlos in Ionen gespaltenen starken Elektrolyten, zu denen die typischen Salze zählen, kann der undissoziierte Anteil außer Betracht bleiben. Aber auch die schwachen Elektrolyte sind in großer Verdünnung praktisch vollständig dissoziiert. Bei genügend *schwerlöslichen*, aus Ionen entstehenden Niederschlägen ist daher die Konzentration undissoziierter Moleküle in der Lösung meist zu vernachlässigen.

Sättigt man reines Wasser mit AgCl, so ist $c_{Ag^+} = c_{Cl^-}$. Da das Löslichkeitsprodukt L_{AgCl} bei 20 °C den Wert $1,1 \times 10^{-10}$ mol^2/l^2 hat, wird $c_{Ag^+} = c_{Cl^-} = 1,05 \times 10^{-5}$ mol/l. In Molen AgCl ausgedrückt, erhält man für die Löslichkeit: $S_{20°C} = 1,05 \times 10^{-5}$ mol/l = 1,6 mg AgCl/l. Größer und noch viel weniger zu vernachlässigen ist die Löslichkeit bei höherer Temperatur: $S_{100°C} = 21$ mg AgCl/l.

Gleichung (1) gestattet, die Löslichkeit von AgCl nicht nur für reines Wasser, sondern auch bei beliebiger, gegebener Konzentration von Ag$^+$ oder Cl$^-$ zu berechnen. Bringt man festes AgCl in eine Lösung von $c_{Ag^+} = 1$, so sollte sich nur so lange AgCl auflösen, bis c_{Cl^-} den Wert 10^{-10} erreicht hat. *Die Löslichkeit von* AgCl *sollte hier sehr viel geringer sein als in reinem Wasser*, nämlich 10^{-10} mol/l = 0,000015 mg AgCl/l. In Wirklichkeit beobachtet man ein Minimum der Löslichkeit bei einer Ag$^+$-Konzentration von etwa 0,005 n, da die weitere Zugabe von Ag$^+$ zur Bildung von Kationen wie Ag$_2$Cl$^+$ und Ag$_3$Cl^{2+} und damit zu einem geringen Anstieg der Löslichkeit führt.

Will man also Cl$^-$ vollständig ausfällen, so genügt ein geringer Überschuß von Ag$^+$, d. h. höchstens einige Milliliter 0,1 n AgNO$_3$-Lösung mehr, als notwendig ist. In entsprechender Weise geht AgCl bei größerem Überschuß an Cl$^-$ unter Bildung des komplexen Ions [AgCl$_2$]$^-$ wieder in Lösung. In 1 n Chloridlösung lösen sich bei 20 °C bereits 17 mg AgCl/l. Am vollständigsten gelingt die Ausfällung von Ag$^+$, wenn der Cl$^-$-Überschuß etwa 0,005 g-Ion Cl$^-$/l beträgt.

---

[1] Das Löslichkeitsprodukt L wird mitunter auch als K_L abgekürzt.

Die Fällung von AgCl dient auch zur Bestimmung des Silbers. Man verfährt dabei sinngemäß nach der für Chlorid gegebenen Vorschrift; ein Überschuß des Fällungsmittels ist sorgfältig zu vermeiden.

AgCl zersetzt sich unter der Einwirkung des Lichts in die Elemente. Das ausgeschiedene Silber färbt den Niederschlag dunkel, das Chlor entweicht. Der Niederschlag verliert daher in trockenem Zustand an Gewicht; in Berührung mit einer Ag^+-Lösung wird er aber schwerer, weil das freigesetzte Chlor weitere Ag^+-Ionen fällt.

Um elementares Chlor gewichtsanalytisch zu bestimmen, setzt man es zunächst mit Ammoniaklösung um:

$$3\,Cl_2 + 2\,NH_3 \rightarrow N_2 + 6\,Cl^- + 6\,H^+.$$

Chlorat läßt sich leicht mit Zink- oder Cadmiumpulver in schwefelsaurer Lösung zu Chlorid reduzieren. Die Reduktion von Perchlorat gelingt mit Titan(III)-sulfatlösung in der Hitze oder durch Schmelzen mit Soda.

Komplex gebundene, durch Silbernitrat nicht fällbare Chlorid-Ionen können oft durch Kochen mit NaOH in Freiheit gesetzt werden. Kationen, wie Cr^{3+}, die Chlorid-Ionen komplex zu binden vermögen, werden besser vor der Fällung entfernt. Auch bei Anwesenheit von Hg^{2+} fällt nicht alles Chlorid, da $HgCl_2$ nur in sehr geringem Umfang elektrolytisch dissoziiert; Hg^{2+} läßt sich durch Fällen mit H_2S entfernen.

Reduzierend wirkende Ionen wie Fe^{2+}, Sn^{2+} dürfen nicht zugegen sein. Schwermetallionen wie Sb^{3+}, Bi^{3+}, Fe^{3+}, Sn^{4+} können den Niederschlag in Form basischer Salze verunreinigen. Man fällt dann in der Kälte oder trennt besser die störenden Metalle mit NH_3, Na_2CO_3 oder NaOH ab; in Gegenwart von Pb^{2+} fällt man heiß. Schwerlösliche Chloride wie AgCl, $PbCl_2$, Hg_2Cl_2 können zuvor mit Zn- oder Cd-Pulver und verdünnter Schwefelsäure aufgeschlossen werden, wobei sich die entsprechenden Metalle abscheiden. Dieses Verfahren dient auch mit Vorteil zur Reinigung der Filtertiegel. Da Halogene in organischer Bindung mit $AgNO_3$ in der Regel keinen Niederschlag ergeben, muß die organische Substanz vor der Halogenbestimmung vollständig zerstört werden. Um dies zu erreichen, wird die Substanz im Sauerstoffstrom verbrannt oder entweder mit Na_2O_2 in einer kleinen, dicht verschlossenen Nickelstahlbombe („Parrbombe") oder mit rauchender Salpetersäure in einem zugeschmolzenen Glasrohr (nach „Carius") erhitzt.

Nach der oben gegebenen Vorschrift kann ohne weiteres auch Br^-, J^- oder SCN^- bestimmt werden; ebenso CN^-, wenn man der leichten Flüchtigkeit von HCN dadurch Rechnung trägt, daß man erst *nach* Zusatz eines $AgNO_3$-Überschusses ansäuert. Komplexe Cyanide werden zunächst durch Kochen mit HgO zersetzt, wobei undissoziiertes $Hg(CN)_2$ entsteht. Aus diesem kann wiederum das Cyanid-Ion durch Zinkpulver in Freiheit gesetzt werden.

F^- verhält sich in mancher Hinsicht anders als die übrigen Halogenidionen: AgF ist äußerst leicht löslich, CaF_2 dagegen schwer löslich. Zur Bestimmung von Fluorid kann man CaF_2 in schwach essigsaurer Lösung in gut filtrierbarer Form fällen und nach schwachem Glühen wiegen.

Die Grundlage aller analytischen Berechnungen bilden die Atomgewichte (relativen Atommassen) (S. 257), welche das Gewicht bzw. die Masse der betreffenden Atome angeben, wobei die Atome eines vereinbarten Elements zum Vergleich dienen. Man erhält das wirkliche Gewicht der einzelnen Atome, indem man das Atomgewicht in Gramm durch die Avogadro-Konstante ($N_A = 6{,}02252 \cdot 10^{23}$ mol^{-1}) dividiert[1]. Das ursprünglich gewählte Vergleichselement $H = 1$ wurde wieder verlassen, da nur wenige Elemente Wasserstoffverbindungen liefern, die sich zur Analyse eignen. Die Wahl $O = 16$ schien besser den analytischen Erfordernissen zu entsprechen; zudem blieben die Atomgewichte zahlreicher Elemente nahezu ganzzahlig.

Die Entdeckung der Isotope führte dann zu der Erkenntnis, daß der gewöhnliche Sauerstoff außer dem Isotop ^{16}O geringe Mengen ^{17}O und ^{18}O enthält. Die Physiker wählten daraufhin das Isotop ^{16}O als Basis der „physikalischen" Atomgewichte. Die Chemiker entschlossen sich, aus praktischen Gründen für das im gewöhnlichen Sauerstoff vorliegende Gemisch dieser Isotope $O = 16{,}0000$ als durchschnittliches „chemisches" Atomgewicht beizubehalten. Später stellte sich jedoch heraus, daß das Mischungsverhältnis der Sauerstoffisotope in der Natur geringe Schwankungen aufweist, die etwa $\pm 0{,}0001$ Atomgewichtseinheiten entsprechen. Dieser wenig befriedigende Zustand wurde im Jahre 1961 durch eine internationale Vereinbarung beseitigt, die das Kohlenstoffisotop ^{12}C mit dem Wert $12{,}00000$ als gemeinsame Atomgewichtsbasis für Chemiker und Physiker festgelegt hat[2]. Die bis zu diesem Zeitpunkt benutzten „chemischen" Atomgewichte änderten sich dadurch nur wenig. Die Wahl von ^{12}C brachte zugleich den Vorteil, daß die hohe Genauigkeit der massenspektrographischen Bestimmungen, besonders bei Reinelementen, voll ausgenutzt werden kann. Die auf die Atommassen bezogenen Naturkonstanten haben sich ebenfalls nur wenig geändert. Bezogen auf ^{12}C gilt nunmehr für die Gaskonstante $R = 8{,}31433$ JK^{-1}mol^{-1}, für das Molvolumen $V_0 = 22{,}4129$ lmol^{-1} und für die Avogadrosche Zahl $N_A = 6{,}02252 \cdot 10^{23}$ mol^{-1}.

Sofern ein Element nicht nur ein Isotop aufweist wie Be, F, Na, Al, P, Sc, Co, As, Pr, Au („Reinelemente"), schwankt die Zusammensetzung des Isotopengemisches und damit das Atomgewicht infolge natürlicher Anreicherungsvorgänge besonders bei den leichten Elementen B und C (bis zu etwa 0,1%). Darüber hinaus können Schwankungen auftreten, wenn das Material einem Isotopentrennungsverfahren unterworfen war (Li bis 0,5%, B, U).

Zur Bestimmung des Atomgewichts auf chemischem Wege geht man von ei-

---

[1] Die Avogadro-Konstante N_A entspricht zahlenmäßig der auf S. 45 erwähnten Loschmidt-Zahl N_L, besitzt jedoch die Einheit mol^{-1}.
[2] H. Remy: Angew. Chem. **74**, 69 (1962).

ner in höchster Reinheit dargestellten Verbindung des betreffenden Elements aus und stellt durch chemische Umsetzungen und Wägungen deren quantitative Zusammensetzung fest. Chloride und Bromide eignen sich hierzu besonders gut, da ihre stöchiometrische Zusammensetzung scharf definiert ist, während dies bei vielen Metalloxiden (ebenso bei Sulfiden, Nitriden, Carbiden und Hydriden) keineswegs zutrifft. Das Verhältnis der Atomgewichte von Silber und Chlor oder Brom zu Sauerstoff ist somit von fundamentaler Bedeutung; es ließ sich durch Analyse der Verbindungen $KClO_3$, $Ba(ClO_4)_2$ und $AgNO_3$ mit hoher Genauigkeit ermitteln.

Hat man von einem zu untersuchenden Element das Chlorid oder Bromid in reiner Form gewonnen, so läßt sich mit großer Schärfe feststellen (vgl. S. 123), wieviel Gramm des Elements mit 35,453 g Chlor oder 79,904 g Brom verbunden sind. *Man erhält damit unmittelbar und ohne alle theoretischen Voraussetzungen das genaue Äquivalentgewicht des untersuchten Elements. Das Atomgewicht entspricht nun der kleinsten Menge eines Elements, die in einem Molekül vorkommt. Es ist daher notwendig, das Molekulargewicht der untersuchten Verbindung zu kennen, wenn aus dem Äquivalentgewicht das Atomgewicht berechnet werden soll.* Die Bestimmung des Molekulargewichts auf physikalisch-chemischem Wege kann dabei ohne besonderen Aufwand an Genauigkeit durchgeführt werden, weil ja das Atomgewicht stets ein kleines *ganzzahliges* Vielfaches des Äquivalentgewichts, der Wertigkeit des Elements entsprechend, sein muß. Näheres hierzu ist einem Lehrbuch zu entnehmen.

Atomgewichtsbestimmungen auf chemischem Wege wurden in großer Zahl besonders von O. Hönigschmid und von Th. W. Richards ausgeführt. Erst nach dem Lesen einer Originalarbeit[1] kann man ermessen, wie überaus bescheiden demgegenüber die Ansprüche bei einer gewöhnlichen analytischen Bestimmung sind.

2 Sulfat

Sulfat-Ionen werden als **$BaSO_4$** *gefällt und bestimmt.*

Fällen S. 25 − Filtrieren und Auswaschen S. 23 − Veraschen und Glühen S. 35, 39

Man säuert die Lösung in einem 400 ml-Becherglas mit 5 ml 2 n Salzsäure an, verdünnt auf etwa 300 ml, erhitzt fast zum Sieden und fällt mit einer etwa 5%igen $BaCl_2$-Lösung aus einer Bürette tropfenweise unter andauerndem Rühren. Von Zeit zu Zeit läßt man den Nieder-

---

[1] Hönigschmid, O., E. Zintl u. P. Thilo: Z. anorg. Chem. **163**, 65 (1927).

schlag etwas absitzen, um zu erkennen, ob mit einigen Tropfen Fällungsreagens noch ein weiterer Niederschlag entsteht. Nachdem die Fällung beendet ist, bleibt das bedeckte Becherglas 2 Std. oder besser über Nacht auf dem Wasser- oder Sandbad stehen. Man gießt die erkaltete, ganz klare Lösung vorsichtig durch ein Blaubandfilter ab, wechselt das Auffanggefäß und bringt den Niederschlag auf das Filter. Nötigenfalls gießt man den letzten Teil des Filtrats noch einmal durch. Da der Niederschlag sich merklich in Wasser löst, wäscht man im Filter nur mit *kleinen* Mengen warmen Wassers etwa 8mal aus, bis das Waschwasser keine Chloridreaktion mehr zeigt. Man verascht das Filter naß bei reichlichem Luftzutritt, um eine Reduktion zu Bariumsulfid zu vermeiden. Nachdem die Kohle restlos verbrannt ist, erhitzt man den bedeckten Tiegel noch 15 min auf mäßige Rotglut (etwa 800 °C). An Stelle des Papierfilters kann ebensogut ein feinporiger Porzellanfiltertiegel (A_1) verwendet werden. Die Auswaage kann 600 – 800 mg betragen.

Da $BaSO_4$ ein rund siebenmal so großes Gewicht hat wie der in ihm enthaltene Schwefel, spielen kleine Wägefehler keine Rolle. Man könnte hier erwarten, daß diese praktisch sehr wichtige Bestimmung besonders genau sei. Leider trifft das Gegenteil zu. Die **Löslichkeit** von $BaSO_4$ in reinem Wasser beträgt bei 25 °C 0,25 mg, bei 100 °C etwa 0,4 mg/l; bei sehr fein verteiltem $BaSO_4$ ist sie jedoch wesentlich größer. Reichliche Mengen Waschwasser sind daher fehl am Platz. Beim Fällen des Niederschlags wird die Löslichkeit durch gleichionigen Zusatz von Ba^{2+} auf einen verschwindend kleinen Betrag herabgesetzt.

Verdünnte Schwefelsäure ist in der 1. Stufe vollständig, in der 2. Stufe aber nur *zum Teil* dissoziiert:

$$H_2SO_4 \rightleftharpoons H^+ + HSO_4^- \tag{1}$$

$$HSO_4^- \rightleftharpoons H^+ + SO_4^{2-}. \tag{2}$$

Dies hat entsprechend dem Massenwirkungsgesetz zur Folge, daß beim Ansteigen der H_3O^+-Konzentration die SO_4^{2-}-Konzentration vermindert und damit die Löslichkeit von $BaSO_4$ ähnlich wie die von $PbSO_4$ oder $CaSO_4$ beträchtlich erhöht wird. Man darf deshalb die Lösung nicht beliebig stark ansäuern.

Die Fällung von $BaSO_4$ dient auch zur Bestimmung des Bariums. Man darf hierbei nur einen geringen Überschuß von verdünnter Schwefelsäure zusetzen, da sich $BaSO_4$ sonst unter Komplexbildung löst. Die Löslichkeit von $BaSO_4$ in warmer konzentrierter Schwefelsäure kann man sich beim Reinigen des Filtertiegels zunutze machen. Auch Strontium kann quantitativ als Sulfat gefällt werden, wenn man der Lösung das gleiche Volumen Ethanol zusetzt, um die Löslichkeit des Niederschlags u verringern. Der Übergang zu nichtwäßrigen Lösungsmitteln wie Alkohol oder Aceton ermöglicht bisweilen Trennungen, die in wäßrigem Medium nicht gelingen (vgl. S. 186).

Die Genauigkeit der Sulfatbestimmung wird besonders stark beeinträchtigt durch die Erscheinung, daß andere in der Lösung befindliche Salze mit gleichem Kation wie $BaCl_2$ oder gleichem Anion wie $(NH_4)_2SO_4$ *in den Bariumsulfat-Kristall mit eingebaut werden;* beide Vorgänge können auch gleichzeitig eintreten. Diese **Mitfällung** nimmt um so größeren Umfang an, je höher die Konzentration der in Betracht kommenden Ionen ist; sie hängt außerdem stark von den äußeren Bedingungen ab. Läßt man z. B. zu reiner verdünnter Schwefelsäure bei etwas größerer Konzentration, als oben angegeben, $BaCl_2$-Lösung zutropfen, so enthält der Niederschlag etwa 0,5% $BaCl_2$; wenn man umgekehrt durch Zutropfen von verdünnter Schwefelsäure fällt, wiegt der Niederschlag um etwa 1,9% zuviel. Sehr viel *stärker* als $BaCl_2$ werden $Ba(NO_3)_2$, $Ba(ClO_3)_2$ sowie $BaCrO_4$ mitgefällt; auch PO_4^{3-} verunreinigt den Niederschlag. NO_3^- und ClO_3^- können zuvor durch zwei- bis dreimaliges Abdampfen mit konzentrierter Salzsäure entfernt werden:

$$\overset{+V}{N}O_3^- + 3\overset{-I}{Cl}^- + 4H^+ \rightarrow \overset{0}{Cl_2} + \overset{+III}{N}OCl + 2H_2O$$

$$\overset{+V}{Cl}O_3^- + 5\overset{-I}{Cl}^- + 6H^+ \rightarrow 3\overset{0}{Cl_2} + 3H_2O.$$

Ebenso wie die genannten Bariumsalze werden auch eine Reihe von Sulfaten in einem ihrer Konzentration entsprechenden Maße mitgefällt. Zu ihnen gehört H_2SO_4 selbst, ferner die Sulfate von Na^+, K^+, NH_4^+, Fe_2^+, Mn^{2+}, Zn^{2+}, Al^{3+}. *Besonders reichlich werden mitgefällt* Ca^{2+}, Fe^{3+}, Cr^{3+}. Das letztere vermag ferner die Fällung von Sulfationen durch Bildung von Komplexen zu stören. Ist Ca^{2+} zugegen, so fällt man es zuvor durch Kochen mit Na_2CO_3-Lösung aus. Fe^{3+} trennt man durch zweimaliges Fällen mit Ammoniak ab, kocht in den vereinigten Filtraten das überschüssige Ammoniak aus, zerstört die Ammoniumsalze durch Erwärmen mit konzentrierter Salpetersäure und entfernt schließlich noch diese. Viel einfacher ist es, Fe^{3+} mit Hilfe von $NH_2OH \cdot HCl$, metallischem Zink oder Aluminium zu Fe^{2+} zu reduzieren, stärker als sonst zu verdünnen und eine geringe Mitfällung dieser Kationen in Kauf zu nehmen. Dies kann um so eher geschehen, als ein daher rührender Fehler infolge des Ersatzes der schweren Ba^{2+}-Ionen durch leichtere in entgegengesetztem Sinne wirkt wie die Mitfällung von $BaCl_2$. Infolge dieser teilweisen *Fehlerkompensation* sollten die Ergebnisse auf etwa 0,5% genau sein, falls nur wenig Na^+, K^+, Fe^{2+}, Mn^{2+}, Zn^{2+} oder Al^{3+} bei der Fällung anwesend ist; mit stärkeren Abweichungen ist bei Gegenwart von größeren Mengen dieser Ionen zu rechnen. In sehr einfacher Weise gelingt die Entfernung von störendem Ca^{2+}, Fe^{3+}, Al^{3+} oder Cr^{3+} mit Hilfe von Ionenaustauschern (vgl. S. 183).

2 Sulfat

Beim Erhitzen des BaSO$_4$-Niederschlags auf etwa 800 °C entweicht alles H$_2$O sowie mitgefälltes H$_2$SO$_4$ und (NH$_4$)$_2$SO$_4$; mitgefällte Alkali-, Eisensulfate u. dgl. zersetzen sich unter diesen Bedingungen aber noch nicht. Die Zersetzungen von BaSO$_4$ in BaO und SO$_3$ beginnt erst oberhalb 1400 °C in merklichem Ausmaß.

S, S^{2-}, SCN$^-$, SO$_3^{2-}$, S$_2$O$_3^{2-}$ und viele andere Schwefelverbindungen können durch Oxidation in Sulfat überführt und auf diesem Wege bestimmt werden.

Die durch das Massenwirkungsgesetz festgelegte Beziehung zwischen den Konzentrationen der einzelnen Reaktionsteilnehmer gilt strenggenommen nur für Lösungen, die so stark verdünnt sind, daß die Ionen keine nennenswerten, elektrostatischen Kräfte aufeinander auszuüben vermögen. Die chemische *Wirksamkeit* eines Ions ist nämlich unter Umständen weit geringer oder auch größer, als man nach seiner Konzentration erwarten sollte, wenn es infolge der Anwesenheit anderer Ionen bzw. von Salzen elektrostatischen Krafteinwirkungen ausgesetzt ist. Dadurch wird an Stelle der im Idealfall völlig regellosen Verteilung der Ionen eine etwas regelmäßigere statistisch bevorzugt; zugleich wird, besonders bei hohen Konzentrationen solcher Salze, der Grad der Solvatation der Ionen erheblich geändert. *Das Massenwirkungsgesetz gilt bei Elektrolytlösungen exakt nur dann, wenn man an Stelle der Konzentrationen andere* (bei mäßigem Elektrolytgehalt meist kleinere) *Werte, die* „**Aktivitäten**", *setzt*. Diese werden durch den Buchstaben a mit der Formel als Index (a_{H^+}, $a_{NH_4^+}$ usw.) symbolisiert. Ihr Zahlenwert kann z. B. bei H$_2$O durch genaue Dampfdruckmessungen, sonst durch Messungen der elektromotorischen Kraft, durch Löslichkeitsbestimmungen und andere Methoden bestimmt werden. Die Aktivität wird entweder als „korrigierte Konzentration" in mol/l angegeben; in diesem Fall werden die Zahlenwerte von Aktivität und Konzentration bei unendlicher Verdünnung gleich. Oder man setzt die Aktivität des unverdünnten reinen Stoffes im festen oder flüssigen Zustand gleich 1 (d. h. gleich dem Molenbruch). Über Messung und Berechnung von Aktivitäten informiere man sich in Lehrbüchern der Physikalischen Chemie.

Die Beeinflussung der Ionen durch elektrostatische Kräfte hat unter anderem zur Folge, daß die Löslichkeit von Niederschlägen auch durch solche Salze beeinflußt wird, die *kein* gemeinsames Ion mit dem Niederschlag haben. Da die Löslichkeit meist erhöht wird, sind größere Mengen von Salzen auch aus diesem Grunde im allgemeinen von Nachteil, z. B. beträgt die Löslichkeit von CaC$_2$O$_4$ bei 37 °C in reinem Wasser 7,1 mg/l, in 0,6 n NaCl-Lösung dagegen 37 mg/l.

Beim Vergrößern jeder Oberfläche muß gegen die Oberflächenspannung Arbeit aufgewendet werden. Ein sehr feines Pulver mit entsprechend großer Oberfläche stellt daher ein *energiereicheres* System dar als der gleiche kompakte Stoff, um so mehr, als die Oberflächenspannung oder die Oberflächenenergie bei festen Stoffen viel größer ist als bei Flüssigkeiten. Der höhere Energiegehalt sehr kleiner Teilchen bewirkt, daß diese besonders unterhalb etwa

1 µm Durchmesser[1] *eine um so stärkere Löslichkeit aufweisen, je kleiner sie sind.* Beim Gebrauch der Begriffe „Löslichkeit" und „Übersättigung" ist daher stets die Teilchengröße zu berücksichtigen.

Die genannte Erscheinung hat zur Folge, daß sehr feine Niederschläge allmählich gröber kristallin und schwerer löslich werden, wenn sie mit einem Lösungsmittel in Berührung sind. Diese **Kornvergrößerung** geht um so rascher vor sich, je löslicher der Niederschlag in der Flüssigkeit ist. Eine Erhöhung der Temperatur wirkt sich in der Regel günstig aus.

3 Blei

Blei wird als **PbCrO$_4$** *gefällt und auch in dieser Form gewogen.*

Die neutrale Lösung von Bleinitrat oder -acetat wird mit 5 – 10 ml 2 n Salpetersäure angesäuert und auf 100 – 200 ml verdünnt. Man erhitzt zum Sieden und läßt *sehr langsam* aus einer Bürette unter ständigem Umrühren 0,5 m $(NH_4)_2CrO_4$-Lösung im Verlauf von etwa 10 min zutropfen, bis das Fällungsreagens im Überschuß zugegen ist. Man läßt einige Stunden stehen, saugt durch einen A_1-Filtertiegel, wäscht mit *heißem* Wasser aus und trocknet bei 130 – 140 °C. Zur Umrechnung auf Pb dient der empirische Faktor 0,6401 (statt 0,6411), da der Niederschlag hartnäckig CrO_4^{2-} adsorbiert. Na^+, K^+, NH_4^+ oder Acetat sind ohne Einfluß; Cl^-, Br^- oder SO_4^{2-} stören.

Wenn eine Abtrennung des Arsens durch Destillation vorangegangen ist, enthält die Lösung Hydrazin und Chlorid. Beide werden entfernt, indem man unter Zusatz von konz. HNO_3 eindampft. Sobald der Schaleninhalt trocken ist, wird er noch zweimal mit je 5 ml konz. HNO_3 durchfeuchtet und zur Staubtrockne gebracht. Schließlich gibt man 1 ml konz. HNO_3 zu, löst in 100 – 200 ml Wasser und verfährt weiter wie oben.

4 Eisen

Man fällt Eisen als **Hydroxid** *und überführt dieses in* **Fe$_2$O$_3$.**

Reagenzien S. 42 – Fällen S. 25 – Filtrieren und Auswaschen S. 30 – Veraschen S. 39

---

[1] 1 µm = 10^{-3} mm = 10^{-6} m

Falls die zu untersuchende Lösung *zwei*wertiges Eisen enthält, versetzt man sie in einer 400 ml-Porzellankasserolle oder auch in einem Jenaer Becherglas mit Bromwasser (etwa 10 ml für 200 mg Fe^{2+}), bis sie schwach danach riecht. Die Lösung wird dann mit etwa 10 ml Salzsäure (1 + 1) versetzt und auf etwa 200 ml verdünnt. Man erhitzt nahe zum Sieden und gibt frisch hergestellte, etwa halbkonzentrierte carbonatfreie Ammoniaklösung in dünnem Strahl unter dauerndem Umrühren im Überschuß zu, läßt auf dem Wasserbad einige Minuten bedeckt absitzen und filtriert heiß. Zum Sammeln des Niederschlags eignet sich ein weiches 11 cm-Filter oder ein Weißbandfilter.

Will man das Arbeiten mit Brom vermeiden, so versetzt man die Analysenlösung mit einigen ml H_2O_2 und kocht. Infolge der Oxidation von Fe^{2+} zu Fe^{3+} tritt eine intensive Gelbfärbung auf. Nachdem alles H_2O_2 verkocht ist, arbeitet man weiter wie beschrieben.

Oft ist es angebracht, den Niederschlag zur Reinigung „umzufällen". Man wäscht ihn in diesem Fall nur etwa zweimal unter vorsichtigem Abgießen aus, ohne den Versuch zu machen, ihn quantitativ aufs Filter zu bringen. Der im Filter gesammelte Teil des Niederschlags wird dann mit einem dünnen Wasserstrahl aus dem schräg nach unten gehaltenen Trichter größtenteils ins Becherglas zurückgespritzt, wobei nichts verlorengehen darf; der Rest wird durch Auftropfen von heißer Salzsäure (1 + 4) *sogleich* auf dem Filter gelöst, wobei das Becherglas mit der Hauptmenge des Niederschlags als Auffanggefäß dient. Meist reicht die angewandte Menge Salzsäure schon aus, um den ganzen Niederschlag in Lösung zu bringen. Das Filter muß dann gründlich mit heißer, etwa 0,1 n Salzsäure, dann zum Entfernen der Säure mit heißem Wasser ausgewaschen werden; der beim nochmaligen Fällen mit Ammoniak erhaltene Niederschlag wird im *gleichen* Filter gesammelt; andernfalls muß das Filter zusammen mit dem bei der zweiten Fällung benutzten verascht werden.

Zum Auswaschen des Hydroxids dient heißes Wasser, dem einige Körnchen NH_4NO_3 zugesetzt sind. Nachdem man den Niederschlag 3 – 4mal unter Abgießen mit je 50 – 100 ml der Waschflüssigkeit behandelt hat, bringt man ihn vollständig auf das Filter und wäscht ihn in einem Zuge, ohne Risse entstehen zu lassen, bis zum Verschwinden der Chloridreaktionen aus. Sollte sich nicht alles an der Wand haftende $Fe(OH)_3$ mit dem Gummiwischer oder mit ein wenig quantitativem Filtrierpapier entfernen lassen, so löst man es in einigen Tropfen starker Salzsäure, verdünnt, fällt rasch in einer Ecke des Gefäßes und gießt durch das gleiche Filter. Dieses wird naß in einem Porzellantiegel bei möglichst *niedriger* Temperatur und *reichlichem* Luftzutritt verascht. Wenn alles Papier verkohlt ist, erhitzt man den nur zu drei Vierteln bedeckten Tiegel je 15 min auf Rotglut (800 – 900 °C) im elektrischen Ofen oder mit einer stark oxidierenden, schräg gegen den Tiegelboden gerichteten Gebläseflamme *bis zur zuverlässigen Gewichtskonstanz* (Tiegel vor dem Wiegen 15 min abkühlen lassen!). Fehlergrenze bei 200 – 300 mg Auswaage: ±0,3%.

Beim Fällen von Eisen(III)-hydroxid bilden sich zunächst mikroskopisch unsichtbar kleine, amorphe oder bei höherer Temperatur kristalline „Primärteilchen". Diese lagern sich, besonders rasch bei höherer Temperatur und bei mechanischem Rühren, zu größeren, regellosen Aggregaten zusammen. Die Neigung zur Kristallisation ist bei Eisen(III)-hydroxid sehr wenig ausgeprägt. Ein Übergang in größere kristalline Teilchen findet nur äußerst langsam statt, zumal sich der Niederschlag in Ammoniaklösung kaum löst. Es ist hier gleichgültig, ob man das Fällungsreagens rasch oder langsam zugibt, wenn man nur in der Hitze unter kräftigem Rühren fällt. Kochen ist zu vermeiden, da sonst der Niederschlag schleimig und schlechter filtrierbar wird. Die Löslichkeit von $Fe(OH)_3$ ist so gering (<0,05 mg/l), daß es gründlich ausgewaschen werden kann.

Der geringen Größe der Primärteilchen entspricht eine ungewöhnlich **große Oberfläche**. Ihre Fähigkeit, H_2O, H^+ oder OH^- sowie andere Ionen zu adsorbieren, bestimmt weitgehend die Eigenschaften des Niederschlags. Durch einen reichlichen Überschuß an NH_4^+-Ionen lassen sich in alkalischer Lösung andere Kationen von der Oberfläche des Eisenhydroxids verdrängen. Diesen Vorgang sucht man bei der Analyse zu begünstigen, da sich die adsorbierten Ammoniumsalze beim Erhitzen verflüchtigen. Ein Verlust durch Verdampfen von $FeCl_3$ ist dabei nicht zu befürchten, auch wenn der Niederschlag noch kleinere Mengen Chlorid enthält.

Die Bestimmung des Eisens auf gewichtsanalytischem Wege *setzt voraus*, daß die Lösung frei ist von allen Elementen, die wie Aluminium durch Ammoniak gefällt oder wie SiO_2 vom Niederschlag mitgerissen werden. Die Verwendung von frisch bereiteter – kieselsäurefreier – Ammoniaklösung ist daher eine *Notwendigkeit*, auf die hier nochmals (vgl. S. 44) hingewiesen wird. Man kann sich leicht davon überzeugen, daß die Auswaage kein SiO_2 oder gar unverbrannte, verkohlte Papierreste enthält, indem man das Eisenoxid durch *längeres* Erwärmen auf dem Wasserbad mit konz. Salzsäure in Lösung bringt. Eine weißliche Trübung wäre gegebenenfalls abzufiltrieren und nach Veraschen des Filters an der Auswaage in Abzug zu bringen. Falls der Niederschlag in absehbarer Zeit nicht in Lösung geht, schließt man mit Kaliumdisulfat auf.

Hat man bei Trennungen Eisen zuvor als FeS gefällt, so löst man den Niederschlag in verdünnter Salzsäure, verkocht den Schwefelwasserstoff und oxidiert das zweiwertige Eisen wie angegeben. $Fe(OH)_2$ wird ähnlich wie

$Mg(OH)_2$ und $Mn(OH)_2$ bei Gegenwart von Ammoniumsalzen durch Ammoniak nicht oder nur teilweise gefällt. Die Anwesenheit von Fe^{2+} ist daran zu erkennen, daß beim Zusetzen von Ammoniak an Stelle des braunen Eisen(III)-hydroxids schwarzgrünes Fe^{II}-Fe^{III}-Hydroxid auszufallen beginnt.

Alkali- und Erdalkaliionen einschließlich Mg^{2+} stören bei der Bestimmung nicht, wenn man nur einen geringen Überschuß von (CO_2-freiem!) Ammoniak zusetzt und für die Anwesenheit reichlicher Mengen von Ammoniumsalzen sorgt. Jedoch ist besonders bei Gegenwart von Mg^{2+} das Umfällen des Niederschlags unerläßlich. Andere Kationen oder Anionen wie PO_4^{3-}, AsO_4^{3-}, SiO_3^{2-} dürfen nicht zugegen sein, da sie meist ganz oder teilweise mit dem Niederschlag ausfallen und sich beim Glühen nicht verflüchtigen. Andere Anionen wie Sulfat, Acetat oder Benzoat führen zunächst zur Bildung schwerlöslicher basischer Salze, die nur mit heißer überschüssiger Natronlauge in das Hydroxid umgewandelt werden können. Tartrate, Citrate, Fluoride, Diphosphate verhindern die Fällung von Eisen und auch von Aluminium infolge Komplexbildung.

Auch Nickel und Cobalt können als Oxide der dreiwertigen Stufe mit Hilfe von KOH und $K_2S_2O_8$ gefällt werden. Hierbei werden beträchtliche Mengen KOH adsorbiert, die durch Auswaschen nicht zu entfernen sind. Man kann dann allenfalls das beim Verglühen erhaltene Oxid mit Wasserstoff zu Metall reduzieren, die Alkalisalze nun mit Wasser herauslösen und das reine Metall wiegen. Die Oxide von Ni und Co sowie von Mn oder Cu eignen sich überdies zur Wägung schlecht, da sie wechselnde Mengen Sauerstoff enthalten. CuO dient bisweilen als weniger genaue, aber bequeme Wägeform, wenn es sich nur um kleinere Mengen Kupfer handelt. Durch Verglühen von CuS bei reichlichem Luftzutritt kann es leicht als rein schwarzes Pulver erhalten werden. Ähnliches gilt für ZnO.

Die Zusammensetzung von geglühtem Fe_2O_3 entspricht genau der Formel; nur unter der Einwirkung reduzierender Gase oder bei Temperaturen über 1100 °C geht das rotbraun bis schwarz aussehende Fe_2O_3 unter Abspaltung von Sauerstoff in magnetisches Fe_3O_4 über.

5 Aluminium

*Aluminium wird wie Eisen als **Aluminiumhydroxid** gefällt und in Form des **Oxids** gewogen.*

Fällen S. 25 — Filterstofftabletten S. 26 — Filtrieren und Auswaschen S. 30 — Wiegen hygroskopischer Substanzen S. 13

Man versetzt in einem Jenaer Becherglas die auf 200 ml verdünnte, saure Lösung mit etwa 10 Tropfen Phenolrot als Indikator und etwa

5 g reinem Ammoniumchlorid (konzentriert gelöst und filtriert!), gibt Filterschleim (etwa eine viertel Tablette) zu, erhitzt fast bis zum Sieden und läßt halbkonzentriertes, reines Ammoniak unter Umrühren aus geringer Höhe unmittelbar in die Flüssigkeit tropfen, bis die Lösung einen rötlichen Farbton angenommen hat. Bei gleichzeitiger Anwesenheit von Eisen oder wenn anschließend noch Calcium gefällt werden soll, versetzt man besser mit einigen Tropfen Methylrotlösung und gibt nach dem etwas vorzeitigen Umschlag dieses Indikators („Vorindikator") Ammoniak nur noch *in einzelnen Tropfen* zu, bis die Lösung *deutlich, aber noch nicht unangenehm stechend* danach riecht. Um nicht getäuscht zu werden, spült man zum Schluß die Wandung des Glases kurz ab und vertreibt die stärker ammoniakhaltige Luft im Becherglas durch Fächeln mit der Hand; nötigenfalls kann man einen zu groß geratenen Überschuß von Ammoniak mit verdünnter Salzsäure tropfenweise neutralisieren. Dann kocht man 2 min auf (nicht länger!), prüft nochmals den Geruch, läßt *kurze* Zeit auf dem Wasserbad absitzen (Uhrglas!) und filtriert durch ein weiches 12,5 cm-Filter. Falls der Niederschlag umzufällen ist, verfährt man zunächst wie bei der vorigen Aufgabe, setzt dann der Aufschlämmung des Niederschlags etwa ein Viertel des Volumens an konzentrierter Salzsäure zu und erhitzt auf dem Wasserbad, bis alles $Al(OH)_3$ gelöst ist, was wenigstens 30 min dauert.

Zum Auswaschen des Hydroxids dient eine heiße 2%ige NH_4NO_3-Lösung, der man einige Tropfen Ammoniak zugesetzt hat, so daß sie gegen Phenolrot (oder Bromthymolblau) eben alkalisch reagiert. Bevor man verascht, empfiehlt es sich, den Niederschlag vom größten Teil des anhaftenden Wassers durch Absaugen (S. 39) zu befreien. Nachdem das Filter völlig verascht ist, wird im bedeckten *Porzellantiegel* jeweils etwa 10 min auf 1 200 °C(!) erhitzt, bis *Gewichtskonstanz* erreicht ist. Ein Platintiegel ist wegen der Flüchtigkeit des Platins hier weniger geeignet. Das Erhitzen geschieht mit Hilfe eines *guten* Gebläses und einer Tonesse („Kette-Aufsatz"); danach halte man den Tiegel stets gut *bedeckt* für den Fall, daß das Oxid noch etwas hygroskopisch sein sollte. Die Temperatur der elektrischen Öfen reicht für das Glühen von Al_2O_3 meist nicht aus. Fehlergrenze bei 200 mg Auswaage: ±0,5%.

Erst oberhalb 1 100 °C geht das stark hygroskopische γ-Al_2O_3 rasch in α-Al_2O_3 über, das keine Neigung zur Aufnahme von Feuchtigkeit mehr zeigt.

Bei Anwesenheit von Sulfationen enthält der Niederschlag basische Sulfate, die sich bei 1 200 °C nur langsam zersetzen. Da das Umfällen hier wenig hilft, trennt man SO_4^{2-} mit Hilfe eines Ionenaustauschers zuvor ab oder fällt als Oxychinolat. Auch bei Gegenwart von Mg oder viel Na oder K (z. B. nach einem Sodaaufschluß) darf $Al(OH)_3$ ebenso wie $Fe(OH)_3$ nicht längere Zeit mit der Lösung in Berührung bleiben, da es Alkali-Ionen in solcher Menge aufzunehmen vermag, daß die Werte bis 50% zu hoch ausfallen. Mindestens einmaliges Umfällen ist stets erforderlich.

$Al(OH)_3$ zeigt ebenso wie die Hydroxide von Zn, Sn, Pb, Sb typisch **amphoteres Verhalten**; es ist schwache Base und schwache Säure zugleich. Die sauren Eigenschaften des Aluminiumhydroxids treten in den Aluminaten hervor, die sich in alkalischer Lösung oder in alkalischen Schmelzen bilden. So entsteht aus Al_2O_3 in der Sodaschmelze Natriummetaaluminat $NaAlO_2$, in stärker alkalischen Schmelzen auch Orthoaluminat Na_3AlO_3. In wäßriger, alkalischer Lösung bilden sich ähnliche Salze und Ionen, jedoch in mehr oder weniger hydratisiertem Zustand. Dem AlO_2^--Ion der Schmelze entspricht in wäßriger Lösung der um 2 Moleküle H_2O reichere Hydroxokomplex $[Al(OH)_4]^-$. In Wirklichkeit sind die Verhältnisse verwickelter; die Koordinationszahl des Aluminiums beträgt meist 6 oder 8; die Anionen neigen zur Polymerisation.

Damit $Al(OH)_3$ quantitativ gefällt wird, muß der p_H-Wert der Lösung mindestens 6,5 betragen (vgl. S. 170, Abb. 38); andererseits *beginnt* $Al(OH)_3$ *schon bei ganz schwach basischer Reaktion* ($p_H > 9$) *als Aluminat in Lösung zu gehen.* Der zur Fällung geeignete p_H-Bereich von 7,5 – 8 läßt sich mittels des oben angewandten p_H-Indikators Phenolrot (vgl. S. 100) bequem einstellen. Aus einer Aluminatlösung kann $Al(OH)_3$ durch Einleiten von CO_2 oder Zugeben von Brom in der Hitze quantitativ gefällt werden.

Bekanntlich beibt die Fällung von $Al(OH)_3$ aus, wenn starke Komplexbildner wie F^- oder Tartrat (vgl. S. 176) zugegen sind. Ähnlich wirkende Stoffe können sich auch aus Cellulose bilden, wenn man diese mit Salpetersäure und Schwefelsäure enthaltenden Lösungen erhitzt; beim Behandeln mit Salzsäure ist die Bildung solcher Stoffe nicht zu befürchten. Diacetyldioxim stört nicht.

Ähnlich wie Al^{3+} oder Fe^{3+} können Bi^{3+}, Cr^{3+}, Ti^{4+}, Sn^{4+}, Be^{2+} und zahlreiche seltenere Elemente durch Ammoniak quantitativ gefällt und in Form ihrer Oxide zur Wägung gebracht werden.

6 Calcium

Calcium wird durch Neutralisieren einer sauren, oxalathaltigen Lösung als $CaC_2O_4 \cdot H_2O$ *gefällt und zur Wägung in* $CaCO_3$ *überführt.*

Die nicht mehr als 200 mg Calcium enthaltende Lösung wird in einem Becherglas auf etwa 200 ml verdünnt und mit 5 ml konz. Salzsäure und einigen Tropfen Methylrotlösung versetzt. Man erhitzt die Flüssigkeit auf etwa 70 °C, gibt 3 g $(NH_4)_2C_2O_4 \cdot H_2O$ (warm gelöst und filtriert!) hinzu – hierbei darf sich bereits ein Teil des Niederschlags ausscheiden – und läßt dann halbkonzentriertes Ammoniak unter dauerndem Umrühren *langsam* zutropfen, bis die Farbe nach Gelb umschlägt. Nachdem die Lösung ohne weiteres Erhitzen 2 Std. gestanden hat, filtriert man durch einen Filtertiegel (P_1) und wäscht mit kalter 0,1%iger $(NH_4)_2C_2O_4$-Lösung aus. Nach dem Trocknen erhitzt man den Niederschlag im Aluminiumblock oder in einem regelbaren elektrischen Tiegelofen sehr *langsam* bis auf 500 °C (Temperaturmessung mit hochgradigem Thermometer oder Thermoelement) und hält diese Temperatur 1–2 Std. lang auf 25 °C genau ein. Das entstandene $CaCO_3$ wird gewogen und zur Prüfung auf Gewichtskonstanz nochmals 30 min erhitzt. Genauigkeit: ±0,3%.

Man kann statt dessen den Niederschlag auf einem Papierfilter sammeln und dieses nach vorherigem Trocknen getrennt vom Niederschlag veraschen (vgl. S. 39). Das dabei zurückgebliebene CaO befeuchtet man mit 1–2 Tropfen konz. $(NH_4)_2CO_3$-Lösung, verdampft zur Trockne und bringt das noch unzersetzte CaC_2O_4 hinzu. Man erhitzt bei aufgelegtem Deckel *vorsichtig* auf 350 bis 450 °C, wo die Zersetzung des Oxalats vor sich geht. Schließlich bringt man den Niederschlag 20 min im CO_2-Strom (vgl. S. 38) auf schwache Rotglut.

Da die Fällung des Calciums praktisch meist bei Gegenwart mehr oder minder großer Mengen von Magnesium auszuführen ist, werden die zur **Trennung von Magnesium** wesentlichen Gesichtspunkte schon hier besprochen.

Die Löslichkeit von CaC_2O_4 in Wasser beträgt etwa 6 mg/l (20 °C); sie wird durch Zusatz von $(NH_4)_2C_2O_4$ bei neutraler oder ammoniakalischer Reaktion auf einen zu vernachlässigenden Betrag herabgedrückt. Auch die Löslichkeit von MgC_2O_4 sinkt hierdurch so weit, daß nur etwa 25 mg/l gelöst werden. *Trotzdem gelingt es*, unter diesen Bedingungen aus einer 100 mg und mehr Mg enthaltenden Lösung ziemlich reines CaC_2O_4 zu fällen, da MgC_2O_4 *selbst aus stark übersättigten Lösungen erst nach Stunden, schneller beim Kochen, auszufallen beginnt*. Dies mag mit dem Vorliegen von Magnesiumoxalatkomplexen in Zusammenhang stehen. Es ist erwiesen, daß vorhandenes Magnesium einen Teil des zugesetzten Oxalats beansprucht; große Mengen Oxalat verzögern erheblich die spätere Fällung von Magnesiumammoniumphosphat oder -oxychinolat.

Sicherer gelingt die Trennung, wenn man die Konzentration der Oxalationen so gering hält, daß eine Übersättigung an MgC_2O_4 nicht eintritt. Dies ist durch Regelung der Wasserstoffionen-Konzentration zu erreichen. In saurer

6 Calcium

Lösung liegt die schwache Oxalsäure nur zum kleinen Teil als $C_2O_4^{2-}$, im übrigen als $HC_2O_4^-$ und $H_2C_2O_4$ vor. Das Löslichkeitsprodukt von CaC_2O_4 ist klein genug, um in einer schwach sauren Lösung ($p_H = 4$; vgl. S. 167, Abb. 37) noch eine praktische vollständige Ausfällung des Calciums zu bewirken. Dieses hier angewandte Verfahren liefert zugleich einen nicht allzu feinkörnigen Niederschlag, der bei Gegenwart von 150 mg Mg bis 0,2% Mg enthält. Bei genaueren Analysen ist das CaC_2O_4 zu lösen und nochmals zu fällen. Man läßt dann vor dem Filtrieren besser 6 Std. stehen, um ganz sicher zu sein, daß alles CaC_2O_4 abgeschieden ist.

Außerden den Alkalimetallen, Mg und höchstens kleinen Mengen Ba dürfen keine anderen Kationen vorhanden sein, da sie nahezu alle schwer lösliche Oxalate bilden. Etwa vorhandenes Sr wird quantitativ mitgefällt. Besonders schwer löslich sind die Oxalate der Lanthaniden, die selbst in schwach salzsaurer Lösung quantitativ gefällt und dann durch Glühen in die Oxide überführt werden können. Sind etwa von einem Aufschluß her große Mengen von Na-Salzen vorhanden, so muß der Niederschlag ähnlich wie auf S. 71 gelöst und nochmals gefällt werden, da sonst mit 1 – 2% Mehrgewicht zu rechnen ist. Bei Anwesenheit von PO_4^{3-} oder AsO_4^{3-} neutralisiert man nur bis $p_H = 3,5$ (Dimethylgelb). Sulfat wird stets in erheblichem Umfang mitgefällt; dies stört nicht, wenn man den Niederschlag zur Wägung in $CaSO_4$ überführt. Die Erscheinung, daß das wenig lösliche $CaSO_4$ sowohl beim Fällen von Ca als Oxalat, ebenso wie durch $BaSO_4$ besonders stark mitgerissen wird, steht in Übereinstimmung mit der *allgemeinen Regel, daß beim Fällen eines Niederschlags Salze mit gemeinsamem Anion oder Kation um so stärker mitgefällt werden, je schwerer löslich sie sind.*

Für die Bestimmung des Calciums kommen als **Wägeformen** außer $CaCO_3$ in Betracht: $CaC_2O_4 \cdot H_2O$, $CaSO_4$, CaO. Eine recht bequeme Bestimmungsform ist $CaC_2O_4 \cdot H_2O$. Man wäscht dazu den Niederschlag im Filtertiegel noch mit wenig heißem Wasser, dann dreimal mit trockenem Aceton aus und trocknet bei 100 °C bis höchstens 105 °C eine Stunde.

Beim Erhitzen von CaC_2O_4 auf 450 °C geht langsam eine Disproportionierung vor sich entsprechend der Gleichung:

$$\overset{+III}{CaC_2O_4} \rightarrow \overset{+IV}{CaCO_3} + \overset{+II}{CO}.$$

Das gebildete **$CaCO_3$** vermag jedoch weiterhin zu zerfallen: $CaCO_3 \rightleftharpoons CaO + CO_2$. Wenn sich dabei die festen Stoffe $CaCO_3$ und CaO rein abscheiden, hat der CO_2-Druck bei jeder Temperatur einen ganz bestimmten Wert. Dieser „Zersetzungsdruck" steigt mit der Temperatur an. Er wird bei 550 °C größer als der CO_2-Druck, der in atmosphärischer Luft herrscht (0,31 mbar entsprechend 0,03 Vol.-% CO_2). Oberhalb 550 °C wird sich daher $CaCO_3$ in Berührung mit Luft langsam zersetzen. Erhitzt man jedoch im CO_2-Strom, so kann man mit der Temperatur höher gehen, bis bei 908 °C der CO_2-Zersetzungsdruck den Normaldruck übersteigt. Um $CaCO_3$

vollständig in **CaO** umzuwandeln, erhitzt man auf möglichst hohe Temperatur (1·100 – 1 200 °C). Das entstandene CaO nimmt aber begierig CO_2 und H_2O aus der Luft auf und ist deshalb als Wägeform wenig geeignet.

Soll Calcium als **CaSO₄** zur Wägung gebracht werden, so sammelt man den Niederschlag in einem Papierfilter, verascht und führt den Niederschlag durch kurzes, *scharfes* Glühen in CaO über. Nach völligem Erkalten versetzt man *rasch* mit 2 – 3 ml Wasser, dann vorsichtig mit einigen Tropfen konz. Salzsäure, bis alles ohne CO_2-Entwicklung gelöst ist. Man gibt schließlich eine angemessene Menge Schwefelsäure hinzu, dampft auf dem Wasserbad möglichst weit ein, bringt den Tiegelinhalt im Luftbad oder Aluminiumblock zur Trockne, erhitzt ihn nach dem Vertreiben der Schwefelsäure auf schwache Rotglut und wiegt das zurückbleibende $CaSO_4$.

In entsprechender Weise können Mn, Co und Cd als Sulfate zur Wägung gebracht werden. Die Sulfate der *stark basische* Oxide bildenden Elemente Ba, Sr, Ca zersetzen sich erst bei Temperaturen oberhalb 1 200 °C merklich in Oxid und SO_3 (bzw. $SO_2 + O_2$); $PbSO_4$, Li_2SO_4 und $MgSO_4$ sind bis gegen 700 °C beständig; $CdSO_4$, $MnSO_4$ und besonders $CoSO_4$ sowie $BeSO_4$ dürfen nicht über 500 °C erhitzt werden. Noch leichter zersetzlich und daher nicht mehr zur Wägung geeignet sind die Sulfate von Zn, Ni, Cu, Fe, Al.

7 Magnesium

Durch Zusatz von Ammoniak zu einer sauren, Mg^{2+}, NH_4^+ *und* PO_4^{3-} *enthaltenden Lösung wird* $MgNH_4PO_4 \cdot 6H_2O$ *gefällt und durch Erhitzen in die Wägeform* $Mg_2P_2O_7$ *überführt.*

Reagenslösung: Man löst etwa 25 g NH_4Cl und 10 g $(NH_4)_2HPO_4$ in 100 ml Wasser und filtriert.

Die schwach salzsaure Lösung, die nicht mehr als 100 mg MgO enthalten soll, wird in einem Becherglas auf etwa 150 ml verdünnt und mit 10 ml Reagenslösung sowie einigen Tropfen Methylrotlösung versetzt. Nun läßt man in der Kälte unter andauerndem Rühren langsam konz. Ammoniak zutropfen, bis die Lösung gelb erscheint. Das Berühren der Wand mit dem Glasstab ist dabei zu meiden. Man rührt, bis die Hauptmenge des Niederschlags ausgeschieden ist und verhindert durch tropfenweisen Ammoniakzusatz, daß die Lösung dabei wieder stärker sauer wird. Schließlich gibt man noch 5 ml konz. Ammoniak zu und rührt *öfters* durch. Nachdem die Lösung wenigstens 4 Std. oder besser über Nacht gestanden hat, gießt man durch ein feinporiges Filter ab und wäscht einmal mit wenig Ammoniaklösung

(1 + 20) unter Abgießen nach. Das Filter wird, um den Niederschlag wieder in Lösung zu bringen (vgl. S. 71), mit etwa 50 ml warmer 1 n Salzsäure behandelt und mit heißer, stark verdünnter Salzsäure ausgewaschen.

Man verdünnt wiederum auf 150 ml, fügt 1 ml der Reagenslösung hinzu und fällt nochmals wie oben. Der Niederschlag wird schließlich in einem Filtertiegel (P_1) gesammelt und sparsam mit kalter Ammoniaklösung (1 + 20) bis zum Ausbleiben der Chloridreaktion und schließlich mit ganz wenig 10%iger schwach ammoniakalischer NH_4NO_3-Lösung gewaschen. Im Becherglas festsitzende Kristalle, die erst nach dem Ausgießen der Flüssigkeit gut zu sehen sind, werden sorgfältig mit einem Gummiwischer entfernt. Nach dem Trocknen bringt man den Filtertiegel in den elektrischen Tiegelofen, steigert die Temperatur zunächst *sehr langsam*, bis kein Ammoniak mehr zu riechen ist und glüht schließlich bei 900 °C bis zur Gewichtskonstanz.

Magnesiumammoniumphosphat geht beim Erhitzen quantitativ in Diphosphat über; es verhält sich dabei wie ein sekundäres Phosphat:

$$2 MgNH_4PO_4 \rightarrow Mg_2P_2O_7 + 2 NH_3 + H_2O.$$

$MgNH_4PO_4 \cdot 6 H_2O$, oder heiß gefällt $MgNH_4PO_4 \cdot 1 H_2O$, gehört zu den merklich löslichen Niederschlägen. Aufgrund des Löslichkeitsprodukts

$$L = c_{Mg^{2+}} \cdot c_{NH_4^+} \cdot c_{PO_4^{3-}}$$

könnte man erwarten, daß ein größerer Überschuß an NH_4^+-Salzen die restlose Ausfällung des Magnesiums begünstigt. Dies ist ein Trugschluß, denn in schwach alkalischer Lösung liegt der allergrößte Teil der Phosphorsäure als HPO_4^{2-} vor (vgl. S. 98, Abb. 26). Nur in *stark* alkalischer Lösung wächst entsprechend

$$HPO_4^{2-} \rightleftharpoons H^+ + PO_4^{2-}$$

die Konzentration von PO_4^{3-} erheblich an. NH_4^+-Salze verhindern aber durch ihre Pufferwirkung, daß die Lösung stärker alkalisch wird und wirken somit einer Erhöhung der PO_4^{3-}-Konzentration entgegen.

NH_4^+- und OH^--Ionen beeinflussen aber nicht nur die Löslichkeit des Niederschlags. Eine größere OH^--Konzentration ist auch deshalb nicht zulässig, weil dann $Mg_3(PO_4)_2$ ausfallen würde. Man läßt daher den Niederschlag in einer annähernd neutralen Lösung entstehen und setzt erst später zur Verringerung der Löslichkeit mehr Ammoniak zu. Größere Mengen von Ammoniumsalzen oder Phosphaten führen zur Mitfällung von Ammoniumphosphaten oder primärem Magnesiumphosphat. Der erhaltene Niederschlag entspricht überhaupt nur dann genau der Formel $MgNH_4PO_4$, wenn die Lösung *von vornherein* alle drei Bestandteile annähernd im Verhältnis der Zusammensetzung des Niederschlags enthält. Diese Vorbedingung ist leicht zu erfüllen, wenn man den roh gefällten Niederschlag auflöst und nochmals fällt. Bei einer Auswaage von 200 – 300 mg sollte eine Genauigkeit von ± 0,3 % zu erreichen sein. Bei einmaliger Fällung ist mit einem Fehler von 2 – 3 % zu rechnen.

$MgNH_4PO_4$ gehört zu den Niederschlägen, die sich nur zögernd aus der Lösung abscheiden; daher muß man sich hier ganz besonders davon überzeugen, daß bei längerem Stehenlassen des Filtrats kein weiterer Niederschlag entsteht. Falls die Fällung ganz ausbleibt, empfiehlt es sich, die Lösung mit einer Spur zu impfen oder mit einem rundgeschmolzenen Glasstab an einer außen markierten (!) Stelle der Wand zu kratzen. Bei Gegenwart von Tartrat oder Citrat erfordert die restlose Abscheidung unter Umständen Tage oder bleibt überhaupt unvollständig; auch große Mengen Oxalat verzögern stark den Beginn der Ausfällung, ohne jedoch die quantitative Abscheidung zu verhindern. Man rührt in diesem Fall öfters, läßt mindestens über Nacht stehen und fällt schließlich um. Gegebenenfalls, besonders bei sehr kleinen Mengen Magnesium, verfährt man nach S. 226.

Die Lösung darf außer den Alkaliionen keine weiteren Kationen enthalten. Während Natrium nur in Mengen der Größenordnung 0,01 % mitgefällt wird, kann bei Anwesenheit größerer Mengen Kalium eine dreimalige Fällung notwendig werden, da es Ammonium im Niederschlag zu ersetzen vermag.

Die Fällung von $MgNH_4PO_4$ dient auch zur genauen Bestimmung der Orthophosphorsäure (vgl. S. 86). Unter ganz ähnlichen Bedingungen läßt sich Arsensäure als $MgNH_4AsO_4$ fällen und als $Mg_2As_2O_7$ wiegen. Zn, Mn, Cd, Co und Be können ebenfalls als Metallammoniumphosphate gefällt und als Pyrophosphate bestimmt werden.

Abgesehen von den extrem schwerlöslichen Phosphaten des Zirkoniums, die zur Abtrennung des Phosphations herangezogen erden, sind auch die tertiären Phosphate von Bi^{3+} und Fe^{3+} recht schwerlöslich; beide können daher dem gleichen Zweck dienen. Die Fällung von Bi^{3+} als $BiPO_4$ ermöglicht auch dessen glatte Trennung von Cu, Cd, Hg und Ag.

8 Zink

Fällung von **Zink** *als* $ZnNH_4PO_4$; *Wägeform:* $Zn_2P_2O_7$.

Die schwach salzsaure, 200 – 300 mg Zink enthaltende Lösung versetzt man mit 5 g NH_4Cl, verdünnt auf 150 – 200 ml, gibt je einige Tropfen Methylrot- und Bromthymolblaulösung (vgl. S. 100) und dann tropfenweise verdünntes Ammoniak zu, bis die Lösung gerade eben gelb erscheint. Die fast zum Sieden erhitzte Lösung wird hierauf langsam mit 20 ml einer frisch bereiteten 20%igen $(NH_4)_2HPO_4$-Lösung versetzt und 30 min auf dem Wasserbad stehengelassen, wobei das zunächst flockige Zinkphosphat rasch in kristallines Zinkammoniumphosphat übergeht. Die Lösung muß nach beendeter Fällung gelblich aussehen. Nach wenigstens einstündigem Abkühlen wird der Niederschlag im Porzellanfiltertiegel (P_2) gesammelt und mit 1%iger $(NH_4)_2HPO_4$-Lösung in *kleinen* Mengen ausgewaschen, bis kein Chlorid mehr nachzuweisen ist. Dann wäscht man zur Entfernung des Ammoniumphosphats mit 50%igem Ethanol nach, trocknet *vorsichtig* und erhitzt langsam auf 700–800 °C, bis Gewichtskonstanz erreicht ist. Fehlergrenze bei einer Auswaage von etwa 500 mg: ±0,3%.

Das Verfahren hat den Nachteil, daß ebenso wie beim Fällen von Magnesiumammoniumphosphat keine anderen Elemente außer den Alkalimetallen vorhanden sein dürfen. Eine doppelte Fällung, wie bei Magnesium, ist hier nicht erforderlich.

Die ausgeprägte Neigung des Zinks, Amminkomplexe zu bilden, hat zur Folge, daß sich der Niederschlag schon bei ganz schwach alkalischer Reaktion beträchtlich löst. Da auch in schwach saurer Lösung die Fällung unvollständig bleibt, steht nur ein *schmaler* Bereich der Wasserstoffionenkonzentration zur Verfügung. Ihr günstigster Wert ($p_H = 6,6$; vgl. S. 167, Abb. 37) kann mit Hilfe der beiden genannten Indikatorfarbstoffe eingestellt werden; dies wird dadurch erleichtert, daß das Phosphat im erwünschten p_H-Bereich puffert (vgl. Abb. 26, S. 98). Man überzeuge sich davon, daß die angewandte $(NH_4)_2HPO_4$-Lösung mit Bromthymolblau eine rein blaue Färbung gibt.

Die Fällung von Mangan als $MnNH_4PO_4$ liefert nur bei reinen Manganlösungen brauchbare Werte. Na^+ und Acetat, ferner K^+, NH_4^+, Cl^- oder SO_4^{2-} stören (!) und verursachen Plusfehler bis etwa 5%. Viel größere Fehler ergeben sich beim Stehenlassen über Nacht.

9 Quecksilber

Fällungs- und Wägeform: **HgS**.

In die 1–2 n salzsaure Quecksilber(II)-lösung, die höchstens kleine Mengen Nitrat, aber sonst keine oxidierend wirkenden Stoffe enthalten darf, wird in der Kälte etwa 30 min lang Schwefelwasserstoff eingeleitet. Das ausgefallene HgS kann nach dem Sammeln im Filtertiegel, Auswaschen mit heißem Wasser und Trocknen bei 110 °C unmittelbar gewogen werden. Fehlergrenze bei einer Auswaage von 300 – 500 mg: ±0,2%.

Enthält die Lösung größere Mengen NO_3^-, Cl_2 oder Fe^{3+}, so fällt mit dem Niederschlag Schwefel aus, der nachträglich − durch Behandeln des Niederschlags mit Schwefelkohlenstoff − nur schwierig zu entfernen ist. Da viele Quecksilberverbindungen (z. B. $HgCl_2$) recht flüchtig sind, kann man Oxidationsmittel auch durch vorheriges Eindampfen oder Verkochen nicht beseitigen (vgl. dazu S. 243). Der im gewogenen Niederschlag enthaltene freie Schwefel läßt sich jedoch nachträglich bestimmen, wenn man den Niederschlag mit ein wenig stabilisierter konz. Jodwasserstoffsäure behandelt. Hierbei löst sich HgS glatt unter Bildung von $H_2[HgJ_4]$, während der freie Schwefel unangegriffen zurückbleibt.

Ähnlich wie Hg^{2+} kann aus salzsaurer Lösung in der Kälte As^{3+} als As_2S_3 und As^{5+} als As_2S_5, aus verdünnter, schwefelsaurer Lösung auch Cd^{2+} als CdS gefällt und in dieser Form unmittelbar zur Wägung gebracht werden.

10 Magnesium

Magnesium wird als **Hydroxychinolat** *gefällt und in dieser Form gewogen.*

Die Lösung, die bis zu 30 mg Magnesium enthält, wird in einem Becherglas auf 150 ml verdünnt, mit einigen ml konz. Ammoniak und nötigenfalls mit soviel Ammoniumchlorid versetzt, wie notwendig ist, um ausgefallenes $Mg(OH)_2$ wieder in Lösung zu bringen. Man erwärmt auf 60 – 70 °C und läßt unter allmählichem Steigern der Temperatur bis zum beginnenden Sieden eine 2%ige Lösung von 8-Hydroxychinolin[1] in Alkohol (nur wenige Tage haltbar!) unter Umrühren zutropfen, wobei sich der Niederschlag mehr oder minder schnell abscheidet. Man hört mit dem Zugeben von Reagens auf, sobald die Lösung nach einiger Verweilzeit durch überschüssiges Hydro-

---

[1] s. Formel I, S. 83. Frühere Bezeichnung: 8-Oxychinolin, neuer Name: Chinolin-8-ol. Zur Problematik der Nomenklatur siehe: Deutscher Zentralausschuß für Chemie (Hrsg.), Internationale Regeln für die chemische Nomenklatur und Terminologie, deutsche Ausgabe. Band 1, Abschnitt C (Gruppe 3), S. 107. Weinheim: VCH 1990. − Zahlen in Formel I: Numerierung der Atompositionen.

10 Magnesium

xychinolin schwach orangegelb gefärbt *bleibt*. Nachdem die Lösung etwa 30 min bedeckt auf dem Wasserbad gestanden hat, läßt man sie etwas abkühlen, filtriert durch einen Filtertiegel (D3) und wäscht mit heißem, schwach ammoniakalischem Wasser aus, bis das Filtrat farblos abläuft. Der Niederschlag wird bei 100°C bis höchstens 105°C zunächst 2 Std., dann bis zu konstantem Gewicht getrocknet. Fehlergrenze: ±0,5%.

Der bei 105°C getrocknete Niederschlag entspricht der Zusammensetzung $Mg(C_9H_6ON)_2 \cdot 2H_2O$; er verliert bereits bei 130–140°C den Rest des Wassers. Ein größerer Überschuß an Fällungsmittel ist unbedingt zu vermeiden, da sich sonst Ammoniumhydroxychinolat abscheiden kann. Bei der Fällung des Magnesiums dürfen außer den Alkaliionen keine anderen Kationen zugegen sein. Bei Anwesenheit von viel Alkalisalz empfiehlt es sich, den Niederschlag zu lösen und nochmals zu fällen.

Mit Hilfe von 8-Hydroxychinolin (Trivialname „Oxin") lassen sich zahlreiche Kationen quantitativ fällen, von denen nur Zn^{2+}, Cu^{2+}, Cd^{2+}, Al^{3+}, Fe^{3+} und Sb^{3+} genannt seien. Die Fällung kann durchweg bei schwach essigsaurer, meist auch bei ammoniakalischer Reaktion vorgenommen werden (vgl. S. 167, Abb. 37). Mg^{2+} läßt sich *nur* aus ammoniakalischer Lösung fällen. Die Niederschläge mit zweiwertigen Ionen enthalten jedoch Kristallwasser und sind z. T. schwer oder überhaupt nicht auf einen definierten Wassergehalt zu bringen, so daß meist die Bestimmung auf bromometrischem Wege (vgl. S. 163) der unmittelbaren Wägung vorgezogen wird. Das Verglühen zum Oxid gelingt wegen der Flüchtigkeit der Metallhydroxychinolate ohne Verlust nur, wenn man die Niederschläge im Tiegel mit 2–3 g wasserfreier Oxalsäure überschichtet.

I
8-Hydroxychinolin

II
Anthranilsäure

III
Chinaldinsäure

IV

V

Andere organische Reagenzien sind die Anthranilsäure (II, o-Aminobenzoesäure) und die Chinaldinsäure (III, Chinolin-2-carbonsäure), mit deren Hilfe besonders zweiwertige Metalle wie Zn, Cd, Cu durch unmittelbare Wägung des Niederschlags bequem bestimmt werden können. Trennungen wie etwa Zn/Mn gelingen auf diesem Wege jedoch nicht.

Die Bildung schwerlöslicher Niederschläge durch die genannten Reagenzien beruht auf der Bildung innerkomplexer Salze (Chelate), die vielfach Nichtelektrolyte sind und sich in Benzol oder Chloroform lösen. Die Anthranilsäure (II) enthält eine Carboxylgruppe, die sie befähigt, Anionen zu bilden, welche mit Kationen zu Salzen zusammentreten können (IV). Gleichzeitig wirkt die NH_2-Gruppe, die sich in einer räumlich sehr *günstigen* Lage zum Metallion (Ausbildung eines Sechsrings!) befindet, auf dieses in ähnlicher Weise ein, wie Ammoniak in einem Amminkomplex. Das Metall[1] wird infolgedessen durch Hauptvalenz- *und* Nebenvalenzkräfte, die von ein und demselben Molekül ausgehen, fest gebunden. Im 8-Hydroxychinolin (I) ist das Wasserstoffatom der OH-Gruppe durch Metall ersetzbar, während die Nebenvalenzkräfte vom Stickstoffatom ausgehen (V).

11 Aluminium

Fällung und Wägung als **Hydroxychinolat.**

Die Fällung von Al^{3+}-Ionen als Hydroxychinolat ist auch bei Gegenwart von viel Sulfat einwandfrei möglich; Komplexbildner wie Bernsteinsäure verhindern jedoch die quantitative Abscheidung. Aluminiumhydroxychinolat darf nur mit einer alkoholfreien Hydroxychinolinacetatlösung abgeschieden werden, da es in organischen Lösungsmitteln teilweise löslich ist. In warmer, 2 n Salzsäure löst es sich vollständig, weswegen auf die p_H-Bedingungen zu achten ist. Der optimale Arbeitsbereich liegt bei p_H-Werten von 4,2 – 5 und wird mit Hilfe eines Essigsäure/Acetatpuffers genau eingehalten. Mitgefälltes Hydroxychinolin darf nur mit heißem Wasser herausgewaschen werden.

Der grüngelbe, wasserfrei ausfallende Niederschlag wird nach dem Trocknen direkt gewogen.

Arbeitsvorschrift: Zur Herstellung des Fällungsreagens' werden 14,52 g 8-Hydroxychinolin in 57 ml (entsprechend 60 g) Eisessig unter schwachem Erwärmen gelöst. Man läßt abkühlen und füllt dann auf

---

[1] In den Formeln IV und V bedeutet „Me" ein zweiwertiges Metall.

1 l Endvolumen auf; die Lösung ist nun 1 molar an Essigsäure und kann in braunen Flaschen unbegrenzt aufbewahrt werden.

Die mineralsaure Probelösung enthält meist 0,1 – 1 mmol Al^{3+} (entsprechend 2,7 – 27 mg). 10 oder 20 ml der Analysenlösung werden in ein Becherglas pipettiert und mit 25 ml Wasser verdünnt. Dann versetzt man tropfenweise mit 2 n NaOH, bis sich die Lösung trübt. Durch Zugabe von 5 ml 2 n HCl verschwindet die Trübung wieder, die Lösung wird nun mit Wasser auf 140 ml verdünnt (Füllhöhe vorher am Glasrand markieren!). Anschließend läßt man 40 ml Reagenslösung unter Rühren aus der Bürette zutropfen, erwärmt dann auf 75 – 85 °C und versetzt innerhalb einer Viertelstunde tropfenweise mit 15 ml 2n NH_3-Lösung als Pufferkomponente. Trübt sich die Analysenlösung, so wird die Ammoniakzugabe für zwei min unterbrochen, es muß jedoch weiter gerührt werden. Nach Überprüfung des p_H-Wertes mit Indikatorpapier tropft man die restliche Ammoniaklösung zu und kontrolliert den p_H-Wert erneut. Er soll im Bereich von 4,2 bis 4,8 liegen; ist er kleiner (saurer), so muß weitere NH_3-Lösung zugetropft werden, bis dieser Bereich erreicht ist. Anschließend wird noch 30 min bei ca. 60 – 70 °C nachgerührt, dann läßt man den Niederschlag absetzen.

Nun filtriert man heiß dekantierend, indem man die überstehende Lösung zum größten Teil durch ein Glasfiltertiegel G4 bzw. D4 laufen läßt und dann den Niederschlag in den Tiegel bringt. Das Filtrat wird wieder erwärmt und zum Auffangen der Niederschlagsreste nochmals filtriert. Der Niederschlag wird nun mit 70 °C warmem Wasser gewaschen, anschließend bei 130 °C 2 Std. lang und dann in Intervallen von je 1 Std. bis zur Gewichtskonstanz getrocknet.

Zusammensetzung: $Al(C_9H_6ON)_3$.

12 Kalium

Kalium wird als **Tetraphenylborat, $KB(C_6H_5)_4$,** *gefällt und in dieser Form gewogen.*

Reagenslösung: Man löst 0,6 g analysenreines Natriumtetraphenylborat in 100 ml kaltem destilliertem Wasser; falls die Lösung nicht vollständig klar ist, gibt man etwa 0,5 g Aluminiumhydroxid (reinst, alkalifrei Merck) zu, rührt 5 min und filtriert. Die Lösung soll möglichst frisch bereitet werden; sie ist aber bei p_H 7−9 wenigstens 14 Tage haltbar.

Waschlösung: Eine 0,1 n salzsaure Lösung von etwa 0,1 g analysenreinem Kaliumchlorid wird mit reiner Reagenslösung gefällt. Man saugt den Niederschlag nach einigen Minuten ab, wäscht gut mit dest. Wasser aus und schüttelt 20−30 mg davon etwa 30 min mit 250 ml dest. Wasser. Der Rest des Niederschlags kann über $CaCl_2$ bei Zimmertemperatur zu späterem Gebrauch getrocknet werden. Man gibt auch hier 0,5 g Aluminiumhydroxid zu, rührt einige Minuten um und filtriert durch ein feinporiges Filter unter Weggießen der ersten 20 ml des Durchlaufs.

Die zu untersuchende Lösung, die 2−10 mg K$^+$ in 20−100 ml enthalten und einen p_H-Wert von 3,5−5 aufweisen soll, wird auf 40−50 °C erwärmt und langsam unter Umrühren mit soviel Reagens versetzt, daß nach beendeter Fällung 0,1−0,2% freies Reagens in der Lösung ist. Man läßt unter häufigem Rühren auf 20 °C abkühlen und filtriert bereits nach 10 min durch einen Glasfiltertiegel (D4). Der Niederschlag wird hierbei unter Benutzung des klaren Filtrats quantitativ in den Filtertiegel gebracht und scharf abgesaugt; dann erst wäscht man gründlich mit der angegebenen Waschflüssigkeit nach und trocknet bei 110−130 °C. Umrechnungsfaktor $K/KB(C_6H_5)_4$ = 0,1091.

Na$^+$, Li$^+$, Mg^{2+}, Ca^{2+} sowie SO_4^{2-}, PO_4^{3-} stören in mäßigen Mengen nicht; bei sehr großem Natriumüberschuß fallen die Werte zu hoch aus, so daß eine Umfällung notwendig wird. Der Niederschlag ist in Aceton leicht löslich und kann unter bestimmten Bedingungen mit $AgNO_3$ titriert werden.

Dieser gravimetrische Nachweis ist auch zur quantitativen Bestimmung von Rb$^+$ und Cs$^+$ geeignet.

13 Phosphat in Phosphorit

Phosphorsäure wird in salpetersaurer Lösung als $(NH_4)_3[P(Mo_3O_{10})_4]$ *gefällt und damit von anderen Elementen getrennt. Man löst den Niederschlag in Ammoniak, scheidet das Phosphat-Ion als* $MgNH_4PO_4$ *ab und bringt es als* $Mg_2P_2O_7$ *zur Wägung.*

Um Phosphorsäure in Phosphorit, einem wichtigen Phosphaterz der Zusammensetzung $Ca_{10}(PO_4)_6(OH, F, Cl)_2$, zu bestimmen, übergießt

13 Phosphat und Phosphorit

man 2—3 g der fein pulverisierten, lufttrockenen Sbstanz (vgl. S. 53) in einer mit einem Uhrglas bedeckten Porzellankasserolle mit etwa 20 ml konz. Salzsäure, gibt nach schwachem Erwärmen etwa 10 ml Wasser hinzu und dampft, zuletzt auf dem Wasserbad, zur Trockne ein. Der Rückstand wird 2—3mal mit konz. Salpetersäure reichlich durchfeuchtet und auf dem Wasserbad jeweils zur Trockne gebracht. Man nimmt schließlich mit 5 ml konz. Salpetersäure und 50 ml Wasser auf, kocht kurze Zeit, läßt abkühlen und filtriert die Lösung durch ein feinporiges Filter in einen 250 ml-Meßkolben, wobei das Filter sorgfältig mit verdünnter Salpetersäure ausgewaschen werden muß. Nach Auffüllen bis zur Marke und gründlichem Durchmischen der Lösung entnimmt man je 50 ml zur Bestimmung der Phosphorsäure.

Von schwerer aufzuschließenden Phosphaten wie Thomasschlacke bringt man 2—3 g in einen Kjeldahlkolben, durchfeuchtet mit Wasser, gibt 30 ml konz. Schwefelsäure zu und erhitzt etwa 30 min, bis sich weiße Dämpfe entwickeln. Man läßt erkalten, spült den Inhalt mit insgesamt 200 ml Wasser in einen Erlenmeyerkolben und kocht 10 min, um etwa gebildete Diphosphorsäure in Orthophosphorsäure zurückzuverwandeln. Schließlich füllt man im Meßkolben auf 250 ml auf, mischt, filtriert (am besten erst nach mehrstündigem Stehen) und entnimmt 50 ml zur Analyse.

Molybdatlösung: Man löst 30 g pulverisiertes Ammoniummolybdat $(NH_4)_6Mo_7O_{24} \cdot 4H_2O$ unter Zusatz von 2 ml konz. Ammoniak in 200 ml Wasser, gießt diese Lösung in dünnem Strahl unter kräftigem Rühren in eine kalte Mischung von 100 ml konz. Salpetersäure mit 100 ml Wasser und filtiert am nächsten Tag.

Die zu untersuchende, höchstens 200 mg P_2O_5 enthaltende Lösung, deren Volumen bis 50 ml betragen kann, versetzt man in einem Kantkolben oder Becherglas mit 20 g NH_4NO_3 (in 20 ml Wasser gelöst und filtriert) sowie 100 ml Molybdatlösung und erwärmt auf dem Wasserbad 2 Std. auf 60 °C bis höchstens 70 °C unter gelegentlichem Umrühren. Man läßt abkühlen und gießt frühestens nach 3 Std. durch ein feinporiges Filter ab. Als Waschflüssigkeit dient eine 5%ige, mit ein wenig Salpetersäure versetzte NH_4NO_3-Lösung. Das Auswaschen muß *gründlich* unter Abgießen geschehen; der größte Teil des Niederschlags soll im Kolben bleiben. Zum Filtrat gibt man nochmals Molybdatlösung, erwärmt und läßt über Nacht stehen; dabei darf sich kein nennenswerter Niederschlag mehr abscheiden.

Der im Kolben gebliebene Niederschlag wird nun mit etwa 20 ml halbkonzentrierter Ammoniaklösung behandelt, der man 0,1 g Citronensäure zusetzt, falls Eisen oder Titan anwesend war. Die erhaltene Lösung gießt man durch das Filter, um auch den darin befindlichen Niederschlag in Lösung zu bringen und fängt die Flüssigkeit in einem 250 ml-Becherglas auf. Kolben und Filter werden nacheinander mit verdünnter Ammoniaklösung, heißem Wasser und heißer verdünnter Salzsäure ausgewaschen, wobei 100–150 ml Lösung entstehen dürfen. Man neutralisiert annähernd gegen Methylrot, gibt etwa 1 ml konz. Salzsäure im Überschuß zu und verfährt weiter nach der für Magnesium (vgl. S. 78) gegebenen Vorschrift. Als Reagenslösung dient in diesem Fall eine filtrierte Lösung von 10 g NH_4Cl und 5 g $MgCl_2$ in 100 ml Wasser. Man setzt davon vor der ersten Fällung 10 ml, vor der zweiten Fällung 2 ml zu. Fehlergrenze: ±0,5%. Anzugeben: P_2O_5 in Gewichtsprozent.

Die Trennung der Phosphorsäure von fast allen anderen Elementen gelingt, wenn man sie als Ammoniummolybdatophosphat in stark salpetersaurer Lösung fällt. Die Lösung des Niederschlags in Ammoniak kann ohne weiteres zur Bestimmung der Phosphorsäure auf dem üblichen Wege dienen. Im Filtrat des Ammoniummolybdatophosphat-Niederschlags lassen sich unter bestimmten Bedingungen Ca^{2+} als Oxalat, Mg^{2+} als $MgNH_4PO_4$, Al^{3+} mit Ammoniak oder Fe^{3+} durch Kalilauge unmittelbar fällen.

Die vorherige Abtrennung der Phosphorsäure ist indessen oft nicht notwendig. So stört Calcium wohl die Fällung des Magnesiums als Magnesiumammoniumphosphat, weil es als Calciumphosphat mit ausfällt. Es dürfen aber bis zu 100 mg Calcium zugegen sein, wenn zur Bestimmung der Phosphorsäure mit Magnesiamischung doppelt gefällt wird. In der ammoniakalischen Flüssigkeit bleibt Calciumhydroxid gelöst, sofern man CO_2 fernhält. Zweckmäßig schließt man vorher die Substanz mit Salpetersäure-Schwefelsäure auf, so daß der größte Teil des Calciums als $CaSO_4$ abfiltriert werden kann. Kleinere Mengen Fe^{3+}, Al^{3+}, Ti^{4+}, deren Phosphate bei essigsaurer Reaktion ausfallen, können durch Citrat in Lösung gehalten werden. Man setzt dann etwa 0,5 g Citronensäure und die vierfache Menge Ammoniak wie sonst zu.

Im Ammonium-dodekamolybdato-phosphat $(NH_4)_3[P(Mo_3O_{10})_4]$ ist je ein O^{2-}-Ion der Phosphorsäure durch die Gruppe $Mo_3O_{10}^{2-}$ ersetzt. Wie im Phosphat-Ion hat Phosphor die Oxidationszahl +V. An Stelle des Phosphors können bei dieser Klasse von Verbindungen in störender Weise Si, As und V treten. Fluoride, die zusammen mit Phosphaten häufig anzutreffen sind, müssen als Fluorwasserstoff verflüchtigt oder durch Zusatz von Borsäure als komplexe Tetrafluoroborsäure $H[BF_4]$ unschädlich gemacht werden. Oxalate oder Tartrate sind zu entfernen. Chlorid- und Sulfat-Ionen stören, besonders in größerer Menge.

Man kann sich auch unmittelbar des Molybdatophosphat-Niederschlags zur Bestimmung der Phosphorsäure bedienen. Der Niederschlag hat jedoch selten die theoretische Zusammensetzung; er enthält je nach den Fällungsbedingungen wechselnde Mengen Molybdänsäure, Ammoniumnitrat, Salpetersäure und Wasser. *Nur bei genauem Einhalten ganz bestimmter Arbeitsweisen und Mengenverhältnisse* werden zufriedenstellende Werte erhalten. Der in einem Filtertiegel gesammelte Niederschlag wird dann mit Aceton behandelt und durch Abpumpen von der Waschflüssigkeit befreit oder auch mit verdünnter Salpetersäure gewaschen und nach dem Trocknen bei 105 bis 110 °C gewogen (Zusammensetzung etwa: $(NH_4)_3 \cdot 12 MoO_3$; empirischer Gehalt: 1,64% P); wird der Niederschlag auf etwa 450 °C im Aluminiumblock erhitzt, bis er einheitlich blauschwarz aussieht, so entspricht er etwa der Zusammensetzung $^1/_2 P_2O_5 \cdot 12 MoO_3$ (1,72% P).

Die unmittelbare Bestimmung der Phosphorsäure mit Molybdat ist besonders für die Stahlanalyse von Bedeutung. Infolge des günstigen Umrechnungsfaktors können noch sehr kleine Mengen Phosphor hinreichend genau erfaßt werden.

III. Maßanalytische Neutralisationsverfahren

Allgemeines zur Maßanalyse

Bei der zu Anfang des 19. Jahrhunderts von Gay-Lussac in die Chemie eingeführten Maßanalyse wird die quantitative Bestimmung eines Stoffes dadurch bewirkt, daß man durch „Titrieren" dasjenige Volumen einer Reagenslösung von bekanntem Gehalt ermittelt, welches gerade zur quantitativen Umsetzung mit dem zu bestimmenden Stoff ausreicht. Dessen Menge ist dann durch eine einfache stöchiometrische Rechnung zu finden.

Hinsichtlich der **Art der Umsetzungen**, die den maßanalytischen Bestimmungen zugrunde liegen, sind zwei Gruppen von Verfahren zu unterscheiden: im ersten Falle entfernt man bestimmte Ionen aus der Lösung, indem man sie mit geeigneten Ionen einer Reagenslösung zu undissoziierten Molekülen, Komplexen oder unlöslichen Verbindungen zusammentreten läßt (Neutralisationsanalyse, Fällungsanalyse); zur zweiten Gruppe sind jene Verfahren zu rechnen, bei denen unter Oxidation und Reduktion ein Ladungsaustausch zwischen den zu bestimmenden Ionen und jenen der Reagenslösung stattfindet (Manganometrie, Jodometrie).

Für die Maßanalyse verwendbare Reaktionen haben zwei Bedingungen zu erfüllen: sie müssen schnell quantitativ verlaufen, und ihr Endpunkt muß scharf zu erkennen sein. Letzteres ist ohne weiteres möglich, wenn die Reagenslösung selbst stark gefärbt ist wie bei $KMnO_4$; in anderen Fällen hilft man sich durch Zugeben eines Indikators, der wie z. B. Lackmus beim Neutralisieren das Ende einer Reaktion sichtbar macht, ohne ihren Ablauf zu stören. Die Anwendungsmöglichkeiten der Maßanalyse sind durch die Einführung der potentiometrischen, konduktometrischen und amperometrischen Endpunktsbestimmung stark erweitert worden.

Bei der *potentiometrischen Anzeige*[1] des Äquivalenzpunkts verfolgt

---

[1] Browning, D. R.: Electrometric Methods. New York: McGraw Hill 1969. — Lingane, J. J.: Electroanalytical Chemistry. New York: Interscience, 2. Aufl. 1958. — Kolthoff, I. M., u. N. H. Furman: Potentiometric Titrations. New York: Wiley, 2. Aufl. 1949. — Hiltner, W.: Ausführung potentiometrischer

man während der Titration — in der Regel mit einem hochempfindlichen Millivoltmeter — die Potentialdifferenz zwischen einer „Indikatorelektrode" und einer konstant bleibenden „Bezugselektrode". Die letztere wird meist durch ein Diaphragma mit der zu titrierenden Lösung verbunden und kann beliebiger Art sein; vielfach verwendet wird z. B. die „Kalomelektrode" (Hg überschichtet mit Hg_2Cl_2 und 0,1 m, 1 m oder gesättigter KCl-Lösung). Die Indikatorelektrode ist entweder indifferent und zeigt dann nur das Redoxpotential an (wie blankes Au oder Pt bei Redoxtitrationen), oder sie muß auf die Aktivität bestimmter, an der Titration beteiligter Ionen reversibel ansprechen. Die Auswahl an hierfür geeigneten Elektroden ist nicht sonderlich groß. Ein blanker Ag-Draht spricht z. B. bei einer Fällungstitration mit $AgNO_3$ auf die Aktivität der Ag^+-Ionen und — infolge der Schwerlöslichkeit der entsprechenden Ag-Verbindungen — auch auf Cl^-, Br^-, J^-, S^{2-}, CN^- usw. sofort an. Es wurden auch Elektroden in Membranform entwickelt, die aus Spezialgläsern, flüssigen Ionenaustauschern oder Mischkristallen mit LaF_3 bzw. Ag_2S bestehen und auf bestimmte Ionen wie $Na^+ - Ca^{2+} - F^- - Cu^{2+}$, Cd^{2+}, Pb^{2+}, S^{2-}, SO_4^{2-} ansprechen. Als Elektrode, mit der die Aktivität der H^+- bzw. H_3O^+-Ionen gemessen werden kann, verwendet man heute in erster Linie die gegen Oxidations- und Reduktionsmittel unempfindliche „Glaselektrode", weiterhin kommt die „Wasserstoffelektrode" und die „Chinhydronelektrode" in Betracht.

Da die gemessene Potentialdifferenz E nach der „Nernstschen Gleichung" vom Exponenten der Ionenaktivität (p_{H^+}, p_{Ag^+} usw.) linear abhängt, erhält man beim Auftragen von E (als Ordinate) gegen die Milliliter des Reagens S-förmige Kurven (wie in Abb. 28–30, S. 103, 104), die im Äquivalenzpunkt eine mehr oder minder sprungartige Änderung von E aufweisen. Bei der potentiometrischen Endpunktsanzeige von Neutralisations- und Fällungsreaktionen ist der Potentialsprung um so kleiner und der Verlauf der Kurve um so flacher, je verdünnter die Lösung ist; bei Redoxtitrationen ist die Größe des Sprungs in der Regel unabhängig von der Verdünnung. Der Äquivalenzpunkt kann dabei im Wendepunkt der symmetrischen Titrationskurve liegen wie bei der Titration von $H^+ + OH^-$, $Cl^- + Ag^+$ oder $Fe^{2+} + Ce^{4+}$; in anderen Fällen liegt jedoch der Äquivalenzpunkt nicht im Wende-

---

Analysen. Berlin: Springer 1935. — EBEL, S., u. W. Parzefall: Experimentelle Einführung in die Potentiometrie. Weinheim: Verlag Chemie 1975. — s. a. S. 54.

punkt der unsymmetrischen Titrationskurve, wie bei der Titration von Fe^{2+} mit MnO_4^-.

Bei der potentiometrischen Titration kann man bis zu dem vorher berechneten Umschlagspotential titrieren oder die Lage des Wendepunkts durch Bildung des Differenzenquotienten ermitteln. Noch einfacher ist es, zwei völlig gleiche Elektroden zu verwenden und durch einfache experimentelle oder schaltungstechnische Maßnahmen dafür zu sorgen, daß die eine Elektrode mit zeitlicher Verzögerung anspricht, so daß der Differenzenquotient ständig am Meßinstrument abzulesen ist.

Bei der *konduktometrischen Maßanalyse* mißt man während der Titration fortlaufend die elektrische Leitfähigkeit der Lösung. Wenn man die beobachtete Leitfähigkeit wieder gegen die zugesetzte Menge des Reagens aufträgt, liegen die Meßpunkte auf zwei Geraden, die sich im Äquivalenzpunkt schneiden. Der Äquivalenzpunkt ist aber nur dann genau zu bestimmen, wenn der Schnittwinkel der beiden Geraden nicht zu stumpf ist. Besonders große Änderungen der Leitfähigkeit ergeben sich, wenn im Laufe der Titration die sehr schnell wandernden H_3O^+- oder OH^--Ionen durch langsamer wandernde ersetzt werden. Bei Anwendung von Hochfrequenzströmen (Hochfrequenztitration) ist es sogar möglich, Änderungen der Leitfähigkeit oder der Kapazität mit Elektroden oder Spulen festzustellen, die sich außerhalb des Becherglases befinden.

Bei der „*amperometrischen Titration*" führt man während der Titration eine Mikroelektrolyse mit so geringer Stromstärke durch, daß die Zusammensetzung der Lösung hierdurch nicht merklich geändert wird. Unter geeigneten Bedingungen ist die gemessene Stromstärke proportional der Konzentration des an der Elektrode umgesetzten Ions. Beim Auftragen der Stromstärke gegen die Menge des zugesetzten Reagens liegen auch hier die Meßpunkte im wesentlichen auf zwei Geraden, die sich im Äquivalenzpunkt schneiden.

Unter ähnlichen Bedingungen arbeitet man auch bei der „*Polarographie*". Als Elektrode dient hier Quecksilber, das aus einer sehr dünnen Kapillare austritt und abtropft. Da die Elektrodenoberfläche hierdurch stetig erneuert wird, kann man je nach der angelegten Spannung einen oder mehrere Stoffe so zur Umsetzung bringen, daß die Stärke des gemessenen Diffusionsstroms den betreffenden Konzentrationen genau proportional ist.

Viele der maßanalytischen Bestimmungsverfahren sind recht genau, alle haben den Vorteil, schnell zum Ergebnis zu führen. Die meisten Reaktionen, die den maßanalytischen Verfahren zugrunde liegen, sind aber *nicht spezifisch*. Sie können oft nur in einfacheren Fällen angewandt werden, wenn von vornherein keine anderen Elemente zugegen sind, die in gleicher Weise reagieren. Bei schwierigen Analysen von Mineralien, Legierungen oder technischen Produkten ist die Anwendung maßanalytischer Verfahren vielfach erst möglich, wenn Trennungen durch Fällung, Destillation oder dergleichen (s. S. 255) vorangegangen sind. Häufig läßt sich dann mit einer Trennung die gewichtsanalytische Bestimmung so bequem verbinden, daß man diese vorzieht. Man wird sich der Gewichtsanalyse auch bedienen, wenn es sich einer einzelnen Bestimmung wegen nicht lohnt, die erforderliche Maßlösung erst herzustellen.

Als Lösungen von bekanntem Gehalt benutzt man bei der Maßanalyse in der Regel 0,1 n, weniger häufig 1 n, 0,5 n oder 0,01 n Lösungen der Reagenzien (vgl. S. 45!). Den bei der Analyse verwendeten Substanzmengen passen sich 0,1 n Lösungen vielfach besser an als 1 n Lösungen, die zudem bei manchen, schwerer löslichen Substanzen überhaupt nicht herzustellen sind. Da *gleiche Volumina verschiedener* **Normallösungen** einander stets *äquivalent* sind, erreicht man damit eine außerordentliche Vereinfachung aller Rechnungen. Industrielaboratorien, die Bestimmungen in großer Menge auszuführen haben, benutzen auch Lösungen, die so eingestellt sind, daß bei einer bestimmten Einwage an Analysensubstanz die Zahl der verbrauchten Milliliter unmittelbar den gesuchten Prozentgehalt angibt, so daß jede Rechnung wegfällt.

Meist bereitet man sich zunächst eine etwas stärker als 0,1 n Lösung des Reagens und bestimmt genau ihren Gehalt mit Hilfe von ,,Urtitersubstanzen''. Als solche eignen sich Stoffe, die in sehr reinem Zustand leicht dargestellt und genau abgewogen werden können. Wenn der Gehalt der Reagenslösung ermittelt ist, läßt sich berechnen, mit welchem Volumen Wasser die Lösung verdünnt werden muß, um ihre Normalität bzw. ihren ,,Titer'' genau auf den gewünschten Wert, z. B. 0,1000 ,,einzustellen''. Häufig zieht man es vor, die nur annähernd stimmende Normallösung unmittelbar zu verwenden und die Abweichung bei der Ausrechnung zu berücksichtigen.

Angenommen, die Normalität einer Natronlauge sei zu $N = 0{,}1084$ ermittelt worden. Hat man von dieser Lauge z. B. zur Titration von Essigsäure 14,86 ml verwendet, so ergibt sich die vorliegende Menge der Essigsäure (1 mmol = 60,03 mg) zu $14{,}86 \cdot 0{,}1084 \cdot 60{,}03 = 96{,}7$ mg.

Es ist leicht möglich, schon während des Titrierens annähernd das

III. Maßanalytische Neutralisationsverfahren

Ergebnis zu überschlagen, wenn man weiß, daß 1 ml 0,1 n Lauge 0,1 mmol = 6,003 mg Essigsäure entsprechen; gegebenenfalls rechnet man sich das Produkt aus Normalität der Maßlösung und Molekulargewicht des zu bestimmenden Stoffes schon vorher genau aus, so daß man nur noch mit der Zahl der verbrauchten Milliliter multiplizieren muß.

Viele Analytiker finden es praktisch, die Normalität in zwei Faktoren zu zerlegen, z. B. $N = 1,084 \cdot 0,1000$; der erste, stets annähernd bei 1 liegende Korrektionsfaktor wird auch kurzweg „Faktor" der Maßlösung genannt. Wenn man mit ihm das verbrauchte Volumen der Maßlösung multipliziert, erfährt man die Zahl die Milliliter, die bei Benutzung einer *genau* stimmenden, im vorliegenden Falle also 0,1000 n Maßlösung verbraucht worden wären: $14,86 \cdot 1,084 = 16,11$ ml.

Normallösungen (und Pufferlösungen) sind auch käuflich. Unter den Namen *„Fixanal", „Titrisol"* u. dgl. werden unzerbrechliche Kunststoffampullen in den Handel gebracht, die ein Zehntel Äquivalent des Reagens fest oder als konz. Lösung enthalten. Durch Verdünnen zu einem Liter erhält man unter Beachtung der beigegebenen Anweisungen eine genaue 0,1 n Lösung.

Man hebt die Lösungen in Standflaschen mit gut eingeschliffenen Glasstöpseln oder Gummistopfen auf und verzeichnet auf dem Schild Art und Normalität der Lösung (bzw. deren Faktor) samt Logarithmus sowie das Datum der letzten Einstellung, die von Zeit zu Zeit zu wiederholen ist. Titrierflüssigkeiten müssen vor dem Gebrauch in der Flasche gründlich durchmischt werden; die Lösungen entmischen sich beim Stehen, da bei jeder Abkühlung reines Lösungsmittel an den über der Lösung befindlichen Teil der Flaschenwand destilliert und herabfließend die Lösung oben verdünnt.

Über die Handhabung der Meßgeräte ist bereits auf S. 15 – 22 alles Notwendige gesagt.

Bei allen Titrationen ist darauf zu achten, daß der **Fehler der Volumenmessung** unterhalb des zulässigen *absoluten* Fehlers bleibt. Bei Verwendung von 50 ml-Büretten hat man damit zu rechnen, daß das abgelesene Volumen – bei Addition aller Einzelfehler – bis zu 0,1 ml vom wirklichen Volumen abweicht, obwohl die Ablesung selbst auf 0,01 ml vorgenommen wird. Es ist deshalb dafür zu sorgen, daß *möglichst 30 – 40 ml, mindestens aber 20 ml Maßlösung verbraucht werden, falls der Bestandteil auf 0,3% seiner Menge genau bestimmt werden soll.* Meist kennt man die ungefähre Zusammensetzung der Analysensub-

stanz schon vorher. Man ermittelt dann durch eine Überschlagsrechnung, wie groß die Einwaage zu wählen ist oder wieviel Lösung bei jeder Titration vorgelegt werden muß. Beim Titrieren empfiehlt es sich stets, den Flüssigkeitsstand abzulesen, sobald man annehmen kann, daß nur noch ein oder zwei Tropfen zum Endpunkt fehlen.
Alle Titrationen sind nach Möglichkeit zu wiederholen, bis mehrere aufeinanderfolgende Analysen das gleiche Ergebnis liefern. Die erste Bestimmung ist oft weniger genau als die folgenden und als Vorversuch zu betrachten.

1 Säuren, Basen und Salze

Die Neutralisationsanalyse, auch Acidimetrie und Alkalimetrie genannt, besteht darin, daß alkalisch reagierende Stoffe mit Säuren, Säuren mit Basen titriert werden. In beiden Fällen handelt es sich um die Neutralisation von Säure und Base in wäßriger Lösung, also um die Reaktion

$$H_3O^+ + OH^- \rightleftharpoons 2H_2O.$$

Nach dem Massenwirkungsgesetz gilt für die Eigendissoziation des Wassers:

$$\frac{a_{H_3O^+} \cdot a_{OH^-}}{a_{H_2O}^2} = K.$$

Da die Konzentration bzw. Aktivität der undissoziierten H_2O-Moleküle (55,41 mol/l bei 20 °C) durch in Wasser gelöste Säuren, Basen oder Salze nicht nennenswert geändert wird, solange es sich um verdünnte Lösungen handelt, pflegt man $a_{H_2O} = 1$ zu setzen und nennt die Konstante das „**Ionenprodukt des Wassers**"

$$I = a_{H_2O^+} \cdot a_{OH^-}.$$

Bei *Zimmertemperatur hat I den Wert* 10^{-14} mol^2/l^2, und zwar bei 20 °C: $0{,}86 \cdot 10^{-14}$ (bei 100 °C: $74 \cdot 10^{-14}$). Da bei der Dissoziation von Wasser ebenso viele H_3O^+- wie OH^--Ionen entstehen, muß die Konzentration dieser beiden Ionen in reinem, „neutralen" Wasser gleich groß sein, so daß $c_{H_3O^+} = c_{OH^-} = 10^{-7}$ mol/l ist, wie sich aus dem Wert für I ohne weiteres ergibt. Wird $a_{H_3O^+}$ größer, etwa durch Zugeben einer Säure, so muß a_{OH^-} entsprechend kleiner werden, indem OH^--Ionen und H_3O^+-Ionen zu H_2O zusammentreten. *Stets bleibt das Produkt von $a_{H_3O^+}$ und a_{OH^-} konstant.*

Salzsäure ist als starke Säure so gut wie restlos in H_3O^+- und Cl^--Ionen dissoziiert. Die Wasserstoffionen-Konzentration in 0,1 n Salzsäure ist daher 10^{-1} mol/l; dem entspricht eine Hydroxidionen-Konzentration von 10^{-13}. Umgekehrt ist z. B. in einer 1 n Natronlauge, die als vollständig dissoziiert anzusehen ist, $c_{OH^-} = 1$ und $c_{H_3O^+} = 10^{-14}$ mol/l. Man bezieht die Angabe der Normalität in der Regel auf die *gesamte, analytisch erfaßbare* Menge der Säure oder Base, ohne Rücksicht darauf, ob sie ganz oder teilweise dissoziiert vorliegt. Eine 1 n Essigsäure, die also 1 mol CH_3COOH/l enthält, ist als schwache Säure nur zum geringen Teil dissoziiert; in bezug auf die H_3O^+-Konzentration ist sie nur 0,0045 normal. Auch Schwefelsäure ist nur in 1. Stufe (vgl. S. 67), einer 50%igen Dissoziation entsprechend, als starke Säure anzusehen; die Abspaltung des zweiten H^+-Ions erfolgt, wie stets, wesentlich schwieriger. Um eine Lösung zu bereiten, deren H_3O^+-Konzentration = 1 mol/l ist, muß deshalb mehr als $^1/_2$ mol H_2SO_4 im Liter gelöst werden. Die Wasserstoffionen-*Aktivität* ist bei verdünnten wäßrigen Lösungen von der Wasserstoffionen-Konzentration ein wenig verschieden; von einer genaueren Erörterung muß hier jedoch abgesehen werden.

Freie H^+-Ionen kommen in wäßriger Lösung in Wirklichkeit nicht vor, da sie sich sofort mit den Dipolmolekülen des Wassers zu H_3O^+- (bzw. $H_9O_4^+$-) oder Hydroniumionen vereinigen; *diese* pflegt man der Kürze halber auch als Wasserstoffionen zu bezeichnen. Bei der Neutralisation tritt übrigens unabhängig von der Erwärmung auch eine geringe Volumenvermehrung auf, da aus Ionen neutrale Moleküle entstehen.

Die Wasserstoffionenaktivität wäßriger Lösungen ist ein so überaus häufig benutzter Begriff, daß man an Stelle des meist in Form einer Zehnerpotenz angegebenen Betrags in abgekürzter Schreibweise nur deren Exponent (mit umgekehrtem Vorzeichen) angibt, der dann als **Wasserstoffionen-Exponent** oder kürzer als (das) p_H bezeichnet wird[1]. Demnach ist $a_{H_3O^+} = 10^{-p_H}$ oder $p_H = -\log a_{H_3O^+}$. In ganz entsprechender Weise kann man auch einen Exponenten der OH^--Ionenaktivität als p_{OH} definieren.

Das Ionenprodukt des Wassers führt zu der einfachen Beziehung:

$$p_H + p_{OH} = 14.$$

Da der eine Wert durch den anderen festgelegt ist, gibt man einheitlich auch für alkalische Lösungen nur das p_H an. Der **Neutralpunkt des Wassers** *liegt*,

---

[1] Von lat.: „potentia hydrogenii".

einer H_3O^+-Konzentration von 10^{-7} mol/l entsprechend bei $p_H = 7$; ein kleinerer Zahlenwert von p_H bedeutet größere H_3O^+-Konzentration, somit saure Reaktion; die Lösung reagiert alkalisch, wenn p_H größer ist als 7. Für $a_{H_3O^+} = 1$, d. h. $= 10^0$, ergibt sich $p_H = 0$; in noch stärker sauren Lösungen wäre p_H negativ. Während die p_H-Skala hier mit der praktisch erreichbaren Säurekonzentration ihre natürliche Grenze findet, werden in nichtwäßrigen Lösungen, also bei Abwesenheit der „Base" H_2O, ungeachtet des geringen Dissoziationsgrades Werte der H^+-Aktivität beobachtet, die p_H-Werten bis zu etwa -6 entsprechen. Auch nach der alkalischen Seite hin dehnt sich die Skala noch weiter aus, wenn man das Gebiet der Alkalihydroxid enthaltenden Schmelzen bei höherer Temperatur in Betracht zieht.

Für beliebige Wasserstoffionen-Konzentrationen, z. B. 0,0045 mol/l berechnet sich der p_H-Wert wie folgt:

$$a_{H_3O^+} = 0{,}0045 = 4{,}5 \cdot 10^{-3} = 10^{+0{,}65} \cdot 10^{-3} = 10^{-2{,}35}; \quad p_H = 2{,}35.$$

Bequemer entnimmt man die zugehörigen Werte einer Tabelle in den Rechentafeln von Küster-Thiel. Bei alkalischen Lösungen berechnet man gegebenenfalls zunächst p_{OH}; z. B. ist in 0,01 n NaOH $p_{OH} = 2$, daher $p_H = 12$. In manchen Fällen läßt sich p_H rein rechnerisch ermitteln. Der p_H-Wert unbekannter Lösungen kann sehr genau durch Messung der elektrischen Potentialdifferenz geeigneter Elektroden, einfacher mit Hilfe gewisser Farbstoffe, der „Säure-Base-Indikatoren" oder p_H-Indikatoren bestimmt werden.

Während alle Salze, von wenigen Ausnahmen wie $HgCl_2$ abgesehen, in verdünnter wäßriger Lösung *restlos* elektrolytisch dissoziiert sind, gehört die Mehrzahl aller Säuren und Basen infolge der ausgesprochenen Sonderstellung des H^+-Ions zu den nur *teilweise* dissoziierten schwachen Elektrolyten. Für die **Dissoziation der Essigsäure**

$$H_2O + CH_3COOH \rightleftharpoons H_3O^+ + CH_3COO^-$$

ergibt sich nach dem Massenwirkungsgesetz exakt für die Aktivitäten und annähernd auch für die Konzentrationen:

$$\frac{a_{H_3O^+} \cdot a_{CH_3COO^-}}{a_{CH_3COOH}} = K_{\text{Säure}} = 1{,}74 \cdot 10^{-5} = 10^{-4{,}7}$$

Es ist zu erkennen, daß es sich um eine ziemlich schwache Säure handelt. Setzt man nämlich $c_{CH_3COOH} = 1$, so erhält man, da in reiner Essigsäure $c_{H_3O^+} = c_{CH_3COO^-}$ ist, $(c_{H_3O^+})^2 = K_S$; $c_{H_3O^+} = 10^{-2{,}35}$, d. h. die Säure ist weniger als zu 1% dissoziiert.

Ganz analog wie bei der Wasserstoffionen-Aktivität bezeichnet man den Exponenten der Dissoziationskonstante (4,7) als Säureexponent p_{K_s} der Essig-

98   III. Maßanalytische Neutralisationsverfahren

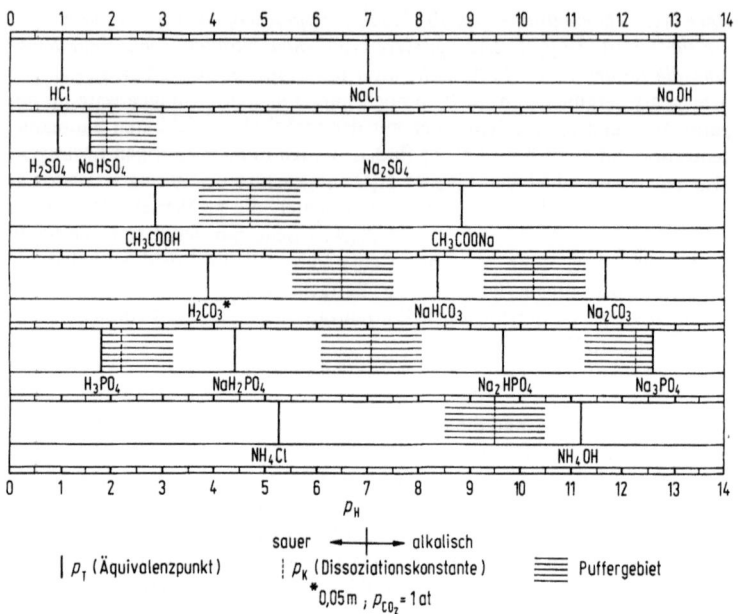

Abb. 26. Reaktion 0,1 molarer Lösungen (20 °C)

säure. Wie man sieht, ergibt sich das p_H einer reinen 1 n, schwachen Säure annähernd zu $p_H = p_K/2$. Dieser Wert *steigt* jeweils um eine halbe Einheit, wenn man die Lösung auf das Zehnfache verdünnt; die H_3O^+-Konzentration nimmt also langsamer ab als die Gesamtkonzentration der Säure. Dies rührt daher, daß der Dissoziationsgrad mit der Verdünnung steigt (Ostwaldsches Verdünnungsgesetz). Die p_H-Werte der 0,1 m Lösungen einiger Säuren und Basen sind in Abb. 26 eingetragen. Auch für Basen benutzt man in der Regel nur den Säure-Dissoziationsexponenten p_{K_s} der korrespondierenden Säure (vgl. S. 102).

Neutralisiert man Essigsäure mit Natronlauge zur *Hälfte*, so wird, da Natriumacetat als Salz vollständig dissoziiert ist, $c_{CH_3COO^-} = c_{CH_3COOH}$, der Quotient dieser beiden Konzentrationen in Gl. (1) wird damit = 1, so daß $c_{H_3O^+} = K_S = 10^{-4,7}$ mol/l; somit $p_H = 4,7$. Macht man das Verhältnis $\frac{c_{CH_3COO^-}}{c_{CH_3COOH}} \approx \frac{c_{Salz}}{c_{Säure}}$ einer nur 10%igen Neutralisation entsprechend wie 1 : 10, so ist p_H um 1 Einheit kleiner, wie man an Hand von Gl. (1) leicht erkennt. Bei Zusatz von NaOH vermindert sich die H_3O^+-Konzentration *nicht* um einen äquivalenten Betrag; sie wird lediglich durch die eintretende Änderung im Verhältnis $\frac{c_{Salz}}{c_{Säure}}$ ein wenig beeinflußt. Diese Änderung ist um so geringer, je größer die Konzentrationen von Salz und Säure sind. Auch beim Verdünnen ändert sich das Verhältnis $\frac{c_{Salz}}{c_{Säure}}$ und damit der p_H-Wert der Lösung nicht.

Derartige Mischungen, die eine *schwache* Säure und ihr Salz ungefähr im Verhältnis 1:1 enthalten, erweisen sich als besonders wenig empfindlich gegenüber kleinen Zusätzen von Basen oder Säuren. Sie sind als „**Puffermischungen**" von größter praktischer Bedeutung. Das Gebiet der praktisch anwendbaren Pufferung — einem Verhältnis Salz:Säure wie 1:10 bis 10:1 entsprechend — ist in Abb. 26 (S. 98) durch waagrechte Schraffierung angedeutet; p_{K_s} ist als gestrichelte Linie inmitten des Puffergebiets zu finden.

Schwache Säuren sind auch die meist kompliziert gebauten organischen Farbstoffe, die als **Säure-Base-Indikatoren**[1] Verwendung finden. Sie zeichnen sich dadurch aus, daß die undissoziierte Indikatorsäure HI eine andere Farbe zeigt als das Anion I⁻. Mit der Dissoziation ist hier eine Änderung der chemischen Konstitution verbunden.

So ist z. B. der Indikatorfarbstoff Bromthymolblau in saurer Lösung (HI) rein gelb, in alkalischer Lösung (I⁻) tiefblau. Bei $p_H = 7$ sind gerade 50% der Indikatorsäure neutralisiert, so daß die Lösung rein grün erscheint. In diesem Punkt ist p_H wieder gleich dem Säureexponenten des Indikators, den man auch als Indikatorexponenten p_I bezeichnet. Die Umschlagsbereiche und Indikatorexponenten einiger sehr häufig benutzter Indikatoren sind in Abb. 27 dargestellt.

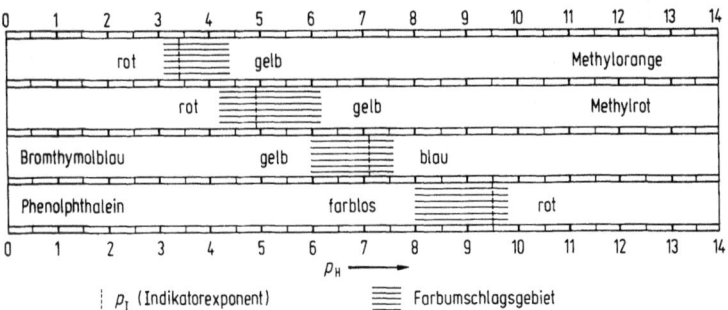

Abb. 27. Umschlagsbereich einiger pH-Indikatoren

---

[1] Kraft, G. u. J. Fischer: Indikation von Titrationen. Berlin: de Gruyter 1972.

III. Maßanalytische Neutralisationsverfahren

In der folgenden Tabelle sind für die wichtigsten Indikatoren die Umschlagsbereiche mit den zugehörigen Farben sowie das Lösungsmittel angegeben. Man stellt sich etwa 0,1%ige Lösungen her.

Name		p_H-Bereich		Lösungsmittel
1. Dimethylgelb	rot	2,9 – 4,0	gelb	90% Alkohol
2. Methylorange	rot	3,1 – 4,4	gelb	Wasser
3. Bromkresolgrün	gelb	3,8 – 5,4	blau	20% Alkohol
4. Methylrot	rot	4,2 – 6,2	gelb	60% Alkohol
5. Bromthymolblau	gelb	6,0 – 7,6	blau	20% Alkohol
6. Phenolrot	gelb	6,4 – 8,0	rot	20% Alkohol
7. Phenolphthalein	farblos	8,0 – 9,8	rot [a]	60% Alkohol
8. Thymolphthalein	farblos	9,3 – 10,5	blau	90% Alkohol
9. Mischindikator		3 Vol. Bromkresolgrünlösung + 2 Vol. Methylrotlösung		
	rot	5,1	grün	
10. Kontrastindikator		100 ml 0,1%ige Lösung von Methylrot in Alkohol + 25 ml 0,1%ige Lösung von Methylenblau in Alkohol		
	violettrosa	5,4	grün	

[a] Wird in stark alkalischer Lösung (etwa ab $p_H = 13$) langsam irreversibel entfärbt.

Das p_H, bei dem – in Abb. 27 durch Schraffierung angedeutet – eine Farbänderung erkennbar zu werden beginnt, hängt von der Farbe selbst, ihrer Intensität (vgl. Phenolphthalein!) und subjektiven Einflüssen ab; im allgemeinen erstreckt sich das Umschlagsgebiet über 1,5 – 2 p_H-Einheiten; in der Mitte des Umschlagsgebiets sind Unterschiede von 0,2 p_H deutlich wahrnehmbar. Die Lage des Farbumschlags wird ein wenig von der Temperatur und von den in der Lösung befindlichen Salzen beeinflußt. Besonders scharf erkennbare Farbumschläge bekommt man mit Mischungen von Indikatoren, deren Umschlagsgebiete dicht beieinander liegen, oder auch einfach durch Zusatz eines indifferenten Farbstoffs, der den Kontrast steigert. Es gibt auch Indikatoren, die im ultravioletten Licht bei bestimmten p_H-Werten zu fluoreszieren beginnen, so daß auch gefärbte Lösungen titriert werden können.

Versetzt man Salzsäure mit *genau* der äquivalenten Menge Natronlauge, so erhält man eine Lösung von reinem NaCl in Wasser. Da NaCl die Konzentration der H_3O^+-Ionen nicht beeinflußt, muß eine solche Lösung die Reaktion des neutralen Wassers zeigen; der „**Äquivalenz-**

punkt" von NaCl liegt wie der Neutralpunkt des Wassers bei $p_H = 7$. Beim Titrieren von Salzsäure mit Natronlauge muß man daher in dem Augenblick aufhören, in dem $p_H = 7$ erreicht ist. Anders ist es, wenn Essigsäure mit Natronlauge titriert werden soll; hier liegt im Äquivalenzpunkt eine Lösung von Natriumacetat vor, das als Salz einer schwachen Säure mit einer starken Base hydrolytisch gespalten ist. Eine 0,1 n Lösung von Natriumacetat in Wasser reagiert infolgedessen basisch und zeigt ein p_H von 8,9. Im vorliegenden Fall ist also über den Neutralpunkt des Wassers hinaus zu titrieren, um den im schwach alkalischen Gebiet gelegenen Äquivalenzpunkt zu erreichen. Der Wasserstoffionenexponent, der die Lage des Äquivalenzpunktes angibt, wird auch als „Titrierexponent" p_T bezeichnet. Sein Wert muß vor jeder Titration bekannt sein, um den geeigneten Indikator auswählen zu können.

Natriumacetat ist wie jedes Salz in wäßriger Lösung vollständig in Na^+ und CH_3COO^--Ionen gespalten (Gl. 1); außer diesen sind noch die H_3O^+- und OH^--Ionen des Wassers vorhanden (Gl. 2):

$$CH_3COONa \rightarrow Na^+ + CH_3COO^- \qquad 1$$

$$2H_2O \rightleftharpoons H_3O^+ + OH^- \qquad 2$$

$$CH_3COO^- + H_3O^+ \rightleftharpoons CH_3COOH + H_2O \qquad 3$$

Da die Essigsäure eine ziemlich schwache Säure ist, treten Acetationen und Wasserstoffionen in dem Maße zu undissoziierter Essigsäure zusammen (Gleichung 3), wie es dem Dissoziationsgleichgewicht der Essigsäure nach Gleichung (1) (S. 97) entspricht. Hierdurch wird das Gleichgewicht zwischen den H_3O^+- und OH^--Ionen des Wassers gestört. Die verbrauchten H_3O^+-Ionen werden nachgebildet, indem H_2O-Moleküle in H^+- und OH^--Ionen dissoziieren. Damit steigt zugleich die OH^--Konzentration, das Ionenprodukt des Wassers wird wieder erreicht, und die **Hydrolyse** kommt zum Stillstand. Eine entsprechende Überlegung ist anzustellen, wenn es sich um ein Salz einer schwachen Base mit einer starken Säure handelt. Für die Lage des Hydrolysegleichgewichts ist außer dem Ionenprodukt des Wassers vor allem der Wert der Dissoziationskonstanten der schwachen Säure oder Base sowie die Konzentration des Salzes maßgebend. Beim Verdünnen nähern sich die p_H-Werte dem Neutralpunkt; der Grad der Hydrolyse nimmt jedoch zu. Gehören sowohl Kationen wie Anionen eines Salzes (wie bei Ammoniumacetat) einer schwachen Base und schwachen Säure an, so kann die Lösung trotz starker Hydrolyse unter Umständen unverändert neutral reagieren.

In allgemeiner Fassung definiert dann nach Brönsted als „*Säuren*" solche Stoffe, die H^+-Ionen abzuspalten vermögen, als „*Basen*" jene, die H^+-Ionen aufnehmen können. Auf eine Formel gebracht, lautet diese Definition

Säure	$\rightleftharpoons H^+ +$ Base	a
CH$_3$COOH	$\rightleftharpoons H^+ + CH_3COO^-$	b
NH$_4^+$	$\rightleftharpoons H^+ + NH_3$	c
$[Al(H_2O)_6]^{3+}$	$\rightleftharpoons H^+ + [Al(H_2O)_5OH]^{2+}$	d

In diesem Sinne ist Essigsäure nach wie vor als Säure, das Acetation jedoch als die korrespondierende Base zu betrachten (b), es handelt sich um ein „korrespondierendes Säure-Base-Paar". NH_4^+ erscheint nun als Säure, NH_3 als die zugehörige Base (c). Na^+- oder Cl^--Ionen sind „protolytisch indifferent", d. h. weder Säure noch Base, da sie hydratisiert keine H^+-Ionen abzugeben oder aufzunehmen suchen. Ein hydratisiertes Al^{3+}-Ion $[Al(H_2O)_6]^{3+}$ ist wegen der elektrostatischen Abstoßung zwischen dem hochgeladenen Al^{3+}-Ion und den „Protonen" der Hydrathülle dagegen befähigt, H^+-Ionen im Sinne der Gl. (d) abzugeben. Lösungen von NH_4Cl oder $AlCl_3$ reagieren sauer, weil sie neben den indifferenten Cl^--Ionen die Säure NH_4^+ bzw. $[Al(H_2O)_6]^{3+}$ enthalten.

In oxidischen Schmelzen gibt es weder H^+- noch OH^--Ionen. Die Rolle der H^+-Ionen wird hier von Oxid-Ionen (O^{2-}) übernommen. Eine Schmelze reagiert basisch, wenn die Konzentration bzw. Aktivität der O^{2-}-Ionen groß, dagegen sauer, wenn diese klein ist. Analog Gleichung (a) ist daher zu definieren:

Base $\rightleftharpoons O^{2-}$ + Antibase[1].

Versetzt man eine starke, d. h. restlos dissoziierte Säure wie Salzsäure in kleinen Anteilen mit Natronlauge, so nimmt die Hydroniumionen-Konzentration bei jedem Zusatz um einen äquivalenten Betrag ab, bis schließlich der Neutral- und Äquivalenzpunkt erreicht ist. Trägt man als Abszisse den Laugenzusatz in ml, als Ordinate den *Absolutwert* der Hydroniumionen-Konzentration auf, so bekommt man eine absteigende *Gerade*, welche die Abszisse trifft, sobald die Neutralisation beendet ist. Die H_3O^+-Konzentration wird aber in Wirklichkeit weder beim Äquivalenz- oder Neutralpunkt noch in stärker alkalischer Lösung genau gleich Null. Dies wäre bei dieser Art der Darstellung erst zu erkennen, wenn man den Maßstab etwa 1 Million mal größer nehmen könnte. Da die Änderung der H_3O^+-Konzentration aber gerade in der Nähe des Äquivalenzpunkts interessiert, ist es notwendig, eine logarithmische Darstellung zu wählen, bei der Bereiche verschiedenster Größenordnung mit der gleichen Genauigkeit wiedergegeben werden können. Man pflegt daher

---

[1] Bei Schmelzreaktionen sollten die Ausdrücke „Säure" bzw. „Säureanhydrid" vermieden werden, da sie zu sehr auf wäßrige Systeme Bezug nehmen.

nicht den Absolutwert, sondern den *Logarithmus* der Hydroniumionen-Aktivität, d. h. den Wasserstoffionen-Exponenten, als Ordinate aufzutragen. Dieser läßt sich mit Hilfe der angeführten Formeln oder auch experimentell durch p_H-Messung bestimmen. Man erhält so die in Abb. 28 und 29 wiedergegebenen „Neutralisations-" bzw. „Titrationskurven".

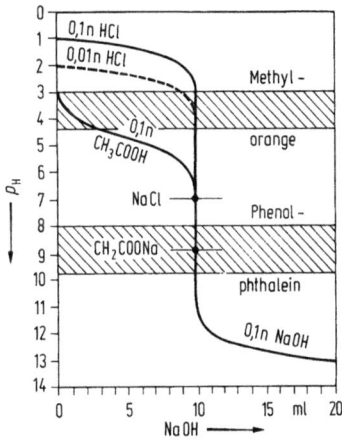 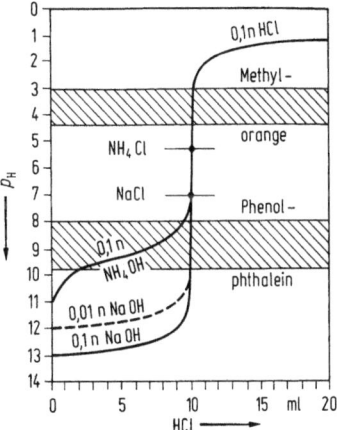

Abb. 28. Neutralisationskurven von Säuren

Abb. 29. Neutralisationskurven von Basen

Es ist zu ersehen, wie beim Titrieren von 0,1 n HCl schon 1 Tropfen Lauge das p_H von 4 auf 10 schnellen läßt, sobald der Äquivalenzpunkt erreicht ist. Für diese Titration eignet sich daher jeder Indikator mit einem Umschlagsgebiet zwischen $p_H = 4-10$, z. B. Methylorange oder Phenolphthalein. Ist die zu titrierende Salzsäure nur etwa 0,01 n, so liegt der Beginn der Kurve um eine p_H-Einheit tiefer. Methylorange schlägt in diesem Falle bereits um, *bevor* die äquivalente Menge NaOH zugesetzt ist; man wählt daher einen besser geeigneten Indikator, etwa Methylrot oder Bromthymolblau. Wie man sieht, ist es *nicht günstig*, die Lösung vor dem Titrieren mehr als notwendig zu verdünnen. Bei der Titration von Essigsäure kommt, dem Titrierexponenten 8,9 entsprechend (vgl. S. 101), nur Phenolphthalein in Betracht. Entsprechendes gilt für die Titration der Basen.

Der Umschlag des gewählten Indikators wird meist nicht *genau* im Äquivalenzpunkt (p_T) erfolgen; ein hierdurch bedingter Fehler wird als „Titrierfehler" bezeichnet. Alle Indikatoren, die bei einem $p_H > 4{,}5$ umschlagen, sind CO_2-empfindlich; bei ihrem Gebrauch ist daher auf die Abwesenheit von CO_2 zu achten.

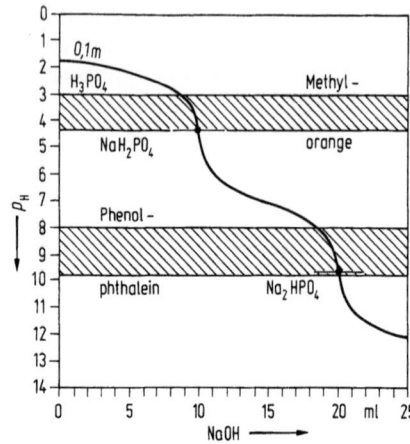

Abb. 30. Neutralisationskurve von Phosphorsäure

Abbildung 30 zeigt die Neutralisationskurve von H_3PO_4. Die sprunghaften p_H-Änderungen, welche beim ersten und zweiten Äquivalenzpunkt auftreten, ermöglichen die quantitative Bestimmung freier Phosphorsäure durch Titration mit NaOH-Lösung[1].

Statt wie hier zwei aufeinanderfolgende Dissoziationsstufen derselben Säure zu titrieren, kann man auch eine starke und eine schwächere Säure nebeneinander bestimmen; ein genaues Ergebnis ist in diesem Fall nur zu erwarten, wenn sich die beiden Säuren in ihrer Stärke wesentlich voneinander unterscheiden, da nur dann eine eindeutige Zuordnung der Äquivalenzpunkte möglich ist. Dies gilt sinngemäß natürlich auch für die erwähnte Titration einer mehrbasigen Säure, wo sich die entsprechenden Säurekonstanten um ca. 4 Zehnerpotenzen unterscheiden müssen.

Das Anwendungsgebiet der Neutralisationsanalyse wird wesentlich dadurch erweitert, daß auch *Salze* wie Na_2CO_3, $Na_2B_4O_7$ oder KCN titriert werden können, die infolge Hydrolyse stark alkalisch oder sauer reagieren. Selbst extrem schwache Säuren oder Basen lassen sich noch scharf titrieren, wenn man zu nichtwäßrigen Lösungsmitteln übergeht[2] und Wasser wegen seiner nivellie-

---

[1] Der dritte Äquivalenzpunkt ist mit normalen Titrationsbedingungen nicht zu erreichen.

[2] Huber, H.: Titrationen in nichtwäßrigen Lösungsmitteln. Wien: Akad. Verlagsges. 1964. – Erste Einführungen in die Chemie der nichtwäßrigen Lösungsmittel geben Waddington, T. C.: Nichtwäßrige Lösungsmittel. Heidelberg: Hüthig 1972. – Jander, J. u. Ch. Lafrenz: Wasserähnliche Lösungsmittel. Weinheim: Verlag Chemie 1968.

renden, basischen Eigenschaften völlig ausschließt. In diesem Fall verwendet man bei der Titration sehr schwacher Basen Lösungsmittel, die selbst keinerlei basische Eigenschaften aufweisen wie Eisessig, Trifluoressigsäure, Essigsäureanhydrid oder Nitromethan und titriert mit Perchlorsäure. Extrem schwache Säuren werden mit möglichst starken Basen wie Natriummethylat oder Tetrabutylammoniumhydroxid unter Gebrauch von Lösungsmitteln titriert, die keine Säureeigenschaften haben wie Alkohole, Ketone, Acetonitril, Dimethylformamid oder Butylamin. Die Ermittlung des Äquivalenzpunkts erfolgt hierbei in der Regel potentiometrisch, meist mit Hilfe der Glaselektrode. Auf diese Weise kann eine überaus große Zahl von organischen Verbindungen direkt oder indirekt quantitativ erfaßt werden.

2 Herstellung von 0,1 n Salzsäure [1]

Bei allen maßanalytischen Arbeiten sind insbesondere die folgenden Abschnitte der praktischen Anweisungen zu beachten:

Abmessen von Flüssigkeiten S. 15 − Reinigen der Geräte S. 40 − Menge und Konzentration S. 45

Salzsäure ist als starke Säure zur Titration aller Basen verwendbar. Eine Verflüchtigung von HCl aus 0,1 n Lösung, z. B. beim Verkochen von CO_2, ist nicht zu befürchten, wenn das verdampfende Wasser ersetzt wird.

Man stellt zunächst ungefähr 1 200 ml einer etwas stärker als 0,1 n Lösung her. Zu diesem Zweck mißt man 10,5 ml reine konz. Salzsäure der Dichte 1,18 − 1,19 (11,5 − 12 n)[2] mit einer Säuremeßpipette (vgl. S. 17) oder in einem kleinen Meßzylinder ab, gibt sie zu 1 200 ml destilliertem Wasser, die sich in einer 1,5 l-Standflasche befinden und mischt gut durch. Die Normalität der Salzsäure ermittelt man durch Titrieren mit einer Sodalösung, deren Gehalt durch Einwiegen genau bekannt ist.

---

[1] Da es hier darauf ankommt, daß die Lösung selbständig hergestellt wird, empfiehlt es sich, Salzsäure von vorgeschriebener, von Fall zu Fall wechselnder Normalität (etwa zwischen 0,10 und 0,12) anfertigen und vom Assistenten nachprüfen zu lassen.
[2] Vgl. die Rechentafeln von Küster-Thiel.

Dazu wiegt man 1,4 g analysenreine, wasserfreie Soda in ein Wägegläschen roh ein und erhitzt bei schräg aufgelegtem Deckel 1 Std. lang im Aluminiumblock auf 270 – 300 °C unter gelegentlichem Umrühren mit einem Platindraht. Dabei entweicht H_2O, und etwa vorhandenes $NaHCO_3$ geht in Na_2CO_3 über, ohne daß bereits durch Umsetzung mit Wasser NaOH entsteht. Man verschließt das noch heiße Wägegläschen, stellt es im Exsiccator 1 Std. ins Wägezimmer, hebt kurz den Deckel, um den Druckausgleich herbeizuführen und wiegt genau unter Beachtung aller auf S. 9 – 14 gegebenen Hinweise. Man erhitzt nochmals 30 min und prüft auf Gewichtskonstanz.

Inzwischen hat man einen 250 ml-Meßkolben bereitgestellt, in dessen Hals ein trockener Trichter mit weitem Rohr eingesetzt ist. Man schüttet nun ziemlich den ganzen – hygroskopischen – Inhalt des Wägeglases rasch, aber vorsichtig in den Trichter, indem man das Wägeglas über dem Trichter öffnet und nach Entleeren sogleich wieder schließt. Etwa am Rand noch haftende Teilchen werden mit einem kleinen Pinsel entfernt. Das Wägegläschen stellt man zum Temperaturausgleich wieder 5 – 10 min in den Exsiccator und wiegt dann zurück. Nachdem das Salz im Trichter vorsichtig in den Kolben hineingespült und der Trichter auch außen abgespritzt und entfernt ist, wird die Soda unter Umschwenken gelöst; dann wird bis zur Marke aufgefüllt, gründlich durchgemischt und die Temperatur der Lösung gemessen.

Man pipettiert nun 40 ml der Sodalösung in einen 250 ml-,,Titrierkolben" (Stehkolben mit weitem Hals aus Jenaer oder einem anderen kein Alkalioxid abgebenden Glas), fügt einige Tropfen Methylrotlösung bis zur deutlichen Gelbfärbung hinzu, stellt das Gefäß auf eine weiße Unterlage (Titrierstativ mit weißer Porzellanplatte oder Filtrierpapier; Beleuchtung: Tageslicht oder notfalls Tageslichtlampe) und läßt unter Umschwenken solange Salzsäure aus einer Bürette zufließen, bis die Gelbfärbung gerade in Rosa umschlägt. Die Flüssigkeit wird nun einige Minuten lang gekocht, wobei CO_2 entweicht, so daß der Indikator wieder in Gelb umschlägt. Es empfiehlt sich, dabei einen dünnen Glasstab in die Lösung zu stellen, um das Stoßen zu verhindern. Man nimmt die *siedende* Lösung vom Feuer und gibt *sofort* tropfenweise weitere Salzsäure zu, bis die Farbe wieder in Rot umgeschlagen ist. Durch nochmaliges Kochen überzeugt man sich davon, daß die Rotfärbung nun bestehen bleibt. Die Titration wird noch mindestens zweimal wiederholt. Aus den letzten beiden Bestimmungen, welche höchstens um 0,05 ml (das entspricht etwa einem ,,normalen"

Tropfen) voneinander abweichen dürfen, nimmt man das Mittel. Im allgemeinen ist es empfehlenswerter, von mehreren kleinen Einwagen der Urtitersubstanz auszugehen, da man dann unabhängig von Fehlern der Volumenmessung oder Irrtümern beim Einwiegen ist; bei hygroskopischen Substanzen ist jedoch das oben angewandte Verfahren vorzuziehen.

Der Wirkungswert der Salzsäure ergibt sich aus folgender Überlegung: Es seien 1,357 g Soda eingewogen; 40 ml der auf 250 ml aufgefüllten Sodalösung enthalten daher $\frac{40}{250} \cdot 1357 = 217,1$ mg Na_2CO_3.
Das Molekulargewicht von Na_2CO_3 beträgt 105,96 g für Wägungen in Luft. 217,1 mg Na_2CO_3 stellen somit 2,049 mmol Na_2CO_3 dar, zu deren Neutralisation 4,098 mmol HCl erforderlich sind. Zur Neutralisation der gleichen Menge Soda seien von der selbsthergestellten Säure im Mittel verbraucht worden: 38,26 ml; in diesem Volumen waren also 4,098 mmol HCl enthalten. Die Normalität (und Molarität) ergibt sich daraus zu $N = \frac{4,098}{38,26} = 0,1071$ mmol/l oder mol/l der „Faktor" zu 1,071.

Will man die eingestellte Salzsäure *genau* 0,1 n machen, so füllt man einen trockenen 1 l-Meßkolben bis zur Marke mit der Säure und verdünnt sie mit einer zuvor berechneten Menge Wasser aus einer Bürette. Man verwendet hierbei einen Meßkolben, dessen Hals oberhalb der Marke bauchig erweitert ist. Eine 0,1072 n Salzsäure enthält im Liter 0,1072 mol; eine 0,1000 n Säure würde 0,1072 mol in 1 072 ml enthalten; man muß also 72 ml Wasser zusetzen, um die Säure genau 0,1 n zu machen. Fehlergrenze: ±0,2%.

Beim Zusammenbringen von 1 mol Na_2CO_3 mit 2 mol HCl entsteht eine Lösung, die außer NaCl eine entsprechende Menge der instabilen Säure H_2CO_3 ($p_K = 6,5$) enthält und deshalb schwach sauer ($p_H \sim 3,9$) reagiert. Durch kurzes Kochen wird alles CO_2 ausgetrieben, so daß nun mit Methylrot ein äußerst scharfer Umschlag erhalten wird.

Steht keine analysenreine, wasserfreie Soda zur Verfügung, so stellt man ein reines Präparat her, indem man in eine konz. Sodalösung CO_2 einleitet, das ausgeschiedene $NaHCO_3$ absaugt und durch Erhitzen auf 270–300 °C in Na_2CO_3 verwandelt. Bei besonders hohen Anforderungen an die Genauigkeit kann man reinst Soda das sehr rein zu erhaltende, nicht hygroskopische $Na_2C_2O_4$ einwiegen und es durch vorsichtiges Erhitzen in Na_2CO_3 überführen. Auch kristallisierter Borax (vgl. S. 110) ist zur Einstellung der Säure sehr geeignet. Salzsäure von entsprechender Reinheit läßt sich durch gewichtsana-

3 Herstellung einer 0,1 n Natronlauge

Destilliertes Wasser, das im Gleichgewicht mit den 0,03 Volumen-% CO_2 in der Luft steht, reagiert schwach sauer und zeigt ein p_H von 5,7; meist enthält aber destilliertes Wasser sehr viel mehr CO_2 (Hydrogencarbonatgehalt des Leitungswassers!). Man verwendet hier und bei den weiteren Aufgaben der Neutralisationsanalyse am besten ausgekochtes Wasser, jedenfalls *nicht* das meist stark CO_2-haltige Wasser der Spritzflasche (Atemluft!).

Man bereitet sich CO_2-freies Wasser, indem man einen 1,5 l-Erlenmeyer- oder Stehkolben nahezu ganz mit destilliertem Wasser füllt, dieses 10 – 20 min mit einem passenden Schälchen bedeckt kochen läßt und dann abkühlt. Nun wiegt man etwa 6 g Ätznatron (zur Analyse, in Plätzchenform) rasch auf einer gewöhnlichen Waage ab, spült es zur Beseitigung einer äußeren Carbonatschicht schnell mit Wasser ab, wirft es in eine Polyethylenflasche, die etwa 1 200 ml ausgekochtes Wasser enthält, verschließt und mischt gründlich durch. Sobald sich die Lösung auf Zimmertemperatur abgekühlt hat, entnimmt man ihr für die einzelnen Titrationen je 25 ml und titriert mit 0,1 n Salzsäure genau wie bei der Einstellung der Salzsäure mit Sodalösung.

Die Vorratsflasche ist stets rasch wieder zu verschließen. Um die Lauge auf Carbonat zu prüfen, füllt man ein Reagensglas damit bis 2 cm unterhalb des Randes, gibt rasch 1 ml verdünnte $BaCl_2$-Lösung zu, verschließt mit einem Gummistopfen und schüttelt um. Die Einstellung der Lauge kann auch unabhängig von der Salzsäure mit einer Urtitersubstanz erfolgen. Besonders geeignet sind Kaliumhydrogenphthalat, $C_6H_4(COOH)COOK$ und Oxalsäure-2-Hydrat $(COOH)_2 \cdot 2H_2O$. Um das 2-Hydrat der Oxalsäure völlig frei von Einschlüssen der Mutterlauge herzustellen, entzieht man kristallisierter Oxalsäure das Kristallwasser im Exsiccator zunächst vollständig und verwandelt das zu einem feinen Pulver zerfallene Produkt wieder in das 2-Hydrat zurück, indem man es über $NaBr \cdot 2H_2O$ aufbewahrt. Die genannten beiden Urtitersubstanzen werden bis zum Umschlag von Phenolphthalein mit der einzustellenden Lauge titriert; ein Carbonatgehalt der Lauge bedingt hierbei einen gewissen Fehler.

In vielen Fällen ist zu genauen Bestimmungen eine carbonatfreie Lauge erforderlich. Zur Herstellung einer solchen geht man am besten von einer etwa

50%igen Natronlauge aus, in der Na_2CO_3 unlöslich ist. Eine völlig carbonatfreie, jedoch nicht immer verwendbare Lauge erhält man durch Auflösen von Bariumhydroxid, $Ba(OH)_2 \cdot 8H_2O$, oder man setzt carbonathaltiger Lauge eine eben ausreichende Menge $BaCl_2$-Lösung zu und hebert ab. Bei der Bereitung, Aufbewahrung und Anwendung einer carbonatfreien Lauge ist es erforderlich, das Kohlendioxid der Atmosphäre durch Natronkalkröhren und mit Hilfe eines CO_2-freien Luftstroms fernzuhalten. Zur Aufbewahrung kann die in Abb. 35 (S. 148) wiedergegebene oder eine andere geeignete Vorrichtung dienen. Anstelle des Kippschen Apparats für CO_2 schließt man ein Gummiballgebläse mit Natronkalkrohr an. Da Hähne und Schliffe in Berührung mit stark alkalischen Lösungen bald festbacken, benutzt man vorteilhaft einen Teflonhahn. Die Vorratsflasche besteht am besten aus Polyethylen.

4 Bestimmung des Gehalts von konz. Essigsäure

3−4 ml konz. Essigsäure oder Eisessig werden in einem gut verschlossenen Wägeglas abgewogen. Man verdünnt die Säure im Wägeglas soweit wie möglich mit ausgekochtem Wasser, spült sie dann quantitativ in einen 500 ml-Meßkolben und füllt bis zur Marke auf.

Je 25 ml der Lösung werden mit möglichst CO_2-freier 0,1 n Natronlauge titriert, wobei man der Reihe nach die folgenden Indikatoren benutzt: 1. Methylorange, 2. Methylrot, 3. Bromthymolblau, 4. Phenolphthalein. Man achte besonders auf die Schärfe des Umschlags und erkläre die Ergebnisse an Hand der Neutralisationskurve der Essigsäure (Abb. 28, S. 103). Man berechne ferner, um wieviel Prozent der Umschlag im Vergleich zu Phenolphthalein zu früh erfolgt („Titrierfehler"). Eine genaue Titration der Essigsäure ist nur mit CO_2-freier Lauge unter CO_2-Ausschluß möglich. Aus dem mit Phenolphthalein gefundenen Verbrauch berechnet man den Gehalt der konz. Säure an CH_3COOH in Gewichtsprozent. 1 ml 0,1 n NaOH-Lösung z 0,1 mmol NaOH z 0,1 mmol CH_3COOH = 6,003 mg CH_3COOH.

Eine sehr viel schwächere Säure als Essigsäure ist die Borsäure H_3BO_3 bzw. $B(OH)_3$ (p_K = 9,24), die nicht als Brönsted-Säure (vgl. S. 101) wirkt, sondern in wäßriger Lösung gemäß

$$B(OH)_3 + HOH \rightleftharpoons B(OH)_4^- + H^+$$

reagiert, da das Bohr das Bestreben hat, vier nächste Nachbarn an sich zu binden (über die Hintergründe dieser Eigenschaft informiere man sich in einem

Lehrbuch). Die Borsäure ist so schwach, daß es nicht gelingt, sie mit Lauge hinreichend genau zu titrieren. Sie läßt sich jedoch in eine stärkere einbasige Säure von etwa der Stärke der Essigsäure überführen, wenn man der Lösung mehrwertige Alkohole wie Mannit zusetzt. Die OH-Gruppen der Borsäure werden hierbei verestert, dadurch wird das obige Gleichgewicht nach rechts verschoben:

$$\begin{array}{c} >C-O \\ | \\ >C-O \end{array} \overset{\ominus}{B} \begin{array}{c} O-C< \\ | \\ O-C< \end{array}$$

Wenn nötig, wird die Borsäure zuvor mit einem Ionenaustauscher oder auch durch Abdestillieren als Borsäuretrimethylester $B(OCH_3)_3$ von störenden Elementen wie Eisen und Aluminium getrennt.

Außer Mannit sind z. B. auch noch Dulcit und Sorbit für die Veresterung geeignet. Es ist einleuchtend, daß der eingesetzte Alkohol selbst neutral reagieren muß; Glycerin kann daher nur dann genommen werden, wenn man es vorher gegen Phenolphthalein neutralisiert hat. Glykol ist ungeeignet, da es mit Borsäure nicht reagiert[1].

Zu den mit NaOH titrierbaren Säuren gehört auch die Molybdänsäure, deren Anhydrid den hauptsächlichsten Bestandteil des Ammoniummolybdatophosphats $(NH_4)_3PO_4 \cdot 12\,MoO_3$ darstellt. Die Menge dieser schwerlöslichen Verbindung kann daher auch durch Titrieren des Niederschlags mit NaOH und Phenolphthalein ermittelt werden; man arbeitet hierbei mit einem empirischen, durch eine Probeanalyse festzustellenden Faktor.

Ähnlich wie schwache Säuren können die reinen Lösungen schwacher Basen titriert werden. Wie aus der Neutralisationskurve von Ammoniak hervorgeht (vgl. Abb. 29, S. 103), ist hierbei Methylrot als Indikator geeignet.

5 Alkalimetallbestimmung im Borax

Man wiegt etwa 5 g des grob pulverisierten Materials, wie auf S. 106 beschrieben, in einen 250 ml-Meßkolben ein, löst es durch Zugeben von ausgekochtem Wasser und füllt bis zur Marke auf. 25 ml der gründlich durchgemischten Lösung werden mit 0,1 n Salzsäure nach Zusatz des Mischindikators Bromkresolgrün-Methylrot (S. 100) bis zum Umschlag titriert. Auch Methylrot ist geeignet, wenn man eine

---

[1] Diese Veresterungsreaktion hatte eine gewisse Bedeutung bei der Konfigurationsermittlung mehrwertiger Alkohole, vgl. hierzu z. B. Holleman, A. F. u. F. Richter: Lehrbuch der organischen Chemie, S. 391. Berlin: de Gruyter 1961.

5 Alkalimetallbestimmung im Borax

Vergleichslösung benutzt, die NaCl, H_3BO_3 und Methylrot in etwa der gleichen Konzentration enthält. Der beim Titrieren erreichte Farbton muß beim Aufkochen der Lösung (CO_2!) bestehen bleiben. Wenn man voraussetzt, daß Alkalimetall und Borsäure in dem der Formel entsprechenden Verhältnis vorhanden sind, entspricht 1 ml 0,1 n Salzsäure 0,05 mmol $Na_2B_4O_7$ = 10,061 mg $Na_2B_4O_7$. Anzugeben: Prozent $Na_2B_4O_7$.

Die zu untersuchende Substanz, die aus teilweise verwittertem Borax besteht, ist gut verschlossen aufzubewahren, damit sie ihren Wassergehalt nicht ändert. Man berechne, wieviel Prozent $Na_2B_4O_7$ theoretisch im kristallisierten Borax, $Na_2B_4O_7 \cdot 10\,H_2O$ enthalten sind.

Bei der Titration setzt sich die alkalisch reagierende Boraxlösung in folgender Weise um:

$$Na_2B_4O_7 + 2\,HCl + 5\,H_2O \rightarrow 2\,NaCl + 4\,H_3BO_3.$$

Die zunächst in Freiheit gesetzte, sehr schwache Tetraborsäure $H_2B_4O_7$ geht in wäßriger Lösung rasch unter der Aufnahme von Wasser in die ebenso schwache Orthoborsäure H_3BO_3 (p_K = 9,24) über. Das p_H einer 1 m Borsäurelösung wäre entsprechend S. 98 $p_K/2$ = 4,6, so daß sich für die im Äquivalenzpunkt vorliegende, etwa 0,2 m Borsäurelösung ein p_H von etwa 5,0 ergibt. Die Titration ist daher beendet, sobald, am Farbumschlag eines geeigneten Indikators erkennbar, p_H = 5,0 unterschritten wird. In derselben Weise können die Anionen in Alkalisalzen anderer sehr schwacher Säuren, z. B. von HCN (p_K = 9,14) durch HCl *verdrängt* werden (Verdrängungstitration). In nichtwäßrigen Lösungsmitteln lassen sich viele Verdrängungstitrationen durchführen, die in wäßriger Lösung nicht gelingen.

Die Alkalisalze der etwas stärkeren Kohlensäure (p_K = 6,5) Na_2CO_3 und $NaHCO_3$ ergeben mit der äquivalenten Menge Salzsäure versetzt eine stärker sauer reagierende Lösung ($p_H \approx 3,9$). Falls man CO_2 nicht durch Verkochen entfernen will, ist überschüssige Salzsäure nur zu erkennen, wenn man einen Indikator wie Dimethylgelb verwendet, der erst unterhalb p_H = 4 umzuschlagen beginnt. Hierbei ist jedoch mit einem merklichen, durch einen Blindversuch feststellbaren Titrierfehler zu rechnen, wenn über die erste Farbänderung hinaus oder bei zu großer Verdünnung titriert wird.

Essigsäure ist bereits eine so starke Säure (p_K = 4,7), daß beim Titrieren von Natriumacetat mit Salzsäure nur in 1 n Lösung brauchbare Werte erhalten werden; hierbei ist ein Indikator zu verwenden, der umschlägt, sobald die Wasserstoffionen-Konzentration größer wird, als es 1 n Essigsäure entspricht.

6 Bestimmung von Ammoniak in Ammoniumsalzen nach der Formaldehydmethode

50 ml der Lösung, die 2−4 mmol Ammoniumsalz enthalten, werden nach Zugabe von möglichst wenig Mischindikator 9 (S. 100) auf die Umschlagsfarbe eingestellt und mit 15 ml gegen Phenolphthalein neutralisierter, etwa 35%iger Formaldehydlösung versetzt. Anschließend gibt man 2 Tropfen Phenolphthaleinlösung zu und titriert mit 0,1 n Natronlauge bis zur bleibenden blaßroten Färbung.

Das hier über die Titration von Alkalisalzen schwacher Säuren Gesagte gilt sinngemäß auch für die Umsetzung der Chloride (Sulfate, Nitrate) schwacher Basen mit Laugen. NH_4Cl kann mit Lauge nur in konzenrierter Lösung einigermaßen genau titriert werden. Bei Gegenwart von viel überschüssigem Formaldehyd ist jedoch die Titration mit Natronlauge und Phenolphthalein durchführbar; das frei werdende NH_3 setzt sich hierbei rasch zu der äußerst schwachen Base Hexamethylentetramin (Urotropin) um:

$$4 NH_4^+ + 6 HCHO \rightleftharpoons (CH_2)_6N_4 + 6 H_2O + 4 H^+.$$

Ein Salz einer sehr schwachen Base ist das Benzidiniumsulfat $(C_6H_4)_2(NH_2)_2 \cdot H_2SO_4$; es zeichnet sich durch geringe Löslichkeit aus, so daß Sulfationen durch Zugeben der Base Benzidin gefällt werden können. Das in einem Filter gesammelte und ausgewaschene Salz wird in Wasser aufgeschlämmt und dann mit NaOH-Lösung bis zum Umschlag von Phenolphthalein titriert.

Benzidin ist 4,4'-Diamino-biphenyl:

H_2N—⟨○⟩—⟨○⟩—NH_2

Da die Aminogruppen in diesem Molekül schwach basische Eigenschaften aufweisen, kann es Protonen binden und Salze bilden.

7 Stufenweise Titration der Phosphorsäure

1. Von der gegebenen, mit ausgekochtem Wasser auf 100 ml aufgefüllten Lösung werden 20 ml mit Methylorange auf den Farbton einer Vergleichslösung titriert, die aus 0,05 m NaH_2PO_4-Lösung mit der gleichen Menge Indikator hergestellt wird.

Der erste Äquivalenzpunkt der Phosphorsäure (vgl. S. 104), welcher der Zusammensetzung NaH_2PO_4 entspricht, liegt bei $p_H = 4,4$, so daß Methylorange als Indikator geeignet ist. Hierbei reagiert von einem Molekül H_3PO_4 nur ein Wasserstoffion; 1 ml 0,1 n NaOH-Lösung z $^1/_{10}$ mmol NaOH z $^1/_{10}$ mmol H_3PO_4 = 9,7995 mg H_3PO_4. Anzugeben: H_3PO_4 in 20 ml der aufgefüllten Lösung.

2. Weitere 20 ml der Lösung titriert man mit Thymolphthalein bis zur beginnenden Blaufärbung, oder aber man titriert, nachdem mit Methylorange der erste Äquivalenzpunkt erreicht ist, nach Zusatz von Thymolphthalein weiter, bis die Farbe in Grün umzuschlagen beginnt.

Zur Erfassung des zweiten, bei p_H = 9,6 liegenden Äquivalenzpunktes eignet sich am besten Thymolphthalein. Wenn man den Gesamtverbrauch an Lauge betrachtet, entsprechen jetzt 2 ml 0,1 n Lauge 9,7995 mg H_3PO_4. Falls die verwendete Lauge etwas Carbonat enthält, wird man zum Erreichen des zweiten Äquivalenzpunktes etwas zuviel davon verbrauchen. Anzugeben: H_3PO_4 in 20 ml Lösung.

In stark NaCl-haltiger Lösung ist $NaHPO_4$ weniger stark hydrolytisch gespalten und zeigt ein p_H von etwa 8,5. Wenn man daher der Lösung 10−15% NaCl zusetzt, kann man auch mit Phenolphthalein bis zur beginnenden Rotfärbung titrieren.

Der Äquivalenzpunkt läßt sich jedoch potentiometrisch, z. B. mit einer Glaselektrode, weit schärfer erfassen als mit Hilfe von Indikatoren, so daß auch ziemlich verdünnte Lösungen noch mit befriedigender Genauigkeit titriert werden können. Die potentiometrische Endpunktsanzeige ist daher besonders nach der Abtrennung von Kationen durch Ionenaustauscher zu empfehlen; das zeitraubende Eindampfen wird dadurch entbehrlich.

8 Bestimmung von Phosphat durch Ionenaustausch

Vor Durchführung der folgenden beiden Bestimmungen informiere man sich unbedingt auf S. 179 ff. über Aufbau und Wirkungsweise eines Ionenaustauschers.

1. Bestimmung durch Kationenaustausch. Zunächst wird der Kationenaustauscher wie auf S. 180 beschrieben in seine saure Form überführt. Man verwendet hierzu etwa 150 ml 5 n Salzsäure, die Tropfgeschwindigkeit sollte 5−6 ml pro min betragen (ca. 1 Tropfen pro Sekunde). Die in einem 250 ml-Meßkolben ausgegebene Analysenlösung enthält Dinatriumhydrogenphosphat unbekannter Konzentration, das durch den Ionenaustauscher in Phosphorsäure überführt wird:

$$2[R_\infty SO_3]H + Na_2HPO_4 \rightarrow 2[R_\infty SO_3]Na + H_3PO_4$$

(zur Beziehungsweise s. S. 179 ff.).

50 ml der Analysenlösung werden auf die vorbereitete Ionenaustauschersäule pipettiert, eventuell an der Innenwand anhaftende Lösungsanteile mit wenig VE-Wasser abgespült. Man läßt nun die Probe wieder mit einer Tropfgeschwindigkeit von einem Tropfen pro Sekunde durch die Säule fließen. Wenn der Flüssigkeitsspiegel bis zur Harzoberfläche abgesunken ist, wäscht man durch portionsweise Zugabe von 200 ml VE-Wasser so lange nach, bis das Eluat neutral reagiert (Prüfung mit Indikatorpapier). Die erhaltene Phosphorsäurelösung wird mit 2 – 3 Tropfen Thymolphthalein versetzt (0,1 %ige ethanolische Lösung) und mit 0,1 n NaOH bis zur beginnenden Blaufärbung titriert. Wie im vorigen Kapitel ausgeführt, kann man bei Zugabe von NaCl (10 – 15 %) auch gegen Phenolphthalein titrieren.

2. Bestimmung durch Anionenaustausch. Anionenaustauscher in der OH$^-$-Form tauschen ihre Hydroxylionen gegen Hydrogenphosphationen aus:

$$2[R_\infty NR_3]OH + Na_2HPO_4 \rightarrow [R_\infty NR_3]_2HPO_4 + 2NaOH$$

Man bestimmt die entstandene Alkalilauge.

An allgemeinen Zusammenhängen ist das im vorigen Kapitel und auf S. 179 ff. Gesagte zu beachten. Zur Überführung des Austauschers in seine basische Form dient 1 l 2 n NaOH; erst nach 15 – 20 Bestimmungen muß erneut regeneriert werden.

Die erhaltene Analysenlösung enthält meist 0,1 – 1 mmol Na_2HPO_4, entsprechend 9,8 – 98,0 mg H_3PO_4. Sie wird auf die Säule pipettiert, an der Innenwand anhaftende Reste werden mit VE-Wasser nachgespült. Portionsweise wird dann mit 200 ml Wasser nachgewaschen. Wenn das Eluat neutral reagiert, wäscht man nochmals mit 30 – 50 ml Wasser nach, versetzt die Lösung mit 2 bis 3 Tropfen Methylrot und titriert mit 0,1 n HCl.

1 ml 0,1 n HCl entspricht 4,9 mg H_3PO_4.

9 Bestimmung von Na$^+$ in Natriumcarbonat

Von der erhaltenen Sodalösung werden 25 ml in einen Weithals-Erlenmeyerkolben pipettiert und mit 0,1 n HCl gegen Methylrot titriert, das am Äquivalenzpunkt seine Farbe von gelb nach orangerot ändert.

Gemäß

$$Na_2CO_3 + 2\,HCl \rightarrow 2\,NaCl + H_2CO_3$$
$$\swarrow \quad \searrow$$
$$H_2O + CO_2\uparrow$$

entsteht zunächst Kohlensäure, die in Kohlendioxid und Wasser zerfällt. Nachdem der Umschlagspunkt erreicht ist, kocht man kurz auf, wobei CO_2 entweicht und der Indikator daher wieder nach gelb umschlägt. Man läßt die Lösung bis zur Abkühlung stehen und titriert dann weiter bis zum erneuten Farbumschlag nach orangerot, hierzu genügen wenige Tropfen der Maßlösung. Nun wird wieder kurz aufgekocht; es muß so lange weitertitriert werden, wie sich die gelbe Farbe noch zurückbildet.

Angabe: mg Na^+ in 25 ml Lösung.

10 Bestimmung von Hydrogencarbonat neben Carbonat

Man wiegt 1,5 – 2 g des gegebenen Alkalisalzgemisches[1] in einen 250 ml-Meßkolben ein, füllt mit ausgekochtem Wasser bis zur Marke auf und schüttelt gründlich durch.

1. Zur Bestimmung des Gesamtalkalimetallgehaltes werden 25 ml der Lösung, ohne sie zu verdünnen, mit 0,1 n Salzsäure und Dimethylgelb (oder auch Methylorange) titriert, bis der Indikator eben nach Rot umzuschlagen beginnt (vgl. S. 100).

2. Weitere 25 ml der Lösung werden mit genau 25 ml 0,1 n NaOH-Lösung, darauf mit 10 ml einer 10%igen $BaCl_2$-Lösung und 2 – 3 Tropfen Phenolphthalein versetzt und etwa 5 min mit einem Uhrglas bedeckt stehengelassen. Die überschüssige, zur Neutralisation des Hydrogencarbonats nicht verbrauchte Lauge wird dann zurücktitriert, indem man 0,1 n Salzsäure langsam unter Umschütteln zufließen läßt, bis die Aufschlämmung eine rein weiße Farbe zeigt. Da die hier verwendete Lauge kleine Mengen von Carbonat enthalten kann, empfiehlt es sich, ihren Wirkungswert gesondert

---

[1] Das Gemisch der *trockenen* Alkalisalze ist unverändert haltbar.

festzustellen, indem man 25 ml davon nach Zusatz der gleichen Menge BaCl$_2$-Lösung und Phenolphthalein mit 0,1 n Salzsäure titriert.

Na$_2$CO$_3$ reagiert mit Laugen nicht; NaHCO$_3$ verbraucht dagegen als primäres Carbonat 1 mol NaOH entsprechend der Gleichung:

$$NaHCO_3 + NaOH \rightarrow Na_2CO_3 + H_2O.$$

Der Verbrauch an Lauge wird ermittelt, indem man von der im Überschuß zugesetzten 0,1 n Natronlauge das beim Zurücktitrieren nach 2. verbrauchte Volumen 0,1 n Salzsäure abzieht. 1 ml *verbrauchter* 0,1 n Lauge z 0,1 mmol NaOH entspricht nach der obigen Gleichung 0,1 mmol NaHCO$_3$ = 8,4007 mg NaHCO$_3$.

Bei der Bestimmung des Gesamtalkalimetallgehaltes nach 1. ist entsprechend der Gleichung:

$$NaHCO_3 + HCl \rightarrow NaCl + H_2CO_3$$

für 1 mol NaHCO$_3$ 1 mol HCl erforderlich. Man verbraucht also für das Hydrogencarbonat *hier* ebensoviel an Säure wie vorhin bei 2. an Lauge. Wenn man daher von dem zur Gesamtalkalimetallbestimmung verbrauchten Volumen 0,1 n Säure das Volumen der bei 2. verbrauchten 0,1 n Lauge abzieht, hat man die Säuremenge gefunden, welche *allein* zur Neutralisation von Na$_2$CO$_3$ verbraucht worden ist. Nach der Gleichung:

$$Na_2CO_3 + 2HCl \rightarrow 2NaCl + H_2CO_3$$

ist 1 mol HCl z $^1/_2$ mol Na$_2$CO$_3$; daher 1 ml 0,1 n HCl z $^1/_{10}$ mmol HCl z 0,05 mmol Na$_2$CO$_3$ = 5,2994 mg Na$_2$CO$_3$. Man gibt den Gehalt der Substanz an NaHCO$_3$ und Na$_2$CO$_3$ in Gewichtsprozent an.

Um die bei 2. zur Neutralisation des Hydrogencarbonats verbrauchte Menge NaOH zu ermitteln, muß NaOH bei Gegenwart von Na$_2$CO$_3$ bestimmt werden. Die unmittelbare Titration von NaOH gelingt hier kaum; Na$_2$CO$_3$ reagiert nämlich selbst so stark alkalisch ($p_H \sim 11,7$), daß beim Titrieren mit Säure die beendete Neutralisation von NaOH nicht durch einen Sprung in der Neutralisationskurve angezeigt wird. Auch bei der Zusammensetzung NaHCO$_3$ tritt nur ein sehr schwach ausgeprägter Sprung auf. Die Bestimmung von NaOH gelingt aber leicht, wenn durch Zusatz von BaCl$_2$ alles Carbonat als BaCO$_3$ ausgefällt und damit der Einwirkung der Säure beim Titrieren entzogen wird. BaCO$_3$ ist zwar wie Na$_2$CO$_3$ als Salz der schwachen Kohlensäure mit einer starken Base hydrolytisch gespalten. Die Löslichkeit von BaCO$_3$ ist aber, besonders bei Gegenwart von überschüssigen Ba^{2+}-Ionen, so gering, daß eine entsprechende BaCO$_3$-Aufschlämmung ein p_H von nur 8 zeigt. Nach beendeter Neutralisation von NaOH wird daher mit Phenolphthalein ein scharfer Umschlag erhalten.

Die schwerlöslichen Erdalkalicarbonate lassen sich wegen ihrer langsamen Umsetzung nicht wie Na_2CO_3 unmittelbar mit Säure titrieren. Man löst sie daher in einem bekannten Überschuß von Säure, verkocht das CO_2 und titriert die überschüssige Säure mit Lauge und Dimethylgelb zurück. Erdalkalimetalle oder Magnesium in Salzen wie $CaCl_2$ oder $MgSO_4$ können durch einen Überschuß von NaOH und Na_2CO_3 ausgefällt werden; im Filtrat wird dann das zur Fällung nicht verbrauchte NaOH + Na_2CO_3 zurücktitriert. Bestimmungen dieser Art sind nicht sonderlich genau, aber für die Wasseruntersuchung wichtig.

Die 1. Dissoziationskonstante der Kohlensäure $10^{-6,5}$ ist unter der Voraussetzung berechnet, daß alles in Wasser gelöste CO_2 als H_2CO_3 vorliegt. Es hat sich aber gezeigt, daß die Konzentration von H_2CO_3 in Wirklichkeit weniger als 1% der insgesamt gelösten CO_2-Menge ausmacht. Die Kohlensäure ist also eine stärkere Säure, als es nach dem Wert der Konstanten scheint; ähnliches gilt auch für SO_2 und NH_3.

Während H_2CO_3 mit NaOH sofort reagiert, braucht der Übergang von CO_2 in H_2CO_3 Zeit. Die verbrauchte H_2CO_3 wird nur *langsam* nachgebildet, wie der folgende einfache Versuch zeigt:

Man füllt ein Titrierkölbchen zur Hälfte mit Eisstückchen, gibt dest. Wasser, 80 mg $NaHCO_3$ sowie Bromthymolblau als Indikator hinzu und schließlich 10 ml 0,1 n Salzsäure. Versetzt man nun rasch unter Umschwenken wiederholt mit 1–2 ml 0,1 n NaOH-Lösung, so geht die Blaufärbung jeweils erst nach etwa 40 sec wieder in Gelb über.

11 Bestimmung von Stickstoff in Nitraten

Die in Abb. 31 dargestellte Apparatur besteht aus einem durch einen Baboschen Siedetrichter unterstützten 500 ml-Rundkolben, auf welchem man mittels eines dicht schließenden, durchbohrten Gummistopfens oder eines entspechenden Schliffs einen mit dem Kühler verbundenen Aufsatz befestigt, der verhüten soll, daß bei der Destillation Tröpfchen der Flüssigkeit vom Dampfstrom in den Kühler und die Vorlage mitgerissen werden. Ein zweiter Gummistopfen verbindet das Ende des Kühlrohrs mit einer geeigneten Vorlage, die ein Zurücksteigen des Destillats verhindert. In die Vorlage gibt man genau 50 ml 0,1 n Salzsäure, einige Tropfen Mischindikator 9 (S. 100) (oder Methylrot) und soviel Wasser, daß die Öffnung eben abgeschlossen ist.

Nachdem das Gerät aufgebaut ist, läßt man die neutrale Lösung (entsprechend 0,3–0,4 g KNO_3) in den Rundkolben fließen. Man versetzt mit 250 ml ausgekochtem Wasser, 10 ml einer Lösung, die

III. Maßanalytische Neutralisationsverfahren

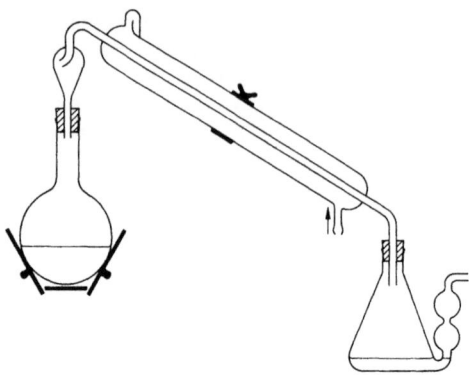

Abb. 31. Apparat zur Ammoniakdestillation

20% $MgCl_2 \cdot 6 H_2O$ und 1% $MgSO_4 \cdot 7 H_2O$ enthält, sowie mit 5 g *sehr fein* gepulverter Arndscher Legierung und destilliert nun langsam, bis im Laufe einer Stunde etwa zwei Drittel der Flüssigkeit übergegangen sind. Nach Beendigung der Destillation entfernt man die Vorlage, spült deren Wandungen sowie den absteigenden Teil des Kühlrohrs samt Stopfen mit wenig Wasser ab und titriert die überschüssige Säure mit 0,1 n NaOH-Lösung bis zum Umschlag nach *Farblos* (oder Gelb); beim folgenden Tropfen muß der Mischindikator nach Grün umschlagen. Anzugeben: mg N. 1 ml verbrauchte 0,1 n Salzsäure z $^1/_{10}$ mmol HCl z $^1/_{10}$ mmol NH_3 z $^1/_{10}$ mmol N = 1,4007 mg N.

Um die freie Salzsäure in der Vorlage bei Anwesenheit von NH_4Cl zurückzutitrieren, darf man, wie Abb. 29 (S. 103) zu entnehmen ist, nur bis zum Äquivalenzpunkt des NH_4Cl gehen ($p_H \sim 5{,}5$).

Nitrat wird quantitativ zu Ammoniak reduziert, wenn man nascierenden Wasserstoff darauf einwirken läßt, wie er z. B. aus Zink oder Aluminium (Devardascher Legierung, 50% Cu, 45% Al, 5% Zn) und Natronlauge entsteht. Dabei ist nicht zu vermeiden, daß feine Sprühnebel der stark alkalischen Lösung entstehen, die dann beim Überdestillieren des Ammoniaks in die Vorlage gelangen. Von daher rührenden Fehlern ist das von Arnd angegebene Verfahren frei, das die Reduktion mit Hilfe einer leicht pulverisierbaren Magnesiumlegierung (40% Mg, 60% Cu) bei anfänglich ganz schwach saurer Reaktion der Lösung vornimmt. Beim Auflösen der Legierung stellt sich infolge der Anwesenheit von $MgCl_2$ eine Wasserstoffionen-Konzentration ein ($p_H > 7{,}4$), bei der die Reduktion durch das unedle Metall glatt vonstatten geht und zugleich ein ausreichender Anteil des gebildeten Ammoniaks als flüchtige freie Base vorliegt (vgl. Abb. 26, S. 98). Die Verflüchtigung von NH$_3$ beginnt bereits bei $p_H = 6$.

12 Stickstoff nach Kjeldahl

Ammoniak in Ammoniumsalzen kann durch Zusatz einer starken Base in Freiheit gesetzt und leicht durch Destillation mit Hilfe der oben benutzten Apparatur (Abb. 31) abgetrennt werden; viel kürzer ist jedoch der Zeitaufwand, wenn man durch die konzentrierte alkalische Lösung einen Wasserdampfstrom leitet. Diese Art der Ammoniakdestillation wird häufig angewandt, um Stickstoff in Düngemitteln oder anderen Stoffen zu bestimmen. Stickstoffhaltige organische Substanzen werden zuvor nach Kjeldahl mit konzentrierter Schwefelsäure bei Gegenwart von Quecksilber und Selen als Katalysator erhitzt, bis die organische Substanz zerstört ist und der gesamte Stickstoff als Ammoniumsulfat vorliegt.

Aufschluß organischer Substanzen. Man gibt etwa 0,3 g der fein gepulverten, bis zu 50 mg Stickstoff enthaltenden Substanz – bei geringerem Stickstoffgehalt entsprechend mehr – sowie 0,5 g HgO, 0,06 g SeO$_2$ und einige Stückchen porösen Quarzes[1] in einen 100 ml fassenden, trockenen[2] Kjeldahl-Aufschlußkolben (einen birnenförmigen Kolben mit langem Hals aus schwer schmelzbarem Glas), fügt unter Abspülen der Innenwand 15 ml konzentrierte Schwefelsäure zu, mischt gründlich durch und erhitzt den Kolben in schräger Stellung auf einer durchlochten feuerfesten Platte[3] mit kleiner Flamme. Es sind auch handelsübliche, elektrisch beheizbare Geräte im Einsatz. Der Kolbenhals wird durch einen lose aufgesetzten kegelförmigen Glaskörper verschlossen (Abzug!). Sobald das Schäumen aufgehört hat, erhitzt man vorsichtig stärker, bis die Mischung schwach siedet und der anfänglich schwarze Kolbeninhalt allmählich braun und schließlich farblos wird.

Durch das Aufschlußverfahren nach Kjeldahl wird im allgemeinen nur Aminostickstoff erfaßt; auf Nitroverbindungen, Nitrate, Nitrite, Azoverbindungen und Cyanide ist es nicht ohne weiteres anwendbar.

---

[1] „Quarz porös nach Dennstedt." Die Quarzstückchen werden vor Gebrauch geglüht.
[2] Um gleichmäßiges Sieden zu erreichen, empfiehlt es sich, den gesäuberten Kolben jeweils über Nacht im Trockenschrank zu belassen.
[3] Das Loch muß kleiner als die Flüssigkeitsoberfläche sein.

Aufschluß von Kalkstickstoff. Kalkstickstoff (ein Düngemittel) ist Calciumcyanamid $Ca=N-C\equiv N$, Summenformel $CaCN_2$. Die Verbindung ist in reiner Form farblos, normalerweise jedoch durch Verunreinigungen grau bis schwarz gefärbt.

0,5 g einer guten Durchschnittsprobe des Kalkstickstoffs (hygroskopisch!) wird mit den gleichen Zusätzen wie oben im Kjeldahlkolben mit wenig Wasser gut durchfeuchtet und dann unter Umschwenken mit 30 ml kalter 50%iger Schwefelsäure nötigenfalls unter Kühlung versetzt. Man erwärmt den offenen Kolben etwa 1 Std. mit ganz kleiner Flamme, bis das überschüssige Wasser entfernt ist und bringt dann noch die Flüssigkeit für 30 – 60 min zum schwachen Sieden.

Die hydrolytische Spaltung von Calciumcyanid verläuft unter Bildung von $Ca(OH)_2$ und Cyanamid, welches in Ammoniak und Kohlensäure übergeht:

$$CaNCN + 2H_2O \rightarrow Ca(OH)_2 + H_2NCN$$
$$H_2NCN + 3H_2O \rightarrow 2NH_3 + H_2CO_3.$$

Destillation.[1] Zum Abdestillieren des Ammoniaks dient der in Abb. 32 wiedergegebene Destillationsapparat, der an 2 kräftigen Stahlfedern elastisch aufgehängt ist. Seine einzelnen Teile sind durch Gummistopfen und Schläuche miteinander verbunden.

Den Dampfentwicklungskolben *A* beschickt man mit destilliertem Wasser, einigen Tropfen verdünnter Schwefelsäure und einigen porösen Quarzstückchen. Dann werden die Quetschhähne *2* und *3* geöffnet, und das Wasser in *A* wird mit einem Radialgaskocher — ohne Drahtnetz — zum schwachen Sieden gebracht. Man verdünnt nun den Inhalt des Kjeldahlkölbchens mit 20 ml Wasser, läßt die Flüssigkeit durch den Trichter *3* in den Destillierkolben *C* fließen und spült Kölbchen und Trichter zweimal mit insgesamt 20 – 25 ml Wasser nach. Die Vorlage *D* wird mit 50 ml 0,1 n Salzsäure sowie etwa 10 Tropfen des Indikators 10 (S. 100) beschickt und so aufgestellt, daß das untere Ende des Kühlrohrs in die Flüssigkeit taucht. Man gibt hierauf durch den Trichter *3* etwa 60 ml 30%ige Natronlauge zu, die im Liter 20 g $Na_2S_2O_3 \cdot 5H_2O$ enthält, spült mit 5 bis 10 ml Wasser nach und klemmt wieder ab.

Nun wird die Flamme unter dem Dampfentwickler auf volle Stärke gebracht und Quetschhahn *2* geschlossen, so daß die Destillation be-

---

[1] Die Destillation wird im Beisein des Assistenten vorgenommen.

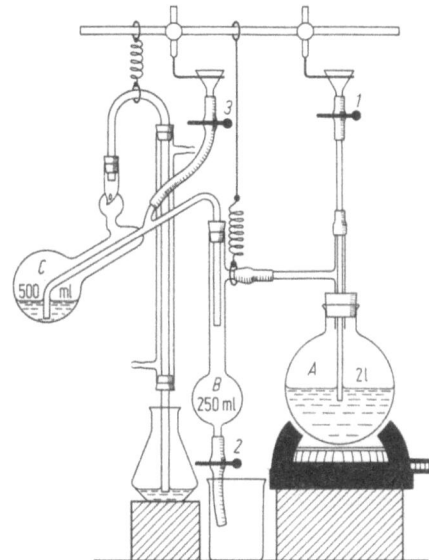

Abb. 32. Ammoniakdestillation mit Wasserdampf

ginnt. Sobald das Flüssigkeitsvolumen in der Vorlage *D* um 80 ml zugenommen hat, senkt man die Vorlage, spritzt das Ende des Kühlrohrs mit wenig Wasser ab und überzeugt sich mit Lackmuspapier davon, daß alles Ammoniak übergetrieben ist. In der Regel ist dies nach viereinhalb min der Fall.

Wenn man nun den Brenner abstellt, wird die Flüssigkeit aus dem Destillierkolben *C* in das Gefäß *B* zurückgesaugt, aus dem sie abgelassen werden kann. Der Apparat ist hiermit zur Aufnahme der nächsten Substanzprobe bereit; es ist überflüssig, ihn irgendwie auszuspülen. Den Inhalt der Vorlage titriert man mit 0,1 n NaOH-Lösung bis zum Umschlag des Indikators. Das Titrationsergebnis kann anschließend nach der Formaldehydmethode (S. 112) kontrolliert werden.

Bei einer weiteren Bestimmung bringt man statt der Salzsäure etwa 50 ml 4%ige Borsäurelösung in die Vorlage. Das überdestillierende NH_3 wird als Ammoniumborat festgehalten und kann nach Zusatz einiger Tropfen Bromkresolgrünlösung unmittelbar mit 0,1 n HCl titriert werden. Empfehlenswert ist die Ausführung einer Blindprobe, ausgehend von z. B. 1 g Zucker; der beobachtete Säureverbrauch ist bei den anderen Bestimmungen abzuziehen. Der gefundene Prozentgehalt an Stickstoff darf bis zu 0,3% vom wirklichen abweichen.

IV. Maßanalytische Fällungs- und Komplexbildungsverfahren

Bei den Fällungsverfahren versetzt man die zu untersuchende Lösung mit einem Volumen Reagenslösung, das genau ausreicht, um den zu bestimmenden Bestandteil auszufällen. Die Konzentrationen – genauer, die Aktivitäten – der an der Fällung beteiligten Ionen sind dabei der im Löslichkeitsprodukt des Niederschlags festgelegten Beziehung unterworfen, wie auf S. 63 ausgeführt. Das Löslichkeitsprodukt entspricht im einfachsten Fall in seiner mathematischen Form genau dem Ionenprodukt des Wassers. Die Konzentration eines auszufällenden Ions ändert sich daher beim Zusetzen von Reagens in der *gleichen* Weise wie die Wasserstoffionen-Konzentration im Verlauf einer Neutralisationskurve. Je kleiner das Löslichkeitsprodukt des Niederschlags ist, desto größer ist im **Äquivalenzpunkt** die sprunghafte Änderung der Konzentration.

Die Beendigung der Fällung kann bisweilen einfach am Ausbleiben eines weiteren Niederschlags erkannt werden. Fügt man zu einer salpetersauren Silberlösung in kleinen Anteilen eine Chloridlösung, so entsteht jedesmal ein Niederschlag von AgCl, der sich beim Schütteln schnell zusammenballt und absetzt. Sobald kein *weiterer* Niederschlag mehr entsteht, ist alles Silber gefällt. Durch genaue Feststellung dieses Punktes kann man bei bekanntem Gehalt der Chloridlösung die Menge des Silbers oder umgekehrt mit Hilfe einer Silberlösung das Chlorid bestimmen.

Dieses klassische, von Gay-Lussac angegebene Verfahren wird dort verwendet, wo es auf äußerste Genauigkeit ankommt, wie bei Atomgewichtsbestimmungen (vgl. S. 65, 66) oder zur Analyse von Silberlegierungen.

Die Feststellung des Äquivalenzpunkts läßt sich hierbei außerordentlich verschärfen, wenn man folgendes berücksichtigt: AgCl löst sich recht merklich in reinem Wasser (vgl. S. 63) wobei der Zusammensetzung des Niederschlags entsprechend $c_{Ag^+} = c_{Cl^-}$ ist. Vergrößert man c_{Ag^+} durch Zugeben von wenig AgNO$_3$, so muß sich c_{Cl^-} gemäß der Forderung des Löslichkeitsprodukts verringern, indem sich festes AgCl bildet. Dies gilt umgekehrt ebenso, falls man ein wenig Chlorid zusetzt. Der Äquivalenzpunkt ist daher mit aller Schärfe daran zu erkennen, daß in zwei Proben der klaren Lösung auf Zusatz von Ag$^+$ oder Cl$^-$ *gleich starke* Trübungen entstehen, die auf nephelometrischem Wege (vgl. S. 217) miteinander verglichen werden können. Noch genauer gelingt die Feststellung des Äquivalenzpunkts durch amperometrische Titration.

1 Herstellung von 0,1 n AgNO$_3$-Lösung

Man trocknet reinstes, gepulvertes Silbernitrat bei 150 °C bis zur Gewichtskonstanz, wiegt davon etwas mehr als 17,0 g in einen 1 l-Meßkolben wie auf S. 106 genau ein, löst das Salz in Wasser und füllt bis zur Marke auf.

Es empfiehlt sich sehr, den Wirkungswert der AgNO$_3$-Lösung mit Hilfe von reinem NaCl nachzuprüfen. Man erhitzt dazu etwa 8 g fein pulverisiertes, analysenreines NaCl in einer zunächst mit einem Uhrglas bedeckten Platinschale bis zur eben erkennbaren Dunkelrotglut; dabei entweicht die in den Kristallen eingeschlossene Mutterlauge unter Zerknistern des Salzes. Man läßt im Exsiccator abkühlen und löst genau 0,1 mol = 5,844 g des Salzes zum Liter. 40 ml dieser Lösung werden nach Zusatz von 5 Tropfen einer 0,2%igen Lösung von Fluorescein in 70%igem Alkohol und von 5 ml 1%iger Gummi arabicum-Lösung bei nicht zu hellem Licht unter dauerndem kräftigem Schütteln mit AgNO$_3$-Lösung titriert, bis sich der weiße AgCl-Niederschlag plötzlich rosa färbt und dadurch die Anwesenheit eines Ag$^+$-Überschusses anzeigt (vgl. unten). Der Faktor der AgNO$_3$-Lösung wird wie auf S. 107 berechnet. Die Einstellung der Lösung kann — ebenso wie die Titration von Cl$^-$, Br$^-$, J$^-$, CN$^-$, SCN$^-$ — mindestens ebenso genau mit potentiometrischer Anzeige des Endpunkts durchgeführt werden. Als Indikatorelektrode verwendet man am einfachsten einen blank geschmirgelten, sauberen Silberdraht.

2 Chlorid nach Mohr

Zu der neutralen Chloridlösung gibt man 1 ml einer 5%igen K$_2$CrO$_4$-Lösung und titriert langsam mit 0,1 n AgNO$_3$-Lösung bis zum eben erkennbaren Auftreten einer rotbraunen Färbung. Die austitrierte Probe wird mit einigen Tropfen der Chloridlösung versetzt und bei der 2. Titration als Vergleichslösung benutzt. 1 ml 0,1 n AgNO$_3$-Lösung entspricht 0,1 mmol Cl$^-$ = 3,545 mg Cl$^-$.

Der Endpunkt wird hier daran erkannt, daß überschüssige Ag$^+$-Ionen Ag$_2$CrO$_4$ bilden, das sich durch intensiv rotbraune Farbe auszeichnet. Ag$_2$CrO$_4$ ist leichter löslich als AgCl und entsteht daher erst, wenn alles Chlorid gefällt ist. Um eine merklich rotbraune Färbung der Flüssigkeit hervorzurufen, ist ein geringer Überschuß an Ag$^+$ von etwa 0,1% erforderlich. Da sich Ag$_2$CrO$_4$ in schwachen Säuren löst, muß die zu titrierende Flüssigkeit neutral oder schwach alkalisch (p$_H$ 7−10) reagieren, eine Bedingung, die bei Anwesenheit von Schwermetallionen oft nicht zu erfüllen ist. Saure Lösungen versetzt man gegebenenfalls mit ein wenig NaHCO$_3$. Der p$_H$-Wert darf jedoch nicht allzusehr im basischen Bereich liegen, da sonst Ag$_2$O ausfällt.

3 Bromid mit Eosin als Adsorptionsindikator

Die Bromid (oder Iodid) enthaltende, neutrale, etwa 50 ml betragende Lösung wird mit einigen Tropfen Essigsäure (1 + 3) und 5 Tropfen einer 0,2%igen Lösung von Eosin in 70%igem Alkohol versetzt. Man titriert bei gedämpftem Licht unter kräftigem Umschütteln mit AgNO$_3$-Lösung, bis sich der Niederschlag beim Überschreiten des Äquivalenzpunkts plötzlich rot färbt.

AgCl adsorbiert in spezifischer Weise Ag$^+$- oder Cl$^-$-Ionen, falls diese in der Lösung vorhanden sind. Beim Versetzen einer Chloridlösung mit Silbernitrat entstehen zunächst kolloide Teilchen von AgCl, die noch im Überschuß vorhandene Cl$^-$-Ionen an ihrer Oberfläche adsorbieren. Sie erlangen damit eine negative elektrische Ladung, welche der gegenseitigen Annäherung der kolloiden Teilchen und damit der Ausflockung entgegenwirkt. Bei Annäherung an den Äquivalenzpunkt wird die adsorbierte Menge an Cl$^-$-Ionen immer geringer, so daß die Ausflockung einsetzt, kurz bevor der Äquivalenzpunkt erreicht wird. Im Äquivalenzpunkt haben alle kolloiden Teilchen ihre Ladung abgegeben, so daß die Lösung völlig klar wird. Beim Titrieren einer reinen Iodidlösung mit Silbernitrat ist dieser „Klarpunkt" so scharf zu erkennen, daß man keines besonderen Indikators bedarf. Sobald ein geringer Überschuß an Ag$^+$-Ionen zugegeben wird, beginnt der ausgeflockte Niederschlag Ag$^+$-Ionen zu adsorbieren. Diese bewirken ihrerseits die Adsorption von Anionen, unter denen die Anionen organischer Farbstoffe den Vorzug erhalten.Die hier als **Adsorptionsindikatoren** verwendeten Farbstoffe zeichnen sich dadurch aus, daß die Farbstoffanionen in *adsorbiertem* Zustand eine andere Farbe aufweisen als in Lösung und so die Erkennung des Äquivalenzpunkts ermöglichen.

Als Adsorptionsindikatoren eignen sich zur Bestimmung von Br$^-$, J$^-$ oder SCN$^-$ Tetrabromfluorescein (Eosin) (bei p$_H$ 2−10), zur Titration von Cl$^-$ Dichlorfluorescein (bei p$_H$ 4−10) oder Fluorescein (bei p$_H$ 7−10). Für die Titration von Cl$^-$ oder Br$^-$ hat sich auch Säureviolett 4 BL bewährt, das in schwach mineralsaurer Lösung verwendbar ist. Von der 2%igen Lösung des Farbstoffs in Wasser setzt man 3 Tropfen, von konz. Salpetersäure 5 Tropfen auf 50 ml Titrierflüssigkeit zu. Der notwendige Überschuß an Ag$^+$-Ionen ist so gering, daß kein merklicher Titrierfehler entsteht. Bei Gegenwart großer Elektrolytmengen wird der Umschlag unscharf.

4 Chlorid nach Volhard

Aus einer schwach salpetersauren Silberlösung, der man ein wenig Fe^{3+}-Ionen zugesetzt hat, fällt mit Rhodanidlösung zunächst unlösliches, weißes AgSCN; beim geringsten Überschuß an Rhodanid entsteht das intensiv rote $Fe(SCN)^{2+}$. Damit bietet sich die Möglichkeit, Chlorid, Bromid oder Iodid in salpetersaurer Lösung zu bestimmen, indem man das Halogen mit einer bekannten Menge AgNO$_3$-Lösung ausfällt und den Überschuß an Ag^+-Ion mit Rhodanidlösung zurücktitriert.

Man bereitet sich eine Rhodanidlösung durch Auflösen von 10 g reinstem Kaliumrhodanid (Kaliumthiocyanat) in 1 l Wasser.

40 ml 0,1 n AgNO$_3$-Lösung werden in einer 250 ml-Stöpselflasche auf etwa 100 ml verdünnt, dann mit etwa 1 ml kaltgesättigter, salpetersaurer Eisen-Ammoniumalaun-Lösung und 2–3 ml halbkonzentrierter, durch Kochen von Stickstoffoxiden befreiter Salpetersäure versetzt, bis die durch Hydrolyse hervorgerufene Braunfärbung nahezu verschwunden ist. Darauf läßt man unter Umschwenken Rhodanidlösung hinzufließen, bis die Lösung plötzlich einen rötlichen Farbton annimmt, der langsam wieder verblaßt, da noch vom Niederschlag adsorbierte und eingeschlossene Ag^+-Ionen in Reaktion treten. Nun wird in einzelnen Tropfen Rhodanidlösung zugesetzt, bis im Endpunkt eine deutliche Rotfärbung auch beim kräftigen Durchschütteln bestehen bleibt. Da der Wirkungswert der AgNO$_3$-Lösung bekannt ist, läßt sich die Normalität der Rhodanidlösung leicht berechnen.

Zur Chloridbestimmung wird die gegebene Lösung (etwa 25 ml) in eine 250 ml-Stöpselflasche gebracht. Man gibt 2–3 ml halbkonz. Salpetersäure hinzu, fällt mit 40 ml 0,1 n AgNO$_3$-Lösung, versetzt darauf mit 1 ml Eisenalaun-Lösung und 1 ml Nitrobenzol, schüttelt das Ganze *kräftig* durch und titriert nun in der oben angegebenen Weise mit 0,1 n Rhodanidlösung zurück.

AgCl ist wesentlich leichter löslich als AgSCN; AgBr und AgI sind schwerer löslich. Titriert man bei Gegenwart eines der Silberhalogenidniederschläge mit Rhodanidlösung zurück, so wird sich ein Überschuß an Rhodanid nicht mit AgBr oder AgI, wohl aber mit AgCl langsam zu dem schwerer löslichen AgSCN umsetzen (gekoppelte Salzlösung und Salzfällung), so daß kein deutlicher **Endpunkt** erhalten wird. Es ist daher unerläßlich, den AgCl-Niederschlag der Umsetzung mit überschüssigem Rhodanid zu *entziehen*. Dies kann dadurch geschehen, daß man den AgCl-Niederschlag abfiltriert, von adsorbierten Ag^+-Ionen durch gründliches Auswaschen mit verdünnter Salpetersäure befreit und die nunmehr quantitativ im Filtrat befindlichen Ag^+-Ionen zurücktitriert. Etwas einfacher ist es, nach dem Fällen von AgCl z. B. auf 100 ml aufzufüllen, die Lösung durch ein *trockenes* Filter zu gießen und 50 ml davon zur Bestimmung des überschüssigen Silbers zu verwenden. Man findet bei diesem Vorgehen etwas zu wenig Silber bzw. zuviel Chlorid (etwa 0,7%), weil das am Niederschlag adsorbierte Ag^+ unberücksichtigt bleibt.

Am vorteilhaftesten verhindert man die Umsetzung des festen AgCl mit in Lösung befindlichem, überschüssigen Rhodanid, indem man Nitrobenzol zusetzt. Dieses hat die Fähigkeit, die Oberfläche des Niederschlags in einer Weise zu bedecken, daß die störende Nebenreaktion unterbleibt.

Die **Bedeutung des Volhardschen Verfahrens** ist mit der Bestimmung von Ag^+ bzw. Cl^- keineswegs erschöpft. Zum Beispiel läßt sich Arsensäure in schwach essigsaurer Lösung quantitativ als Ag_3AsO_4 fällen. Statt diesen Niederschlag zu wiegen, löst man ihn in verdünnter Salpetersäure und bestimmt Silber nach Volhard. Fluorid wird quantitativ als schwerlösliches PbClF gefällt und, da AgF ganz leicht löslich ist, Chlorid nach Volhard titriert. Eine weitere Anwendung findet sich in der folgenden Aufgabe.

Die beste Bestimmungsmethode für Fluorid besteht in der Titration mit $Th(NO_3)_4$-Lösung, bei der sich sehr schwerlösliches ThF_4 bildet. Man setzt hierbei eine Spur des intensiv roten Zirkonium-Alizarinlacks zu, der zunächst unter Bildung von ZrF_6^{2-} entfärbt wird; erst wenn alles Fluorid zu ThF_4 umgesetzt ist, tritt die Farbe des Lacks auf. F^- wird gegebenenfalls zuvor durch Destillation mit Wasserdampf als H_2SiF_6 von störenden Elementen getrennt und kann danach unmittelbar titriert werden.

Gelegentlich wird bei Fällungstitrationen ein Überschuß an Fällungsreagens auch in der Weise festgestellt, daß öfters ein Tropfen der Flüssigkeit dem Titriergefäß entnommen und qualitativ geprüft wird. So läßt sich z. B. eine schwach saure Zinklösung mit $K_2[Fe(CN)_6]$-Lösung titrieren, wobei ein Niederschlag von $K_2Zn_3[Fe(CN)_6]_2$ entsteht. Beim „**Tüpfeln**" mit Uranylnitratlösung entsteht sofort eine rotbraune Färbung, falls die Lösung $K_4[Fe(CN)_6]$ im Überschuß enthält; der in der Lösung suspendierte Niederschlag reagiert dagegen mit Uranylnitrat nur langsam. Die Feststellung des Endpunkts der Titration ist hier wie in anderen Fällen auf potentiometrischem Wege jedoch so schnell und genau möglich, daß man sich heute kaum mehr des genannten Verfahrens bedient.

5 Quecksilber nach Volhard

Während den bisher behandelten Aufgaben dieses Abschnitts Fällungsreaktionen zugrunde lagen, beruhen die folgenden Bestimmungsverfahren auf der Bildung löslicher Komplexsalze.

Um etwa vorhandene Hg_2^{2+}- oder NO_2^--Ionen zu oxidieren, versetzt man die chloridfreie, salpetersaure Hg^{2+}-Lösung (etwa 50 ml) tropfenweise mit $KMnO_4$-Lösung, bis die Rötung wenigstens 5 min lang bestehen bleibt, gibt dann ein wenig pulversiertes $FeSO_4$ sowie 2 ml Eisenalaunlösung hinzu, kühlt die klare Lösung unter der Wasserleitung und titriert mit 0,1 n Rhodanidlösung bis zur ersten wahrnehmbaren Farbänderung.

Hg^{2+} hat die Eigentümlichkeit, mit Cl^-, Br^-, I^-, SCN^- und CN^- zu undissoziierten Molekülen zusammenzutreten. Titriert man daher eine $Hg(NO_3)_2$-Lösung, die ziemlich vollständig dissoziiert ist, mit SCN^--Lösung, dann treten freie SCN^--Ionen erst auf, wenn alles Hg^{2+} verbraucht ist. Dieser Punkt ist am Auftreten der $Fe(SCN)_3$-Färbung zu erkennen. $Hg(SCN)_2$ ist allerdings schon bei Zimmertemperatur merklich dissoziiert, so daß der Umschlag zu früh einträte; wenn man aber die Lösung abkühlt, geht die Dissoziation zurück, und man erhält einen scharfen Umschlag genau im Äquivalenzpunkt.

6 Cyanid nach Liebig

Läßt man $AgNO_3$-Lösung zu einer KCN-Lösung fließen, so tritt anfangs keine Fällung ein, da sich ein äußerst beständiges Komplexion bildet:

$$Ag^+ + 2\,CN^- \rightleftharpoons [Ag(CN)_2]^-.$$

Sobald jedoch alles Cyanid komplex gebunden ist, bewirkt weiteres Zusetzen von Silberlösung die Reaktion:

$$[Ag(CN)_2]^- + Ag^+ \rightarrow 2\,AgCN \downarrow$$

d. h. die Flüssigkeit trübt sich durch Abscheidung von Silbercyanid. Da dieser Punkt gut zu beobachten ist, kann man lösliche Cyanide auf die geschilderte Weise mit Silberlösung von bekanntem Gehalt genau titrieren. Der Endpunkt ist dabei wesentlich schärfer zu erkennen, wenn man eine bestimmte Menge Ammoniak und Kaliumiodid zusetzt.

128 IV. Maßanalytische Fällungs- und Komplexbildungsverfahren

Man wiegt etwa 0,4 g des Salzes (Vorsicht!) in einen 300 ml-Erlenmeyerkolben, löst unter Zugeben von 0,2 g KI und 5 ml halbkonz. Ammoniak in Wasser, verdünnt auf etwa 100 ml und titriert mit 0,1 n AgNO$_3$-Lösung unter fortwährendem Schütteln des Kolbens, bis in der Lösung eine bleibende Trübung auftritt. Zur besseren Erkennung des Endpunktes empfiehlt sich die Verwendung einer schwarzen Unterlage.

Wie aus der ersten Gleichung hervorgeht, entspricht 1 mol AgNO$_3$ 2 mol KCN; 1 ml 0,1 n AgNO$_3$-Lösung = $^1/_{10}$ mmol AgNO$_3$ = 2 × $^1/_{10}$ mmol KCN = 2 × 6,52 mg = 13,02 mg KCN. Man berechnet den KCN-Gehalt der Probe in Prozent; die dabei gefundene Zahl kann größer sein als 100, wenn das KCN nämlich NaCN enthält.

7 Titration von Calcium mit-EDTA-Lösung

Man verwendet 100 ml einer neutralen CaCl$_2$-Lösung, die bis etwa 50(5) mg Ca enthalten darf. Die Lösung wird auf 40 – 50 °C erwärmt, durch Zugeben von 10 ml 1 n Natronlauge stark alkalisch gemacht und nach Zusatz von etwa 0,3 ml einer gesättigten frischen Lösung von Murexid in Wasser *sofort* mit 0,1 (0,01) m EDTA-Lösung unter kräftigem Umschwenken titriert, bis der Farbton von Ziegelrot dauerhaft nach Rotviolett umschlägt.

Die Maßlösung enthält 37,21 g (3,721 g) reinstes Dinatrium-Ethylendiaminotetraacetat-2-Hydrat im Liter; ihr Wirkungswert wird mit einer CaCl$_2$-Lösung von bekanntem Gehalt kontrolliert, die man sich leicht durch Auflösen von reinem CaCO$_3$ in verd. HCl bereiten kann. Das Dinatriumsalz wird eingesetzt, weil es im Gegensatz zur freien Säure gut wasserlöslich ist.

Ethylendiaminotetraacetat (abgekürzt Na$_2$H$_2$Y) ist ebenso wie eine Reihe ähnlicher Verbindungen infolge der im Molekül enthaltenen Amino- und Carboxylgruppen zur Bildung starker Komplexe mit zahlreichen Metallionen befähigt [1]; sogar mit Ca^{2+} entsteht bei stark alkalischer Reaktion ein ziem-

---

[1] Schwarzenbach, G. u. H. Flaschka: Die komplexometrische Titration. Stuttgart: Enke 1965. – Flaschka, H. A.: Chelates in Analytical Chemistry. New York: Dekker 1976. – Pribil, R.: Analytical Applications of EDTA and related Compounds. Oxford: Pergamon 1972. – Nuttal, R. H. u. D. M. Stalker: Talanta **24**, 355 (1977). – Firmenschrift der Firma E. MERCK, Darmstadt: Komplexometrische Titrationen mit Titriplex.

lich stabiler Komplex. Die Umsetzung findet im Verhältnis 1:1 statt und verläuft allgemein nach der Gleichung:

$$Ca^{2+} + H_2Y^{2-} \rightarrow [CaY]^{2-} + 2H^+.$$

Während EDTA selbst farblos ist, bildet das oben angewandte Murexid bei p_H 12 mit Ca^{2+} – nicht aber mit Mg^{2+} – eine rote Verbindung, die jedoch durch EDTA zerlegt wird, sobald dieses im Überschuß vorliegt. Da Mg^{2+} einen weniger stabilen Komplex mit EDTA gibt, stört es bis zu etwa gleicher Menge bei der oben genannten Titration nicht.

Verwendet man jedoch als Indikator Eriochromschwarz T, das auch noch mit Mg^{2+} einen stabilen, farbigen Niederschlag gibt, dann beobachtet man einen Farbumschlag erst, wenn eine Menge EDTA zugegeben ist, die der Summe von Ca^{2+} und Mg^{2+} entspricht. Der zuletzt genannte „Metallindikator" ermöglicht die visuelle Erkennung des Endpunkts auch bei der Titration zahlreicher anderer Metallionen.

$$Na_2H_2Y: \quad \begin{matrix} HO_2C-CH_2 \\ NaO_2C-CH_2 \end{matrix} \!\!\! N-CH_2-CH_2-N \!\!\! \begin{matrix} CH_2-CO_2H \\ CH_2-CO_2Na \end{matrix}$$

8 Bestimmung von Bismut und Blei nebeneinander

Die bis je 300 mg Bi und Pb in etwa 100 ml enthaltende, möglichst schwach (0,1 – 0,2 n) salpetersaure Lösung wird mit 3 Tropfen einer 0,5%igen Lösung von Xylenolorange in Wasser[1] versetzt und langsam mit 0,05 m EDTA-Lösung bis zum Umschlag von Rotviolett nach rein Gelb titriert. Falls dabei eine schwache Trübung auftritt, kann man einige Tropfen konz. Salpetersäure zusetzen. Besser ist es, nach dem Umschlag in Gelb jeweils 1 – 2 min zu warten; hierbei löst sich das basische Salz langsam unter Rückkehr der rötlichen Farbe auf. Im Endpunkt ist die Lösung völlig klar und bleibend rein gelb.

Zur Bestimmung des Bleis gibt man anschließend 3 – 5 g Urotropin zu, wobei die Farbe des Metallindikators wieder rotviolett wird und titriert wie zuvor.

---

[1] Da die Lösung nur wenige Wochen haltbar ist, verwendet man auch eine Verreibung des Farbstoffs mit KNO_3.

V. Maßanalytische Oxidations- und Reduktionsverfahren

Allgemeines

Vielseitig anwendbar sind jene maßanalytischen Verfahren, bei denen der zu bestimmende Stoff oxidiert oder reduziert wird.

Man reduziert einen Stoff, indem man ihm Elektronen zuführt[1]; er wird oxidiert, wenn man ihm Elektronen entzieht und damit seine positive Ladung erhöht:

$$\xleftarrow{\text{Reduktion}} \quad Fe^{2+} \rightleftharpoons Fe^{3+} + e^{-} \quad \xrightarrow{\text{Oxidation}}$$

$$2\,Cl^{-} \rightleftharpoons \overset{0}{Cl_2} + 2\,e^{-}$$

Reduzierte Form (Red) $\rightleftharpoons$ Oxidierte Form (Ox) $+ n\,e^{-}$

Zur Betrachtung von Oxidations- und Reduktionsvorgängen erweist es sich als zweckmäßig, alle anorganischen Verbindungen als aus Ionen aufgebaut anzusehen. Man geht dabei von der Annahme aus, daß in solchen Verbindungen Sauerstoff zweifach negativ, Wasserstoff einfach positiv geladen sei (vgl. unten). Die Ladung, welche sich so für ein Atom ergibt, nennt man seine „**Oxidationsstufe**" (Oxidationszahl) und verzeichnet sie *über* dem Symbol des Elements durch eine römische Ziffer mit Vorzeichen. Gelegentlich werden auch die weniger schwerfälligen arabischen Ziffern verwendet. Da die Ermittlung der Oxidationszahl erfahrungsgemäß Schwierigkeiten bereiten kann, sind nachfolgend die Regeln zu ihrer Berechnung aufgeführt:

– Wie bereits erwähnt, geht man von einem ionischen Aufbau der Stoffe aus. So wird beispielsweise für die Verbindung K_2CrO_4 statt der tatsächlichen Zusammensetzung aus K^{+}- und CrO_4^{2-}-Ionen ein Aufbau aus K-, Cr- und O-Ionen angenommen. Hier wird der Charakter der Oxidationszahl als der einen empirischen Hilfsgröße deutlich!

– Die Elektronen aller Bindungen werden dem jeweils stärker elektronegativen Atom zugeordnet („Bindungsheterolyse").

– Bindungen zwischen zwei gleichen Atomen werden gleich Null ge-

---

[1] e^{-} bedeutet die einem Mol entsprechende Menge von Elektronen (vgl. Kap. VII).

zählt, d. h. sie liefern keinen Beitrag zur Oxidationszahl. Diese Regel ist vor allem bei organischen Verbindungen wichtig, die ja durch das Aufteten von Kohlenstoffketten und -ringen gekennzeichnet sind. Aber auch bei anorganischen Verbindungen finden sich ähnliche Beispiele, wie bei den Peroxiden oder bei Verbindungen mit Schwefelketten.
- Bei einatomigen Ionen ist die Oxidationszahl gleich der elektrischen Ladung; so hat z. B. das Na^+-Ion im NaCl-Kristall die Oxidationszahl $+I$.
- Die Oxidationszahl von Atomen im Elementarzustand beträgt Null.
- Bei neutralen Molekülen (z. B. H_2O, H_2SO_4, HNO_3 etc.) ist die Summe der Oxidationszahlen immer Null, in einem Ion gleich der nach außen wirksamen Ionenladung.

Auf Grund dieser Regeln treten viele Elemente häufig in derselben Oxidationszahl auf. So hat Fluor immer die Oxidationszahl $-I$ (es ist das elektronegativste Element!), Sauerstoff nahezu immer $-II$. Lediglich in Verbindungen mit Fluor (z. B. F_2O, F_2O_2) tritt Sauerstoff in positiven Oxidationsstufen auf; diese Substanzen sind daher korrekt als „Sauerstofffluoride" zu bezeichnen. In H_2O_2 hat Sauerstoff die Oxidationszahl $-I$.

Weitere Beispiele für häufige Oxidationszahlen sind:
Wasserstoff: $+I$ (in Metallhydriden, wie LiH, NaH etc.: $-I$)
Alkalimetalle: $+I$
Erdalkalimetalle: $+II$.

Ist man bei der Berechnung der Oxidationszahl ungeübt, so hält man am besten folgende Reihenfolge ein:

1. Metallionen, sofern sie als positive Ionen (Kationen) vorliegen, z. B. Na^+, Mg^{2+}, nicht aber MnO_4^-, CrO_4^{2-}!
2. Wasserstoff: $H = +I$, in Metallhydriden $-I$.
3. Sauerstoff: meist $O = -II$ (wegen der Ausnahmen wird auf den vorstehenden Text verwiesen).
4. Nichtmetalle außer Wasserstoff und Sauerstoff.
5. Metalle, sofern sie im Anion vorliegen, z. B. MnO_4^-.

Die Handhabung dieser Regeln ist im allgemeinen problemlos, Schwierigkeiten können mitunter nur dann auftreten, wenn die Elemente einer Verbindung ähnliche Elektronegativitäten aufweisen, wie z. B. im NCl_3 oder AsH_3.

V. Maßanalytische Oxidations- und Reduktionsverfahren

Da innerhalb einer wäßrigen Lösung nie freie Elektronen auftreten, muß gleichzeitig mit jeder Oxidation, bei der Elektronen frei werden, ein Reduktionsvorgang stattfinden, der Elektronen verbraucht. Ein Oxidationsmittel kann nur oxidierend wirken, wenn es dabei selbst in eine niedrigere Oxidationsstufe übergeht, also eine Reduktion erfährt. So nimmt elementares „nullwertiges" Chlor begierig Elektronen auf und vermag dadurch, ebenso wie elementarer Sauerstoff, auf andere Stoffe oxidierend einzuwirken.

Die folgende Zusammenstellung zeigt die Wirkungsweise der gebräuchlichsten, zur Oxidation und Reduktion verwendeten Maßlösungen:

Oxidationsmittel

$\overset{+VII}{KMnO_4}$: $\quad \overset{+VII}{Mn} + 5e^- \rightarrow Mn^{2+}$ (saure Lösung)

$\overset{+VII}{KMnO_4}$: $\quad \overset{+VII}{Mn} + 3e^- \rightarrow \overset{+IV}{Mn}$ (schwach alkalische Lösung)

$\overset{+VI}{K_2Cr_2O_7}$: $\quad 2(\overset{+VI}{Cr} + 3e^- \rightarrow Cr^{2+})$

$\overset{+IV}{Ce(SO_4)_2}$: $\quad \overset{+IV}{Ce} + e^- \rightarrow Ce^{3+}$

$\overset{0}{J_2}$: $\quad 2(\overset{0}{J} + e^- \rightarrow J^-)$

$\overset{+V}{KBrO_3}$: $\quad \overset{+V}{Br} + 6e^- \rightarrow Br^-$

Reduktionsmittel

$\overset{+II}{FeSO_4}$: $\quad Fe^{2+} \rightarrow Fe^{3+} + e^-$

$\overset{+III}{TiCl_3}$: $\quad Ti^{3+} \rightarrow Ti^{4+} + e^-$

$\overset{+II}{CrCl_2}$: $\quad Cr^{2+} \rightarrow Cr^{3+} + e^-$

$\overset{-1}{KI}$: $\quad I^- \rightarrow \overset{0}{I} + e^-$

Die Zahl der Elektronen, die von einem Oxidationsmittel aufgenommen oder von einem Reduktionsmittel abgegeben wird, ergibt sich ohne weiteres aus den Oxidationsstufen der Ausgangs- und Endprodukte. Bei der Umsetzung eines oxidierend wirkenden Stoffes mit einem Reduktionsmittel müssen *beide in einem solchen Verhältnis aufeinander einwirken, daß alle vom Reduktionsmittel gelieferten Elektronen vom Oxidationsmittel verbraucht werden.* Demzufolge reagieren miteinander in saurer Lösung:

1 mol $\overset{+IV}{Ce(SO_4)_2}$ mit 1 mol $\overset{+II}{FeSO_4}$,

1 mol $\overset{+VII}{KMnO_4}$ mit 5 mol $\overset{+II}{FeSO_4}$,

1 mol $\overset{+VI}{K_2Cr_2O_7}$ mit 6 mol $\overset{-I}{KI}$.

Es genügt, wenn *dieses* Zahlenverhältnis bekannt ist, um das Ergebnis einer Titration berechnen zu können.

Es hat sich als praktisch erwiesen, diejenige Menge eines Oxidations- oder Reduktionsmittels als **1 Äquivalent** (vgl. S. 45 ff.) zu bezeichnen, welche *in ihrer Wirkung* einem Mol $H_2/2$ oder $Cl_2/2$ gleichkommt, also den Umsatz von einem Mol Elektronen bewirkt. Die folgenden Mengen verschiedener Oxidations- und Reduktionsmittel sind somit einander äquivalent: $1/5$ $KMnO_4$ (in saurer Lösung); $1/3$ $KMnO_4$ (in alkalischer Lösung); $1/6$ $K_2Cr_2O_7$; $Ce(SO_4)_2$; $1/2$ I_2; $1/6$ $KBrO_3$; $FeSO_4$. Man bezeichnet dieses Verhältnis ($1/5$, $1/3$ usw.) auch als Äquivalenzfaktor $f_{aeq.}$ und gibt es im Zweifelsfalle an. Eine 1 n Lösung enthält wie stets die dem Äquivalentgewicht entsprechende Stoffmenge in g/l Lösung.

Man unterscheidet *starke und schwache* Oxidations- und Reduktionsmittel. Eisen(II)-salze wirken z. B. schwach reduzierend, während andererseits Eisen(III)-salze schwach oxidierende Eigenschaften aufweisen. Taucht man in eine Lösung, die Fe^{2+}-Ionen enthält, ein indifferentes Metall, z. B. ein Platinblech ein, so suchen die reduzierend wirkenden Fe^{2+}-Ionen im Sinne des Vorganges $Fe^{2+} \rightarrow Fe^{3+} + e^-$ an das Platinblech Elektronen abzugeben und laden es negativ auf. Andererseits wird sich das Platinblech in einer Eisen(III)-lösung vergleichsweise positiv aufladen, da die Fe^{3+}-Ionen nach $Fe^{3+} + e^- \rightarrow Fe^{2+}$ bestrebt sind, Elektronen aufzunehmen. Befinden sich in der Lösung gleichzeitig Fe^{2+}- und Fe^{3+}-Ionen, so lädt sich das Platinblech je nach dem Verhältnis der Konzentrationen beider Ionen zu einem ganz bestimmten Betrag gegenüber der Lösung bzw. einer Bezugselektrode auf.

Die Potentiale, welche sich so einstellen, vermitteln ein anschauliches Bild von der Stärke verschiedener Oxidations- und Reduktionsmittel. In Abb. 33 ist als Ordinate das „**Redoxpotential**", als Abszisse p_H aufgetragen[1]. Die ausgezogenen Geraden geben die Lage der Re-

---

[1] Pourbaix, M.: Atlas of Electrochemical Equilibriums in aqueous solutions. 2. Aufl. Houston 1974.

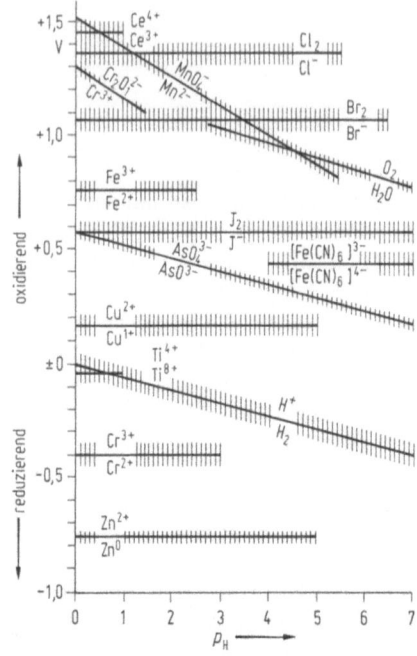

Abb. 33. Redoxpotentiale

doxpotentiale beim Verhältnis $\dfrac{c_{Ox}}{c_{Red}} = 1$ an. Die oxidierte Form ist jeweils oberhalb, die reduzierte Form unterhalb der Geraden verzeichnet. Die kräftigsten Oxidationsmittel finden sich bei dieser Darstellung ganz oben, die stärksten Reduktionsmittel unten.

Wie theoretisch abgeleitet werden kann, wird das Redoxpotential des Vorgangs

$$\text{Red} \rightleftharpoons \text{Ox} + n\,e^-$$

durch die „Nernstsche Gleichung" wiedergegeben:

$$E = E° + \frac{R \cdot T}{n \cdot F} \cdot \ln \frac{c_{Ox}}{c_{Red}}.$$

Die Größen haben folgende Bedeutung:
E: Redoxpotential
E^0: tabelliertes Normalpotential (vgl. Kap. VII)
R: allgemeine Gaskonstante (8,31 JK^{-1} mol^{-1} bzw. 8,31 WsK^{-1} mol^{-1})

T: Temperatur in K
n: Anzahl der übertragenen Elektronen
F: Faraday-Konstante (96 484 Cmol^{-1}, zur Einheit „Coulomb" vgl. Kap. VII)
c_{Ox}: Konzentration der oxidierten Form
c_{Red}: Konzentration der reduzierten Form.

Bei einer konstanten Bezugstemperatur von umgerechnet 25 °C lassen sich die Größen R, T und F zu einem konstanten Faktor zusammenfassen; bei gleichzeitiger Umrechnung des natürlichen in den dekadischen Logarithmus (Multiplikation mit 2,303, dem „Modul der dekadischen Logarithmen") hat dieser Faktor den Wert 0,059 Volt. Hieraus ergibt sich die vereinfachte Form der Nernstschen Gleichung, die normalerweise für Berechnungen benutzt wird:

$$E = E^0 + \frac{0,059}{n} \cdot \lg \frac{c_{Ox}}{c_{Red}}.$$

Dies bedeutet, daß das Redoxpotential, wie man erwarten muß, um so positiver wird, je größer die Konzentration der oxidierten Form im Verhältnis zur reduzierten Form ist und umgekehrt. Wenn man das Verhältnis $\frac{c_{Ox}}{c_{Red}}$ um das Zehnfache ändert, verschiebt sich das Redoxpotential in entsprechender Richtung um den in Abb. 33 durch Schraffierung angedeuteten Betrag.

Besteht die oxidierte Form aus Metallionen und die reduzierte Form aus dem Metall selbst, d.h. taucht ein Metallstab in die wäßrige Lösung seiner Ionen, so kann die Konzentration des festen Metalls als konstant angesehen werden. Die Nernstsche Gleichung vereinfacht sich daher wie folgt:

$$E = E^0 + \frac{0,059}{n} \cdot \lg c_{Me^{n+}} \quad \text{(Me = Metall)}.$$

Das Redoxpotential hängt vom p_H der Lösung nur dann ab, wenn Wasserstoffionen an dem zugrunde liegenden Vorgang beteiligt sind. In starkem Maße ist dies bei KMnO$_4$ der Fall, das in saurer Lösung gemäß

$$Mn^{2+} + 4H_2O \rightleftharpoons \overset{+VII}{MnO_4^-} + 8H^+ + 5e^-$$

mit Mn^{2+} im Redoxgleichgewicht verknüpft ist. Bei derartigen Gleichgewichten müssen in die Nernstsche Gleichung die Massenwirkungsprodukte eingesetzt werden, wobei bei Reaktionen in wäßriger Lösung die Konzentration des Wassers als konstant angesehen werden kann.

$$E = E^0 + \frac{0,059}{5} \cdot \lg \frac{c_{MnO_4^-} \cdot c_{H^+}^8}{c_{Mn^{2+}}}.$$

Die Redoxpotentiale geben darüber Aufschluß, ob ein Stoff einen anderen zu oxidieren vermag oder nicht. Wie man an Hand von Abb. 33 erkennt, läßt sich Iodid durch starke Oxidationsmittel wie $K_2Cr_2O_7$, $KMnO_4$ oder Ce^{4+} restlos zu elementarem Iod oxidieren. Ein schwächeres Oxidationsmittel ist Fe^{3+}; seine Anwendung führt zu einem Gleichgewicht, in dem neben Iod noch merkliche Mengen Iodid vorhanden sind. Man sieht z. B. ferner, daß nicht nur metallisches Zink, sondern auch zweiwertiges Chrom Wasserstoffionen zu elementarem Wasserstoff zu reduzieren vermag.

Die Redoxpotentiale sagen jedoch nichts darüber aus, mit welcher *Geschwindigkeit* sich ein Gleichgewicht einstellt. So wird z. B. gewöhnlicher, molekularer Wasserstoff durch $KMnO_4$-Lösung nicht angegriffen, obwohl dies nach der Lage der Redoxpotentiale durchaus zu erwarten wäre.

Beim Titrieren mit Oxidations- oder Reduktionsmaßlösungen kommt es darauf an, einen Überschuß an Reagens sofort zu erkennen. Besonders leicht gelingt dies beim Titrieren mit $KMnO_4$-Lösung. Da in saurer Lösung alles in Reaktion tretende Permanganat in nahezu farbloses (schwach rosa gefärbtes) Mn^{2+} übergeht, macht sich ein Überschuß von $KMnO_4$ sofort durch bleibende Violettfärbung bemerkbar. In anderen Fällen bedient man sich gewisser Indikatorfarbstoffe, die bei einem bestimmten Redoxpotential ihre Farbe ändern. Man bezeichnet sie zum Unterschied von den Säure-Base- oder p_H-Indikatoren als Redox-Indikatoren.

1 Manganometrie

1.1 Herstellung von 0,1 n $KMnO_4$-Lösung[1]

Man löst 3,2 g $KMnO_4$ in einem 1,5 l-Erlenmeyerkolben in 1 l reinem destilliertem Wasser und erhitzt etwa 30 min bis nahe zum Sieden. Nachdem sich die Lösung abgekühlt hat, filtriert man sie durch einen feinporigen Filtertiegel und bewahrt sie in einer sorgfältig gereinigten Glasstöpselflasche vor Staub, Laboratoriumsdämpfen und Licht geschützt auf. Es empfiehlt sich die Verwendung einer dunklen Flasche.

Beim Erhitzen der Lösung werden oxidierbare Verunreinigungen beseitigt, die eine allmähliche Änderung des Wirkungswerts herbeiführen würden; auch der ausgeschiedene Braunstein muß sorgfältig entfernt werden, da er die Zersetzung von $KMnO_4$ in O_2 und MnO_2 katalytisch begünstigt.

---

[1] Man bereite sich auch rechtzeitig eine Thiosulfatlösung nach S. 150.

Beim Titrieren mit KMnO$_4$-Lösung dürfen nur Glashahnbüretten benutzt werden, deren Hahn mit möglichst wenig Vaseline (nicht Hahnfett) gefettet ist. Nach dem Gebrauch ist die Bürette sofort zu entleeren und mit Salzsäure und Wasser von etwa abgeschiedenem Braunstein zu befreien. Die übriggebliebene Permanganatlösung ist wegzuschütten, nicht etwa in die Vorratsflasche zurückzugießen.

Die KMnO$_4$-Lösung wird am besten gegen Natriumoxalat als Urtitersubstanz eingestellt. Man trocknet das analysierende Salz bei etwa 110 °C und wiegt davon 3 – 4 Proben von je 0,25 – 0,3 g unmittelbar hintereinander in 250 ml-Titrierkolben ein. Die Proben werden in etwa 75 ml reinem, heißem Wasser gelöst, mit 20 ml 20%iger Schwefelsäure versetzt und bei 80 – 90 °C unter dauerndem Umschütteln langsam mit der einzustellenden KMnO$_4$-Lösung titriert, bis eine bleibende, schwache Rosafärbung erreicht ist. Die ersten Tropfen werden nur langsam entfärbt, später verläuft die Reaktion glatt, sobald sich genügend Mn^{2+} gebildet hat, das als Katalysator wirkt. Während des Titrierens ist ein stellenweiser Überschuß von KMnO$_4$-Lösung tunlichst zu vermeiden, da sich dieses in der stark sauren, heißen Lösung unter Entwicklung von Sauerstoff zersetzt. Es empfiehlt sich, den Wirkungswert der KMnO$_4$-Lösung von Zeit zu Zeit nachzuprüfen.

Oxalat wirkt Permanganat gegenüber als Reduktionsmittel im Sinne des Vorgangs:

$$C_2O_4^{2-} \rightarrow 2\,CO_2 + 2\,e^-$$

0,5 mol Natriumoxalat sind daher 0,2 mol KMnO$_4$ äquivalent.

Zur Einstellung einer KMnO$_4$-Lösung läßt sich ferner Oxalsäure-2-Hydrat, Arsen(III)-oxid (vgl. S. 142, 143), Antimon oder reinstes Eisen verwenden.

1.2 Calcium

Calcium kann bestimmt werden, indem man es als Calciumoxalat fällt und die Menge des Niederschlags durch Titrieren mit KMnO$_4$-Lösung ermittelt; ebensogut ist es möglich, mit einer bekannten Menge Oxalatlösung zu fällen und den nicht verbrauchten Anteil des Fällungsmittels mit KMnO$_4$-Lösung zurückzutitrieren.

In entsprechender Weise wie Calcium kann z. B. Natrium als Natrium-Zinkuranylacetat gefällt und durch manganometrische Titration des im Niederschlag enthaltenen Urans (U$^{+IV} \rightarrow$ U^{+VI}) bestimmt werden.

In der gegebenen, bis 90 mg Ca enthaltenden Lösung wird die Fällung genau nach S. 75 vorgenommen. Nach zweistündigem Stehen bringt man den Niederschlag mit Hilfe von kalter 0,1%iger $(NH_4)_2C_2O_4$-Lösung in einen Porzellantiegel A1, wäscht mit weiteren 50 ml dieser Lösung sorgfältig aus, saugt dann zweimal je 2 ml Wasser hindurch und wäscht schließlich mit etwa 50 ml gesättigter CaC_2O_4-Lösung, bis kein Chlorid mehr nachzuweisen ist. Man spült dann den Niederschlag mit heißem Wasser quantitativ aus dem Filtertiegel in einen 250 ml-Erlenmeyerkolben und versetzt unter Umschwenken rasch mit 50 ml siedend heißer 20%iger Schwefelsäure, wobei der Niederschlag in Lösung geht. Weitere 50 ml heißer 20%iger Schwefelsäure werden mittels eines Wittschen Saugtopfs (vgl. S. 34) durch den Filtertiegel gesaugt, wobei der Erlenmeyerkolben als Auffanggefäß dient. Anschließend titriert man wie auf S. 137 mit 0,1 n $KMnO_4$-Lösung.

Die Titration kann auch mit Cer(IV)-Sulfatlösung vorgenommen werden. In diesem Fall löst man den Niederschlag durch Zugeben von 20 ml konz. Salzsäure auf und gibt 5 ml ICl-Lösung[1] als Katalysator sowie 5 Tropfen Ferroinlösung zu. Die Titration erfolgt bei etwa 50 °C bis zur bleibenden schwachen Blaufärbung des Indikators.

1.3 Eisen

Fe^{2+} läßt sich in schwefelsaurer Lösung in der Kälte mit $KMnO_4$ unter Oxidation zu Fe^{3+} titrieren; zum Einüben eignet sich unverwittertes Mohrsches Salz $(NH_4)Fe(SO_4)_2 \cdot 6 H_2O$, von dem man eine geeignete kleine Menge einwiegt, in kalter verdünnter Schwefelsäure löst und sogleich titriert. Der Endpunkt ist besonders scharf zu erkennen, wenn man die geringe, von gebildeten $FeOH^{2+}$-Ionen herrührende Gelbfärbung durch Zusatz von konz. Phosphorsäure beseitigt; diese bildet, ähnlich wie Fluorid, mit Fe^{3+} farblose, starke Komplexe.

Titrationen mit $KMnO_4$ können im allgemeinen auch in verdünnt salzsaurer Lösung vorgenommen werden, ohne daß eine Oxidation des Chlorids zu Hypochlorit oder Chlor zu befürchten ist. Oxidiert man jedoch Fe^{2+} in salzsaurer Lösung, so findet man einen Mehrverbrauch an $KMnO_4$ bis zur Höhe von

---

[1] Man löst 0,277 g KI und 0,718 g KIO_3 in 250 ml Wasser und gibt in einem Guß 250 ml konz. HCl ($d = 1,19$) zu. Die Lösung muß Chloroform nach dem Umschütteln gerade wahrnehmbar violett färben.

einigen Prozent. Hierbei bilden sich Hypochlorit und Chlor, die ihrerseits nur unvollständig mit Fe^{2+} reagieren. Diese hier zu beobachtende Oxidation des Chlorids wird durch den Ablauf der Reaktion zwischen Fe^{2+}- und MnO_4^--Ionen eingeleitet oder „*induziert*"[1]. Wahrscheinlich ist eine höhere, instabile Oxidationsstufe des Mangans für diese störende Nebenreaktion verantwortlich zu machen. Es gelingt jedoch, diese weitgehend zurückzudrängen, wenn man die $KMnO_4$-Lösung bei Gegenwart von viel $MnSO_4$ und genügender Verdünnung sehr langsam zutropfen läßt. Große Mengen von Chlorid sind auf jeden Fall zu vermeiden.

Störungen der beschriebenen Art treten bei Verwendung von Cer(IV)-Lösung als Oxidationsmittel (vgl. S. 144) nicht auf. Der Zusatz von $MnSO_4$ unterbleibt in diesem Fall; im übrigen kann man genau nach der hier gegebenen Vorschrift verfahren. Als Indikator dient Ferroinlösung.

Zur Bestimmung von Fe^{3+} nach Reinhardt-Zimmermann sind folgende Lösungen anzusetzen:

1. $SnCl_2$-Lösung. 15 g $SnCl_2 \cdot 2H_2O$ werden in 100 ml Salzsäure (1 + 2) gelöst. Da sich die Lösung an der Luft oxidiert, bereitet man sie möglichst frisch.
2. „Reinhardt-Zimmermann-Lösung". Man löst 35 g $MnSO_4 \cdot 4H_2O$ in 250 ml destilliertem Wasser, rührt 60 ml konz. Schwefelsäure ein, gibt 150 ml 45%ige Phosphorsäure ($d = 1,3$) zu und verdünnt auf etwa 500 ml. Dieses Gemisch dient zur Unterdrückung der Chlorid-Oxidation.
3. 5%ige $HgCl_2$-Lösung. Bei der Bestimmung von Fe^{2+} nach Reinhardt-Zimmermann benötigt man nur die unter 2. angegebene Lösung.

Die gegebene, salzsaure Eisen(III)-Lösung (etwa 25 ml) wird in einem 150 ml-Kölbchen mit 10 ml Salzsäure (1 + 1) versetzt. Zu der fast bis zum Sieden erhitzten Lösung gibt man unter dauerndem Umschwenken aus einer 5 ml-Meßpipette $SnCl_2$-Lösung tropfenweise zu, wobei man besonders gegen Schluß jedesmal etwas abwartet, bis sich die Reduktion des Eisens vollzogen hat. Sobald die Lösung farblos geworden ist, fügt man noch 1 Tropfen im Überschuß zu, kühlt die Lö-

---

[1] Ein eindrucksvolles Beispiel einer induzierten Reaktion ist die Reduktion von $HgCl_2$ zu Hg_2Cl_2 durch Oxalsäure. Man löst in etwa 50 ml verdünnter Schwefelsäure je 1 Messerspitze $Na_2C_2O_4$, $HgCl_2$ und $MnSO_4$. Die Lösung bleibt beim Erhitzen völlig klar; auf Zusatz von 1 Tropfen $KMnO_4$-Lösung(!) setzt die Reduktion zu Hg_2Cl_2 ein.

sung unter der Wasserleitung gut ab und versetzt sie in einem Guß mit 10 ml 5%iger $HgCl_2$-Lösung. Dabei entsteht langsam ein geringer, rein weißer, seidig glänzender Niederschlag von Hg_2Cl_2. Die Bestimmung wird verworfen, falls der Niederschlag ausbleibt oder durch Abscheidung von metallischem Quecksilber grau erscheint.

Man hat zuvor in einem 600 ml-Becherglas oder in einer geräumigen Porzellankasserolle 300 ml Wasser mit 25 ml Reinhardt-Zimmermann-Lösung und so viel Tropfen Permanganatlösung versetzt, daß eine gerade erkennbare Rosafärbung bestehen bleibt. In diese Lösung gießt man nach einigen Minuten die reduzierte Eisenlösung, spült nach und beginnt dann tropfenweise 0,1 n $KMnO_4$-Lösung unter dauerndem Umrühren zuzusetzen, bis eine erkennbare Rosafärbung für kurze Zeit bestehen bleibt.

Berechnung des Ergebnisses: 1 ml 0,1 n $KMnO_4$-Lösung ≙ 5,5847 mg Fe.

Permanganatlösungen, die ausschließlich zur Bestimmung des Eisens nach Reinhardt-Zimmermann dienen sollen, werden zweckmäßig in der gleichen Weise gegen reines Elektrolyteisen oder analysenreines Fe_2O_3 eingestellt. Das Verfahren ist praktisch von großer Bedeutung, da viele Eisenerze nur mit konz. Salzsäure glatt in Lösung zu bringen sind. Zur Analyse wird das lufttrockene, äußerst fein gepulverte Eisenerz mit konz. Salzsäure behandelt, der man zur Beschleunigung des Lösevorgangs $SnCl_2$ zusetzen kann. Hat sich alles bis auf einen weißen Rückstand gelöst, so dampft man die überschüssige Salzsäure ab und unterwirft die Lösung ohne zu filtrieren der Reduktion. Bisweilen bleibt hierbei die Lösung gelblich; man verwende daher nur reinste Reagenzien. Bei sehr kleinen Mengen Fe erfolgt die Bestimmung besser kolorimetrisch.

Eisen(II)-Lösungen werden durch den Sauerstoff der Luft rasch oxidiert, wenn sie annähernd neutral oder sehr stark sauer reagieren; schwach (0,1 – 1 n) mineralsaure Lösungen sind dagegen an der Luft ziemlich beständig.

Die **Reduktion** salzsaurer Fe^{3+}-Lösungen geschieht wie hier sehr häufig durch Behandlung mit $SnCl_2$: $2\overset{+III}{Fe}Cl_3 + \overset{+II}{Sn}Cl_2 \rightarrow 2\overset{+II}{Fe}Cl_2 + \overset{+IV}{Sn}Cl_4$. Ein Überschuß des Reduktionsmittels wird durch $HgCl_2$-Lösung unschädlich gemacht, wobei kristallines Hg_2Cl_2 entsteht, auf das Fe^{3+} und MnO_4^- nur langsam einwirken: $2\overset{+II}{Hg}Cl_2 + \overset{+II}{Sn}Cl_2 \rightarrow \overset{+I}{Hg_2}Cl_2 + \overset{+IV}{Sn}Cl_4$. Gelegentlich verwendet man zur Reduktion von Fe^{3+} auch SO_2 (mit einigen mg KSCN als Katalysator) oder H_2S; beide sind nach beendeter Reduktion durch längeres Kochen unter Durchleiten von CO_2 zu entfernen. Bequemer führen grob pulverisiertes Cd, Al (als Drahtspirale) oder Amalgame dieser Elemente zum Ziel. Man reduziert

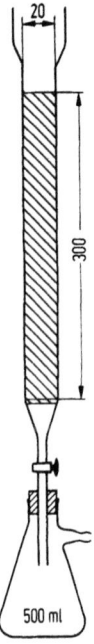

Abb. 34. Reduktionsrohr nach Jones

die saure Lösung in einem Erlenmeyerkolben mit Bunsenventil, bis ein herausgenommener Tropfen mit Rhodanid farblos bleibt.

Noch eleganter gelingt die Reduktion im Reduktionsrohr nach Jones („Reduktor"). Es besteht aus einem senkrecht stehenden Rohr (Abb. 34), das unten mit einer Siebplatte und einem Hahn versehen und mit *amalgamiertem* Zink- oder Cadmium-Grieß gefüllt ist[1]. Als Vorlage dient eine 500 ml-Saugflasche. Das Reduktionsrohr wird zunächst gereinigt, indem man etwa 150 ml verdünnte Schwefelsäure

---

[1] 300 ml einer 2%igen Lösung von $Hg(NO_3)_2$ (oder $HgCl_2$) werden mit 1–2 ml konz. HNO_3 versetzt und 5–10 Min. lang mit 300 g Zinkgrieß verrührt (Zink purissimum, grob pulverisiert, Korngröße 1–2 mm). Man wäscht mit destilliertem Wasser aus, füllt das Reduktionsrohr mit dem amalgamierten, silberglänzenden Metall, nachdem man die eingelegte Siebplatte mit etwas Glaswolle bedeckt hat und saugt etwa 500 ml destilliertes Wasser hindurch. Das Rohr bleibt bis zum Gebrauch mit Wasser gefüllt stehen.

(1 + 20) langsam hindurchsaugt, wobei die Zinkschicht stets mit Flüssigkeit bedeckt bleiben muß. Man spült die Vorlage aus, läßt nun die zu reduzierende, 0,5 – 5 n schwefelsaure oder salzsaure Eisen(III)-Lösung gleichmäßig langsam im Laufe von 2 – 3 min durch die Reduktionsschicht hindurchlaufen und wäscht in der gleichen Weise 3mal mit je 25 ml verdünnter Schwefelsäure (1 + 20) und 3mal mit je 25 ml destilliertem Wasser nach. Man entfernt die Vorlage, spült das Ende des Reduktionsrohrs ab, gibt 25 ml Reinhardt-Zimmermann-Lösung hinzu und titriert sofort mit 0,1 n $KMnO_4$-Lösung. Es empfiehlt sich, einen Blindversuch mit 200 ml verdünnter Schwefelsäure (1 + 20) vorangehen zu lassen und den dabei gefundenen, geringen Verbrauch an $KMnO_4$ zu berücksichtigen.

Die Bestimmung von Eisen auf diesem Wege kommt nur dann in Betracht, wenn andere Stoffe, die reduziert und wieder oxidiert werden könnten, nicht anwesend sind. Zu diesen gehören u. a. Ti, U, Mo, Cr, V, Cu, Sn, As, Sb sowie NO_3^-. Die genannten Kationen können auch einzeln quantitativ reduziert und mit Hilfe von $KMnO_4$ bestimmt werden.

Die Reduktion von Ti^{4+} läßt sich vermeiden, wenn man schwache Reduktionsmittel wie $SnCl_2$ oder H_2S anwendet. Noch besser geeignet ist ein mit metallischem Silber beschicktes Reduktionsrohr. Obwohl das Silber ein edles Metall ist ($E_0 = +0,81$ V), stellt es – infolge der Schwerlöslichkeit von AgCl – in 1 n salzsaurer Lösung ein sehr brauchbares mildes Reduktionsmittel dar ($E = +0,22$ V), das z. B. Fe^{3+}, nicht aber Ti^{4+} oder Cr^{3+} reduziert.

Nicht immer verläuft die Umsetzung mit $KMnO_4$ glatt. So entstehen beim Titrieren von As^{3+} braune Zwischenprodukte; setzt man aber einen geeigneten Katalysator zu, z. B. eine Spur OsO_4 bei schwefelsaurer oder ein wenig KIO_3 bei salzsaurer Lösung, so erhält man einen scharfen Endpunkt.

Manche Stoffe wie salpetrige Säure (vgl. S. 153), Ameisensäure oder Alkohole lassen sich nur mit einem Überschuß von $KMnO_4$, das man in bekannter Menge zugibt, in saurer oder in alkalischer Lösung quantitativ oxidieren. Das nicht verbrauchte Permanganat wird nach beendeter Umsetzung mit einer eingestellten $FeSO_4$-Lösung oder iodometrisch zurücktitriert.

Bisweilen läßt man den zu bestimmenden Stoff zunächst auf Fe^{3+}- oder Fe^{2+}-Lösung einwirken. Hydroxylamin ($\overset{-1}{N}H_2OH$) wird z. B. durch Fe^{3+}-Lösung quantitativ zu $\overset{+1}{N}_2O$ oxidiert, das gasförmig entweicht; das entstandene Fe^{2+} wird dann mit $KMnO_4$ bestimmt. Oxidierend wirkende Substanzen wie MnO_2, PbO_2 usw. läßt man auf eine bekannte Menge arsenige Säure, Oxalsäure oder $FeSO_4$-Lösung einwirken und titriert das überschüssige Reduktionsmittel mit $KMnO_4$-Lösung zurück. Mangan selbst läßt sich bequem und genau bestimmen, wenn man es durch Schütteln mit Natriumbismutat in Permanganat überführt und mit $FeSO_4$-Lösung umsetzt.

1.4 Mangan

Folgende Reagenzien sind bereitzustellen:
Nr. 1: 0,1 n KMnO$_4$-Lösung, gegen Natriumoxalat eingestellt.
Nr. 2: 0,1 n Lösung von Mohrschem Salz (39,2 g (NH$_4$)$_2$Fe(SO$_4$)$_2$ × 6 H$_2$O + 5 ml konz. H$_2$SO$_4$ im Liter). Zur Einstellung läßt man die benötigte Menge in 200 ml HNO$_3$ (Nr. 5) fließen und titriert *sofort* mit KMnO$_4$.
Nr. 3: HNO$_3$ ($d = 1,4$); vor Gebrauch wird wenigstens 30 min reine Luft durchgesaugt, um alles NO$_2$ zu entfernen.
Nr. 4: HNO$_3$ verd. (30 ml Nr. 3 + 1 l H$_2$O).
Nr. 5: HNO$_3$ verd. (90 ml Nr. 3 + 1 l H$_2$O).
Nr. 6: NaBiO$_3$ (Handelspräparat).

Die chloridfreie Mangan(II)-Lösung, die etwa 50 mg Mn enthält, wird mit 28 ml HNO$_3$ (Nr. 3) versetzt und in einem Erlenmeyerkolben auf etwa 100 ml verdünnt. Man oxidiert die Lösung *unter Eiskühlung* mit 1,3 g NaBiO$_3$ 1 min lang unter kräftigem Umschütteln, verdünnt mit 100 ml H$_2$O und saugt durch einen A2-Filtertiegel. Man wäscht mit HNO$_3$ (Nr. 4), bis die Lösung farblos abläuft, reduziert das Filtrat mit FeSO$_4$-Lösung (Nr. 2) in geringem Überschuß und titriert *sofort* mit KMnO$_4$-Lösung zurück. Die ganze Bestimmung muß möglichst rasch in einem Zuge durchgeführt werden. Der Verbrauch bei einem Blindversuch ist abzuziehen. Statt HNO$_3$ läßt sich ebensogut auch H$_2$SO$_4$ verwenden, nicht dagegen HClO$_4$; Cl$^-$ stört.

1.5 Mangan in Eisensorten nach Volhard-Wolff

2 – 3 g Roheisen werden in einer mit einem Uhrglas bedeckten Porzellankasserolle mit 30 ml Salpetersäure (1 + 1) und 10 ml konz. Salzsäure, nötigenfalls unter Kühlung gelöst. Nachdem die Säure durch Eindampfen größtenteils entfernt ist, nimmt man mit wenig Wasser auf und spült in einen 1 l-Meßkolben. Nun wird unter Umschwenken eine feine Aufschlämmung von Zinkoxid zugesetzt, bis alles Eisen gefällt und ein geringer Überschuß an Zinkoxid vorhanden ist. Man füllt bis zur Marke auf, mischt durch und gießt durch ein trockenes Faltenfilter, wobei die ersten Anteile des Filtrats verworfen werden.

Je 250 ml des Filtrats bzw. die 30 – 60 mg enthaltende Lösung werden in einem 1 l(!)-Erlenmeyer- oder Kantkolben auf 500 bis 700 ml verdünnt, fast bis zum Sieden erhitzt und dann mit 10 g Zinkacetat und so viel Eisessig (p.a.) versetzt, bis die infolge Hydrolyse trüb gewordene Lösung gerade wieder klar ist. Nach Zusatz von weiteren 2 ml Eisessig titriert man rasch *unter dauerndem kräftigen Umschütteln* (Handtuch!) mit 0,1 n $KMnO_4$-Lösung bis etwa 1 ml vor dem ungefähr ermittelten Endpunkt, dann langsam mit je 2—3 Tropfen. Die Lösung muß während der ganzen Titration fast am Sieden gehalten werden. Ein Überschuß ist bei schräger Haltung des Kolbens am oberen Rande der Flüssigkeit zu erkennen, sobald der Niederschlag sich abzusetzen beginnt. Es sollte versucht werden, die Titration rasch und ohne nochmals zu erhitzen mit der heißen Lösung zu Ende zu bringen; dies gelingt im allgemeinen erst bei der zweiten Titration, wenn man den Verbrauch an Permanganat schon annähernd kennt.

Nur in wenigen Fällen werden Oxidationen mit $KMnO_4$ in neutraler oder alkalischer Lösung durchgeführt. Ein Beispiel hierfür ist die obige Bestimmung des Mangans nach Volhard-Wolff entsprechender der Gleichung:

$$3\,Mn^{2+} + 2\,\overset{+VII}{MnO_4^-} + 2\,H_2O \rightarrow 5\,\overset{+IV}{MnO_2} + 4\,H^+.$$

Es handelt sich um eine Komproportionierung.

Durch Zinkoxid wird das durch seine Farbe störende Fe^{3+}, jedoch nicht Mn^{2+} gefällt (vgl. S. 170); zugleich wird die annähernd neutrale Reaktion der Lösung aufrechterhalten. Da das ausgeschiedene Mangandioxidhydrat vorzugsweise mit zweiwertigen Ionen wie Ca^{2+}, Zn^{2+} oder Mn^{2+} lockere Verbindungen bildet, ist es günstig, Zn^{2+} der Lösung zuzusetzen, damit es Mn^{2+} aus dem Niederschlag verdrängt. Die Gleichung zeigt, daß 1 mol $KMnO_4$ 1,5 mol Mn entspricht. 1 ml 0,1 n $KMnO_4$-Lösung ≙ 0,02 mmol $KMnO_4$ ≙ 0,02 · 1,5 mmol Mn.

2 Cerimetrie

2.1 Herstellung von 0,1 n $Ce(SO_4)_2$-Lösung

An Stelle von $KMnO_4$-Lösung kann in den meisten Fällen auch Cer(IV)-Lösung als oxidierende Maßflüssigkeit verwendet werden. Sie ist unverändert haltbar, so daß die bei $KMnO_4$-Lösung öfters notwendige Neueinstellung wegfällt.

Da Ce^{3+} farblos ist, kann man das Auftreten von überschüssigem Ce^{4+} am Gelbwerden der Lösung erkennen. Die Eigenfarbe des Ce^{4+}-Ions ist aber ziemlich schwach, so daß eine genauere Erfassung des Äquivalenzpunkts nicht gelingt. Man benutzt deshab hier und in anderen Fällen als Redoxindikator das System[1]

$$[Fe(ophen)_3]^{2+} \text{ (rot)} \rightleftharpoons [Fe(ophen)_3]^{3+} \text{ (schwach blau)} + e^-,$$
$$\overset{+II}{\phantom{[Fe(ophen)_3]^{2+}}} \quad \overset{+III}{\phantom{[Fe(ophen)_3]^{3+}}}$$

dessen Farbumschlag unabhängig von p_H-Wert bei einem Redoxpotential von +1,14 Volt erfolgt.

Man löst 20 g käufliches $Ce(SO_4)_2 \cdot 4 H_2O$ in 200 ml warmer 2 n Schwefelsäure, verdünnt mit Wasser auf 500 ml und filtriert nötigenfalls durch einen Filtertiegel.

Zur Einstellung der Lösung dient reines As_2O_3. Je etwa 0,3 g davon werden genau abgewogen und in einem 250 ml-Erlenmeyerkolben mit einer heißen Lösung von 1 g Na_2CO_3 in 15 ml Wasser versetzt. Sobald alles gelöst ist, kühlt man ab, verdünnt auf etwa 80 ml, gibt 20 ml Schwefelsäure (1 + 3), 3 Tropfen OsO_4-Lösung[2] als Katalysator sowie 1 Tropfen Eisen(II)-orthophenanthrolin-Indikator zu (die 0,025 m Indikatorlösung ist als „Ferroinlösung" käuflich) und titriert mit Cer(IV)-Lösung bis zum Umschlag nach farblos oder schwach bläulich.

Die Reaktion verläuft nur unter Mitwirkung von OsO_4 als Katalysator glatt nach der Gleichung:

$$\overset{+III}{As} + 2 Ce^{4+} \rightarrow \overset{+V}{As} + 2 Ce^{3+}.$$

Salzsäure bis zur Konzentration 0,1 n stört nicht; größere Mengen Chlorid können durch Zusatz von $HgSO_4$ unschädlich gemacht werden. Nach der gegebenen Vorschrift läßt sich auch 0,1 n $KMnO_4$-Lösung (ohne Indikatorzusatz) einstellen.

---

[1] ophen ist die Abkürzung für die organische Base o-Phenanthrolin (1,10-Phenanthrolin) $C_{12}H_8N_2$:

[2] 0,25 g OsO_4 (stark giftig und leicht flüssig! Abzug!) werden in 100 ml 0,1 n Schwefelsäure gelöst.

2.2 Wasserstoffperoxid

Um den Gehalt von Perhydrol (etwa 30% H_2O_2)[1] zu bestimmen, wiegt man etwa 1 ml Perhydrol im Wägeglas ab, verdünnt mit destilliertem Wasser auf 100 ml und titriert je 20 ml der Lösung nach Zusatz von etwa 20 ml 20%iger Schwefelsäure und 1 Tropfen 0,025 m Ferroin-Indikatorlösung mit 0,1 n $Ce(SO_4)_2$-Lösung in der Kälte. Man berechnet den Gehalt an H_2O_2 in Gewichtsprozent.

Die Sauerstoffatome in H_2O_2 liegen in der Oxidationsstufe $-I$ vor. Sie werden durch Reduktion in die Oxidationsstufe $-II$ (O^{2-} bzw. H_2O), durch Oxidation in elementaren Sauerstoff übergeführt. In welchem Sinne H_2O_2 reagiert, hängt vor allem vom Reaktionspartner und der sauren oder basischen Reaktion der Lösung ab. Gegen ein starkes Oxidationsmittel wie $Ce(SO_4)_2$ oder $KMnO_4$ wirkt H_2O_2 ausschließlich als Reduktionsmittel entsprechend dem Vorgang: $H_2O_2 \rightarrow O_2 + 2H^+ + 2e^-$. Da 1 mol H_2O_2 zwei Elektronen liefert, entspricht 1 ml 0,1 n $Ce(SO_4)_2$-Lösung $\hat{=}$ 0,1 mmol $Ce(SO_4)_2$ $\hat{=}$ 0,05 mmol H_2O_2 = 1,701 mg H_2O_2.

Die Titration kann auch ohne besonderen Indikator in derselben Weise mit 0,1 n $KMnO_4$-Lösung vorgenommen werden.

3 Dichromat-Verfahren

3.1 Eisen in Magnetit

Zur Bestimmung des Eisens dient eine $K_2Cr_2O_7$-Lösung, die man sich durch genaues Einwiegen von 4,903 g pulverisiertem, bei 150 °C getrockneten $K_2Cr_2O_7$, Lösen und Auffüllen zum Liter bereitet.

Um Fe^{2+} neben Fe^{3+} in Eisenerzen wie Magnetit (Fe_3O_4) zu bestimmen, wird das staubfein gepulverte Material unter Ausschluß von Luftsauerstoff[2] in Salzsäure gelöst. Man erhitzt dazu etwa 20 ml Salzsäure (1 + 1) in einem 200 ml-Rundkolben mit langem Hals zum schwachen Sieden, verdrängt die Luft durch Einleiten von CO_2 völlig

---

[1] Organische Konservierungsmittel dürfen nicht zugegen sein.

[2] Man berechne überschlägig, wieviel mg Fe^{2+} allein durch den in der Salzsäure gelösten Luftsauerstoff oxidiert werden könnten: 1 l Salzsäure bzw. Wasser nimmt bei Zimmertemperatur in Berührung mit Luft etwa 6,5 ml O_2 von Normalbedingungen auf; 22,4 ml O_2 $\hat{=}$ 1 mmol O_2 $\hat{=}$ 4 mmol Fe^{2+} = 4 · 55,85 mg Fe.

aus dem Kolben und bringt etwa 0,3 g der abgewogenen Substanz dazu. Man benutzt hierbei einen Weithalstrichter, der in den Kolbenhals eingesetzt und nachher mit ein wenig Wasser ausgespült wird. Der Kolben wird nun etwas schräg gestellt und weiter erhitzt, bis sich nach einiger Zeit alles bis auf einen weißen Rückstand gelöst hat. Dann kühlt man ab, ohne das Einleiten von CO_2 zu unterbrechen.

Die erhaltene Lösung wird mit etwa 200 ml Wasser in ein Becherglas gespült, mit 10 ml Schwefelsäure (1 + 5), 2 ml 85%iger Phosphorsäure und mit 6 – 8 Tropfen einer 0,1%igen Lösung von Na – N-Methyldiphenylamin-p-sulfonat[1] in Wasser versetzt[2]. Unter lebhaftem Rühren wird langsam mit 0,1 n $K_2Cr_2O_7$-Lösung titriert, bis die Farbe von grün nach grau umzuschlagen beginnt. Nun setzt man ganz langsam Tropfen für Tropfen zu, bis die Flüssigkeit eine satte grau violette Farbe angenommen hat. Anzugeben: % Fe^{2+}.

Zur Bestimmung des Gesamteisens wiegt man 0,2 – 0,25 g Magnetit ein, bringt ihn wie oben mit etwa 25 ml Salzsäure (1 + 1) in Lösung, verdünnt auf das 3 – 4fache und reduziert die filtrierte Lösung im Reduktionsrohr nach Jones oder mit $SnCl_2$ (S. 140, 141). Nun wird wie oben auf etwa 250 ml verdünnt, mit Schwefelsäure, Phosphorsäure sowie Indikatorlösung versetzt und mit 0,1 n $K_2Cr_2O_7$-Lösung titriert. Anzugeben: % $Fe^{2+} + Fe^{3+}$.

Zur Bestimmung von Eisen bei Gegenwart größerer Mengen von Chloriden ist $K_2Cr_2O_7$ besser geeignet als $KMnO_4$, weil es die Oxidation von Chloridion *nicht* induziert. Die $K_2Cr_2O_7$-Maßlösung ist im Gegensatz zur $KMnO_4$-Lösung unbegrenzt beständig und kann leicht durch genaues Einwiegen des trockenen Salzes bereitet werden. Wegen der ungünstigeren Eigenfarbe der Lösung ist jedoch ein Redox-Indikator erforderlich.

Der hier angewandte Indikator schlägt von farblos nach rotviolett um, sobald das Redoxpotential +0,87 Volt übersteigt. Wie aus Abb. 33 (S. 134) zu erkennen ist, wird dieser Wert von einer Mischung von Fe^{2+}- und Fe^{3+}-Ionen schon annähernd erreicht, so daß der Farbumschlag beim Titrieren zu früh einträte. Sorgt man aber durch Zusatz von Phosphorsäure dafür, daß das ge-

---

[1] Darstellung: J. Knop u. O. Kubelková-Knopová: Z. analyt. Chem. **122**, 184 (1941). Der Indikator ist nicht im Handel erhältlich. Strukturformel:

⟨◯⟩–N(CH$_3$)–⟨◯⟩–SO$_3^\ominus$ Na$^\oplus$

[2] Man kann statt dessen auch 3 Tropfen einer Lösung von 1 g Diphenylamin in 100 ml konzentrierter Schwefelsäure verwenden; der Farbumschlag ist dann aber weniger scharf.

bildete Fe^{3+} komplex gebunden wird, so übersteigt das Redoxpotential den angegebenen Wert erst, wenn ein wenig Dichromatlösung im Überschuß vorhanden ist; man erhält so den richtigen Endpunkt.

4 Titan(III)-Verfahren

4.1 Herstellung von 0,02 n TiCl$_3$-Lösung

Unter den reduzierend wirkenden Maßlösungen ist nur FeSO$_4$-Lösung einigermaßen an der Luft beständig. Lösungen von TiCl$_3$ oder CrCl$_2$ müssen bei Ausschluß von Luftsauerstoff unter CO$_2$ aufbewahrt und zur Umsetzung gebracht werden. TiCl$_3$ vermag als starkes Reduktionsmittels Fe^{3+} quantitativ zu Fe^{2+} zu reduzieren (vgl. Abb. 33, S. 134). Man titriert hierbei in ungefähr 2 n salzsaurer Lösung nach Zusatz von ein wenig KSCN, bis die von $Fe(SCN)^{2+}$ herrührende Rotfärbung gerade verschwunden ist. Wegen der zur Vermeidung einer Oxidation notwendigen Vorkehrungen lohnt sich dieses elegante und genaue Verfahren nur bei Serienanalysen. TiCl$_3$ vermag außer Fe^{3+} auch NO_3^-, ClO_3^- und selbst ClO_4^- quantitativ zu reduzieren; auf die Abwesenheit von NO_3^- ist besonders zu achten. SO_4^{2-} oder PO_4^{3-} stört nicht.

Zur Aufbewahrung der TiCl$_3$-Lösung unter Luftabschluß eignet sich die in Abb. 35 angedeutete Vorrichtung, mit deren Hilfe die Flüssigkeit in die Bürette gebracht werden kann, *ohne dabei* mit einem Hahn in Berührung zu kommen. Als Vorratsgefäß dient eine etwas erhöht aufgestellte Schliffflasche. Das freie Rohrende links ist durch einen gut sitzenden Vakuumschlauch mit einem Kippschen Apparat für

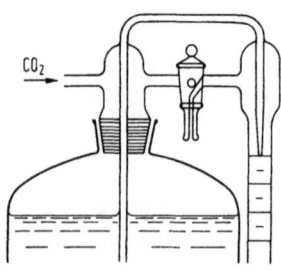

Abb. 35. Aufbewahrung der TiCl$_3$-Lösung

CO_2 zu verbinden. Durch einfaches Drehen des Schwanzhahns[1] kann die Bürette gefüllt und auf die Nullmarke eingestellt werden.

Zum Ansetzen der Lösung werden 2 l Wasser luftfrei gekocht und unter Einleiten von CO_2 abgekühlt; hierzu gibt man ein Gemisch von 50 ml der käuflichen $TiCl_3$-Lösung und 100 ml Salzsäure (1 + 1), das man kurz aufgekocht hat und bringt alles zusammen sofort in die mit CO_2 gefüllte Vorratsflasche. Dann setzt man die Hebervorrichtung ein, deren Schliff mit Vaseline gefettet ist und leitet sofort einen kräftigen CO_2-Strom durch den Schwanzhahn über die Bürette ins Freie, wobei man die Luft auch aus dem Heber durch Flüssigkeit verdrängt. Nachdem das Gerät mindestens einen Tag gut verschlossen gestanden hat, stellt man die $FeCl_3$-Lösung ein.

Diese bereitet man sich aus reinem Eisen oder löst etwa 28 g $FeCl_3 \cdot 6 H_2O$ in einem Liter Salzsäure (1 + 20) und bestimmt den Gehalt gewichtsanalytisch. 10 ml der Lösung werden in einem Erlenmeyerkolben mit etwa $^1/_5$ des Volumens konz. Salzsäure versetzt, auf 60–80 °C erhitzt und nach mehrmaligem Zusatz einer Messerspitze $NaHCO_3$ oder besser unter Einleiten von CO_2 titriert, bis sich die gelbe Farbe der Lösung stark aufgehellt hat. Dann gibt man etwa 1 ml 10%ige KSCN-Lösung hinzu, erhitzt nochmals und titriert nach erneutem Zusatz von $NaHCO_3$ langsam auf farblos.

4.2 Eisen in Braunstein

Man löst 0,5–2 g Braunstein in konz. Salzsäure, kocht, bis alles Chlor entwichen ist, versetzt mit dem 2–3fachen Volumen Wasser und verfährt wie bei der Einstellung.

5 Iodometrie

Die Iodometrie ist eine sehr vielseitig anwendbare Analysenmethode, sie erlaubt sowohl die Bestimmung von Oxidations- als auch von Reduktionsmitteln. Die der Iodometrie zugrunde liegende Reaktion läßt sich durch die Gleichung

$$I_2 + 2e^- \rightleftharpoons 2I^-$$

wiedergeben. Sie ist vollkommen reversibel.

---

[1] Alle Hähne und Schliffe werden zweckmäßig mit Gummischnüren gesichert.

Elementares Iod zählt zu den schwachen Oxidationsmitteln (vgl. Abb. 33, S. 134). Alle Stoffe, die quantitativ von ihm *oxidiert* werden, lassen sich unmittelbar durch Titrieren mit einer Iodlösung bestimmen. Ein Überschuß dieses Oxidationsmittels ist daran zu erkennen, daß die braune Iodlösung beim Eintropfen nicht mehr entfärbt wird. Viel schärfer läßt sich das Auftreten von freiem Iod nachweisen, wenn man der Lösung Kaliumiodid und Stärke zusetzt. Stärke besteht aus zwei Bestandteilen, Amylose und Amylopektin. Die spiralförmig aufgebaute Amylose, die sich in heißem Wasser kolloid löst und daher auch als „lösliche Stärke" bezeichnet wird, bildet mit Iod (dessen geringe Löslichkeit in Wasser durch Zugabe von Kaliumiodid wesentlich erhöht wird) eine blau gefärbte Einlagerungsverbindung. Schon 2,5 mg Iod im Liter genügen, um eine deutlich erkennbare Blaufärbung hervorzurufen. Freies Iod erteilt organischen Lösungsmitteln wie Tetrachlorkohlenstoff oder Chloroform eine intensiv rotviolette Farbe, mit deren Hilfe es in noch empfindlicherer Weise festzustellen ist.

Die schwach *reduzierenden* Eigenschaften des Iodid-Ions lassen sich benutzen, um oxidierend wirkende Stoffe zu bestimmen. Man versetzt diese zunächst mit einem Überschuß von KI, wobei eine äquivalente Menge freies Iod entsteht, das dann mit Hilfe einer geeigneten Reduktionsmaßlösung bestimmt werden kann. Meist verwendet man hierzu eine Lösung von Natriumthiosulfat.

5.1 Kaliumiodid als Reduktionsmittel

5.1.1 Herstellung einer 0,1 n Thiosulfatlösung

Man löst 25 g unverwittertes, reines $Na_2S_2O_3 \cdot 5 H_2O$ in 1 l ausgekochtem, kaltem Wasser und fügt etwa 0,1 g Na_2CO_3 hinzu, um die Haltbarkeit der Lösung zu erhöhen. Mit dem Einstellen wartet man mindestens 2 Tage, da die Lösung anfänglich ihren Wirkungsgrad noch ändert.

Um die als Indikator dienende Stärkelösung anzusetzen, verreibt man 1 g „lösliche Stärke" mit 5 mg HgI_2 (zur Stabilisierung) und Wasser zu einem dünnen Brei und rührt diesen in 500 ml kochendes destilliertes Wasser ein. Man kocht einige Minuten, bis die Lösung klar ist, läßt abkühlen und bewahrt die Stärkelösung in einer Flasche mit Schliffstopfen auf; man verwendet davon je etwa 5 ml auf 100 ml Lösung. Die Stärkelösung hält sich ohne Schutzmittel wegen

Bakterien- und Pilzbefall unter Umständen nur kurze Zeit; 1 Tropfen Iodlösung muß, einer Kaliumiodid und Stärke enthaltenden Lösung zugesetzt, einen rein blauen Farbton hervorrufen; eine violette bis rötliche Färbung zeigt, daß die Stärkelösung unbrauchbar geworden ist. Bei zu hoher Konzentration an freiem Iod tritt ebenfalls ein rötlicher Farbton auf, der im Endpunkt der Titration nicht sofort verschwindet; auch bei Gegenwart von Alkohol sowie in der Wärme ist der Farbumschlag weniger scharf. An Stelle von Stärke kann auch Polyviol[1] verwendet werden; es gibt eine dunkelrote Färbung und ist noch etwas empfindlicher als Stärke. Die Lösung ist haltbar und kann schon zu Beginn der Titration zugesetzt werden.

Die Einstellung der Thiosulfatlösung gelingt am genauesten mit analysenreinem, bei 180 °C getrockneten Kaliumiodat. Man wiegt in mehrere Erlenmeyerkölbchen je etwa 150 mg des Salzes so genau wie möglich ein, löst in 25 ml Wasser, gibt 2 g KI und etwa 5 ml 2 n Salzsäure oder Schwefelsäure hinzu und titriert unter dauerndem, vorsichtigen Umschwenken mit 0,1 n Thiosulfatlösung, bis ein schwach gelber Farbton erreicht ist. Nun erst setzt man einige ml Stärkelösung hinzu und titriert tropfenweise nach farblos.

Kaliumiodid, das bei Titrationen verwendet werden soll, muß zuvor auf KIO_3 geprüft werden. Man löst dazu 2 g KI wie oben und säuert an. Auf Zusatz von Stärkelösung darf sofort höchstens eine sehr schwache Blaufärbung entstehen. Es empfiehlt sich meist, KI in fester Form zuzugeben, da KI-Lösungen durch Luftsauerstoff oxidiert werden; dies geschieht besonders rasch bei Gegenwart starker Säuren.

Natriumthiosulfat gibt in schwach saurer Lösung mit Iod augenblicklich Natriumtetrathionat nach der Gleichung:

$$2\ ^{\ominus}|\underline{\mathrm{O}}-\overset{\overset{\mathrm{O}}{\|}}{\underset{\underset{\mathrm{O}}{\|}}{\mathrm{S}}}-\underline{\mathrm{S}}|^{\ominus} + I_2 \longrightarrow 2\,I^{\ominus} + {}^{\ominus}|\underline{\mathrm{O}}-\overset{\overset{\mathrm{O}}{\|}}{\underset{\underset{\mathrm{O}}{\|}}{\mathrm{S}}}-\underline{\mathrm{S}}-\underline{\mathrm{S}}-\overset{\overset{\mathrm{O}}{\|}}{\underset{\underset{\mathrm{O}}{\|}}{\mathrm{S}}}-\underline{\mathrm{O}}|^{\ominus}$$

Tetrathionat −Ion

Im Molekül der Thioschwefelsäure ist die gegen Oxidationsmittel besonders empfindliche SH-Gruppe enthalten. Beim Oxidieren mit Iod entsteht ein Radikal, das sich sofort mit einem zweiten Radikal verbindet. 1 mol Thioschwefelsäure reduziert nur 1 mol $I_2/2$ zu Iodid; eine 0,1 n $Na_2S_2O_3$-Lösung enthält dementsprechend 0,1 mol = 24,81 g $Na_2S_2O_3 \cdot 5\,H_2O$ im Liter.

---

[1] Polyvinylalkohol mit 20 mol-% Restacetatgruppen; man verwendet je 0,5 ml der 1%igen Lösung in Wasser.

Der Wirkungsgrad der Thiolsulfatlösung ist von Zeit zu Zeit nachzuprüfen, da er sich infolge der Tätigkeit von Schwefelbakterien verändern kann. Auch bei saurer Reaktion der Lösung, z. B. durch CO_2 aus der Luft, zersetzt sich Thiosulfat langsam: $H_2S_2O_3 \rightarrow H_2SO_3 + S$. H_2SO_3 würde beim Übergang in H_2SO_4 doppelt soviel Iod verbrauchen wie $H_2S_2O_3$, aus der es entsteht. Trotzdem können ziemlich stark saure Iodlösungen mit Thiosulfat titriert werden, wenn man durch rasches Vermischen der Lösung für eine schnelle Umsetzung sorgt. Andererseits ist bei allen iodometrischen Bestimmungen zu beachten, daß das elementare Iod recht flüchtig ist (Geruch!). Das Umschwenken von Lösungen, die freies Iod enthalten, muß daher mit Vorsicht geschehen.

Das hier als Urtitersubstanz benutzte **Kaliumiodat** oxidiert in saurer Lösung überschüssige Iodidionen zu freiem Iod nach der Gleichung:

$$\overset{+V}{IO_3^-} + 5I^- + 6H^+ \rightleftharpoons 3\overset{0}{I_2} + 3H_2O.$$

Da aus 1 mol KIO_3 insgesamt 6 mol $I_2/2$ entstehen, entspricht 1 Äquivalent KIO_3 dem Sechstel seiner Molmasse (35,667 g); diese Menge ist 1 mol $I_2/2$ und damit 1 mol $Na_2S_2O_3$ äquivalent. Die Berechnung der Normalität der Thiosulfatlösung geschieht entsprechend S. 107.

Aus der obigen Reaktionsgleichung geht hervor, daß 6 H^+-Ionen verschwinden müssen, wenn 3 Moleküle Iod entstehen sollen. Eine Mischung von Iodid und Iodat, die bei neutraler Reaktion unverändert bleibt, scheidet auf Zusatz unzureichender Mengen von Säure so lange Iod ab, bis alle H^+-Ionen verbraucht sind und die Lösung wieder annähernd neutral ($p_H \sim 7,5$) geworden ist. Das ausgeschiedene Iod ist der Menge an Säure äquivalent, die vorhanden war.

An Stelle von KIO_3 kann zum Einstellen der Thiosulfatlösung auch $KBrO_3$ verwendet werden, das mit überschüssigem Kaliumiodid ebenfalls 6 Atome Iod freisetzt. Da diese Umsetzung aber langsam verläuft, nimmt man mindestens doppelt soviel Säure wie oben und beschleunigt die Reaktion katalytisch durch Zusatz einiger Tropfen einer 3%igen Ammoniummolybdatlösung. Eine ähnliche Katalyse ist bei der Einwirkung von H_2O_2 auf Iodidionen zu beobachten:

$$\overset{-I}{H_2O_2} + 2I^- + 2H^+ \rightarrow \overset{0}{I_2} + 2\overset{-II}{H_2O}.$$

Ohne Katalysator ist die Umsetzung erst nach etwa 30 min vollständig; setzt man aber einige Tropfen Molybdatlösung zu, so kann das ausgeschiedene Iod sofort titriert werden.

Im allgemeinen empfiehlt es sich, zur Einstellung einer Lösung einzelne, genau abgewogene Proben einer geeigneten Urtitersubstanz zu verwenden, um unabhängig von Fehlern der Meßkolben und Pipetten zu sein. Verfügt man jedoch über eine genau eingestellte KMnO$_4$-Lösung, so kann man auch diese zum Einstellen der Thiosulfatlösung verwenden. **KMnO$_4$** oxidiert in saurer Lösung Iodidionen quantitativ zu Iod:

$$2 \overset{+VII}{Mn}O_4^- + 10 I^- + 16 H^+ \rightarrow 2 Mn^{2+} + 5 \overset{0}{I_2} + 8 H_2O.$$

3 g KI werden in 10 ml Wasser gelöst und mit 10 ml 2 n Salzsäure oder Schwefelsäure versetzt. Nun läßt man unter Umschwenken 40 ml 0,1 n KMnO$_4$-Lösung zufließen und titriert mit Thiosulfatlösung zunächst bis zur schwachen Gelbfärbung, dann nach Hinzufügen einiger ml Stärkelösung nach farblos.

5.1.2 Nitrit

Man pipettiert 25 ml 0,1 n KMnO$_4$-Lösung in ein 500 ml-Becherglas, gibt 40 ml 20%ige Schwefelsäure zu und verdünnt mit Wasser auf etwa 300 ml. Die zu analysierende Nitritlösung hält man in einer Bürette bereit, deren Spitze kurz vor Beginn der Titration in die auf 40 – 50°C (Thermometer!) erwärmte KMnO$_4$-Lösung eingetaucht wird. Man läßt nun die Nitritlösung ganz langsam unter ständigem Rühren zufließen, bis die KMnO$_4$-Lösung nur noch schwach rosa ist und kühlt dann auf Zimmertemperatur ab. Der Überschuß an KMnO$_4$ wird wie üblich nach Zugabe von 2 g KI und 10 ml 2 n H$_2$SO$_4$ mit 0,1 n Na$_2$S$_2$O$_3$-Lösung ermittelt, indem man zunächst bis zur schwachen Gelbfärbung und schließlich nach Zusatz einiger ml Stärkelösung bis zur Farblosigkeit titriert.

Es ist darauf zu achten, daß die zu analysierende Nitritlösung einen p_H-Wert von >9 aufweist, da sie bei kleinerem p_H nicht mehr stabil ist.

5.1.3 Chromat

Man verdünnt 50 ml der Chromatlösung in einem 750 ml-Enghals-Erlenmeyerkolben auf 400 ml, gibt 4 g KHCO$_3$ zu und dann von 25 ml 50%iger Schwefelsäure so viel, bis die Farbe nach Orange umschlägt. Dann gibt man 2 g KI sowie den Rest der Schwefelsäure hinzu, wartet einige Minuten und titriert mit 0,1 n Natriumthiosulfatlösung unter dauerndem Umschwenken, bis die Lösung gelblichgrün erscheint. Nun wird Stärkelösung zugegeben und bis zum Umschlag von Dunkelblau nach Hellblaugrün weitertitriert. Anzugeben: mg Cr; Genauigkeit ±0,2%.

Kaliumchromat bzw. -dichromat kann in saurer Lösung als starkes Oxidationsmittel Iodid quantitativ zu Iod zu oxidieren:

$$\overset{+VI}{Cr_2O_7^{2-}} + 6J^- + 14H^+ \rightarrow 3\overset{0}{I_2} + 2Cr^{3+} + 7H_2O.$$

Die Umsetzung vollzieht sich jedoch nur in stark saurer Lösung genügend rasch. Trotzdem empfiehlt es sich nicht, mehr Säure als angegeben zuzusetzen, da sonst merkliche Mengen Iodid durch den Luftsauerstoff oxidiert werden. $K_2Cr_2O_7$ eignet sich auch als Urtitersubstanz zur Einstellung einer Thiosulfatlösung.

5.1.4 Chlorkalk

Etwa 7 g Chlorkalk werden in einem *gut verschlossenen* Wägeglas auf 0,2% genau abgewogen und in einer größeren Reibschale mit etwa 50 ml Wasser verrieben. Man gießt die trübe Lösung durch einen Trichter in einen 500 ml-Meßkolben und verreibt den zurückbleibenden Bodensatz aufs neue mit Wasser, bis alle gröberen Teilchen verschwunden sind. Man füllt bis zur Marke auf, schüttelt stark durch, pipettiert rasch 25 ml der trüben Lösung in einen 250 ml-Erlenmeyerkolben und titriert nach Zugabe von 2 g KI und 30 ml 2 n Schwefelsäure mit 0,1 n Thiosulfatlösung.

Bei der Herstellung des Chlorkalks durch Überleiten von Chlor über $Ca(OH)_2$ disproportioniert Chlor in Chlorid und Hypochlorit:

$$\overset{0}{Cl_2} + H_2O \rightleftharpoons \overset{-I}{Cl^-} + \overset{+I}{ClO^-} + 2H^+.$$

Beim Versetzen des Chlorkalks mit Säure verschiebt sich das Gleichgewicht nach links, so daß aus 1 mol CaCl(OCl) 1 mol Cl_2 und aus diesem mit überschüssigem Kaliumiodid die äquivalente Menge Iod entsteht. Man berechnet den Gehalt an „wirksamem Chlor" in Gewichtsprozent.

Ein billigeres Reduktionsmittel als KI ist As_2O_3, das durch Chlorkalk rasch zu As_2O_5 oxidiert wird. Man titriert in diesem Fall die angesäuerte Chlorkalklösung mit einer Arsen(III)-Maßlösung, bis ein herausgenommener Tropfen Kaliumiodid-Stärkepapier nicht mehr blau färbt.

5.1.5 Oxidationswert von Braunstein nach Bunsen

Reiner Braunstein ist Mangandioxid, MnO_2. Die natürlich vorkommenden Manganmineralien entsprechen jedoch nicht immer dieser Zusammensetzung. Für seine umfangreiche technische Verwendung

5 Iodometrie 155

ist es mitunter wichtig, seinen „Oxidationswert" zu kennen, d. h. den Mangangehalt, der in einer höheren als der zweiwertigen Oxidationsstufe vorliegt. Dieser Gehalt wird als MnO_2 angegeben.

Zu seiner Bestimmung benutzt man das in Abb. 36 wiedergegebene Gerät. Ein 750 ml-Erlenmeyerkolben ist mit einem Gummistopfen verschlossen, in dessen eine Bohrung ein mit gläsernen Raschigringen beschicktes Calciumchloridrohr eingesetzt ist. Die andere Bohrung trägt ein fast zum Boden reichendes Rohr von 2,5 mm Innendurchmesser, das oben durch einen Schliff mit einem etwa 30 ml fassenden Rundkölbchen verbunden werden kann.

Der Erlenmeyerkolben wird mit einer Lösung von 3 g KI in 200 ml Wasser beschickt. In das Calciumchloridrohr gibt man ein wenig konzentrierte Kaliumiodidlösung. Etwa 0,2 g des fein pulverisierten Braunsteins werden aus einem langen, schmalen Wägerohr in das *trockene* Kölbchen geschüttet, wobei darauf zu achten ist, daß nichts am Kolbenhals haften bleibt. Nun gibt man 25 ml konz. Salzsäure hinzu und verbindet das Kölbchen *rasch* mit dem Einleitrohr. Der Schliff wird mit 1 Tropfen konz. Salzsäure gedichtet. Man erwärmt das Kölbchen allmählich an einem vor Luftzug geschützten Platz mit einer kleinen, *von einem Schornstein umgebenen* Bunsenflamme bis zum lebhaften Sieden der Flüssigkeit. Wenn diese etwa zur Hälfte überdestilliert ist und der ungelöste Rückstand keine dunklen Teilchen mehr aufweist, ist die Reaktion beendet. das Erhitzen muß so

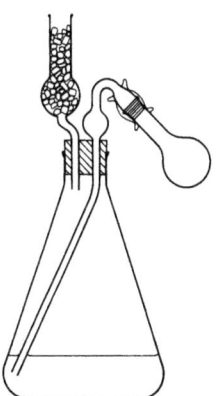

Abb. 36. Apparat zur Bestimmung des Oxidationswertes von Braunstein

gleichmäßig erfolgen, daß die Flüssigkeit nicht zurücksteigt. Eine kleine Glasperle oder auch ein Stückchen Magnesit im Kölbchen leisten hierbei gute Dienste.

Um das Erhitzen zu unterbrechen, neigt man den Erlenmeyerkolben so weit, daß das Einleitrohr nicht mehr in die Flüssigkeit taucht. Nach dem Abnehmen des Kölbchens kühlt man die Vorlage vollständig auf Zimmertemperatur ab, gibt Wasser in das Calciumchloridrohr, spült das Einleitrohr innen und außen ab und titriert wie üblich mit 0,1 n Natriumthiosulfatlösung. Anzugeben: % MnO_2.

Bei dem beschriebenen, schon von Bunsen angewandten Verfahren wird eine Braunsteinprobe zunächst mit konz. Salzsäure umgesetzt. Dabei entsteht Chlor, das, in KI-Lösung aufgefangen die äquivalente Menge Iod in Freiheit setzt:

$$\overset{+IV}{Mn}O_2 + 4 H\overset{-I}{Cl} \rightarrow Mn\overset{+II}{Cl_2} + \overset{0}{Cl_2} + 2 H_2O.$$

Die unmittelbare Umsetzung von Braunstein mit einer sauren KI-Lösung empfiehlt sich weniger, da die Oxidation von Iodid durch Luftsauerstoff hierbei nur schwer auszuschließen ist; zudem stört das meist anwesende Fe^{3+}.

Da bei dem Bunsenschen Verfahren Chlor zusammen mit Wasserdämpfen erhitzt wird, geht entsprechend dem Deacon-Gleichgewicht ein wenig davon für die Umsetzung mit KI verloren:

$$2 Cl_2 + 2 H_2O \rightleftharpoons 4 HCl + O_2.$$

In der angegebenen Weise können auch andere höhere Oxide wie PbO_2 oder Pb_3O_4, aber auch Selensäure, Tellursäure und Chlorate analysiert werden.

5.1.6 Bestimmung des Kupfers in Messing

Man löst etwa 0,3 g der Legierung in einem 200 ml-Erlenmeyerkolben mit aufgesetztem Trichter in möglichst wenig konz. Salpetersäure (5 – 10 ml) und etwas Wasser. Wenn man sicher ist, daß alle metallischen Bestandteile gelöst sind, verdünnt man auf 30 bis 40 ml und kocht etwa 10 min stark, um die Stickstoffoxide restlos zu entfernen. Die Lösung wird mit Ammoniak eben neutralisiert und nach Zusatz von 2 g NH_4HF_2 durchgeschüttelt[1], bis sich etwa ausgefallenes $Fe(OH)_3$ gelöst hat. Nun gibt man zur kalten Lösung 5 ml konz. Es-

---

[1] Über die Struktur des Ammoniumhydrogendifluorids informiere man sich in einem Lehrbuch.

5 Iodometrie

sigsäure und 3 g pulverisiertes Kaliumiodid, mischt gründlich und titriert mit 0,1 n Thiosulfatlösung zunächst bis zum Verblassen der Braunfärbung, dann nach Zusatz von 3 ml Stärkelösung auf einen bleibend elfenbeinfarbenen Ton. Der Umschlag ist schärfer, wenn man kurz vor dem Endpunkt 2 g festes NH_4SCN in der Flüssigkeit auflöst.

Liegen in einer wäßrigen Analysenlösung nur Cu^{2+}-Ionen vor, so vereinfacht sich die Arbeitsvorschrift wie folgt:

Man pipettiert 20 ml der Probelösung in einen Erlenmeyerkolben und versetzt mit soviel verdünnter Schwefelsäure, daß ihre Konzentration in der Gesamtlösung etwa 0,75 molar ist. Anschließend gibt man eine wäßrige Lösung von 2 g KI hinzu, verschließt den Kolben und schüttelt den Inhalt gut durch. Nach 1 min titriert man mit 0,1 n Thiosulfatlösung wie oben beschrieben bis zum ersten völligen Verschwinden der Blaufärbung.

Die sehr genaue iodometrische Bestimmung des Kupfers beruht auf der Reaktion:

$$Cu^{2+} + 2I^- \rightarrow CuI + \frac{1}{2} I_2.$$

Cu^{2+} wirkt hier dem Iodid gegenüber als Oxidationsmittel, obwohl es sonst keine oxidierenden Eigenschaften erkennen läßt. Eine Mischung gleicher Teile Cu^{2+}- und Cu^{1+}-Ionen hat in der Tat, wie man aus der Lage des Redoxpotentials (Abb. 33, S. 134) ersieht, eher reduzierende als oxidierende Eigenschaften und sollte auf eine Mischung von Iodid und Iod reduzierend einwirken. Iodid bildet indessen mit Cu^{1+}-Ionen sehr schwer lösliches CuI und verringert so die Konzentration der Cu^{1+}-Ionen stark. Das Redoxpotential, das nach der Nernstschen Gleichung vom *Verhältnis* $[Cu^{2+}]/[Cu^{1+}]$ abhängt, wird hierdurch so erhöht, daß Cu^{2+} praktisch quantitativ unter Abscheidung von Iod reagiert.

Aus Abb. 33 (S. 134) ist weiterhin zu erkennen, daß auch Fe^{3+} Iodionen zu oxidieren vermag:

$$Fe^{3+} + I^- \rightleftharpoons Fe^{2+} + \frac{1}{2} I_2.$$

Die Reaktion führt aber nicht zu einer vollständigen Umsetzung. Sie läßt sich jedoch erzwingen, wenn man das gebildete Iod z. B. durch Übertreiben mit Wasserdämpfen fortwährend aus dem Gleichgewicht entfernt. Das Iod kann aufgefangen und titriert werden.

Von größerer praktischer Bedeutung ist die Aufgabe, die Oxidation von I^- durch Fe^{3+} zu *verhindern*, um andere Elemente wie Cu^{2+} ungestört iodometrisch bestimmen zu können. Dies gelingt, wenn man die Konzentration des Fe^{3+}-Ions im Verhältnis zu jener von Fe^{2+}-Ionen vermindert und damit das Redoxpotential herabsetzt. Dazu verhelfen Zusätze von Fluorid oder Diphosphat, welche Fe^{3+} zu starken Komplexen wie $[FeF_6]^{3-}$ binden. In entsprechender Weise läßt sich die Einwirkung von Cu^{2+} auf I^- durch Überführen in komplexes Cu^{2+}-tartrat völlig verhindern, so daß z. B. As^{3+} neben Cu^{2+} ungestört iodometrisch bestimmt werden kann (vgl. S. 160).

Ganz ähnlich wie freies Cu^{2+} wirkt Hexacyanoferrat(III) nur dann oxidierend auf Iodidionen ein (vgl. Abb. 33, S. 134), wenn die Konzentration des Hexacyanoferrat(II)-Ions auf einen sehr geringen Betrag herabgesetzt wird, was durch Zugabe von Zinksalz geschehen kann. Kalium-Zink-Hexacyanoferrat(II) ist äußerst schwer, Zink-Hexacyanoferrat(III) jedoch viel leichter löslich. Die Abscheidung von Iod durch Kaliumhexacyanoferrat(III), das sich auch als Urtitersubstanz eignet, ist unter diesen Umständen quantitativ; umgekehrt läßt sich auf diese Weise Zink iodometrisch oder noch bequemer potentiometrisch bestimmen. Da das Redoxpotential durch das Verhältnis Hexacyanoferrat(III)/Hexacyanoferrat(II) festgelegt ist und mit Hilfe einer blanken Platinelektrode leicht gemessen werden kann, titriert man die 1,7 – 2 n schwefelsaure, K_2SO_4 enthaltende Zinklösung nach Zusatz von 10 – 20 mg Hexacyanoferrat(III) mit einer Lösung von Hexacyanoferrat(II). Sobald die Fällung des Zinks beendet ist, steigt die Konzentration von Hexacyanoferrat(II) sprunghaft, und das Redoxpotential fällt steil ab.

5.1.7 Cobalt

20 – 25 ml $CoSO_4$-Lösung (bis 250 mg Co enthaltend) werden in einem 250 ml-Erlenmeyerkolben mit $NaHCO_3$ vorsichtig neutralisiert; der Kolbenhals ist dabei durch einen mit Glaswolle gefüllten Trichter stets rasch wieder zu verschließen. Anschließend fügt man noch 5 g $NaHCO_3$ im Überschuß zu, kühlt die Lösung in Eis und oxidiert mit 5 ml 30%igem H_2O_2, wobei ein dunkelgrüner Cobalt(III)-Komplex entsteht. Sobald das Aufschäumen nachgelassen hat, spült man Trichter und Wandungen mit destilliertem Wasser ab. Die Lösung bleibt dann 20 – 40 min bei Zimmertemperatur stehen, wobei sich alles H_2O_2 zersetzt; nur bei kleinen Co-Mengen ist es nötig, schwach zu erwärmen, bis die Sauerstoffentwicklung aufgehört hat. Zu der auf etwa 100 ml verdünnten, kalten Lösung gibt man schließlich 5 g KI hinzu, neutralisiert tropfenweise mit Salzsäure (1 + 1) aus einem Tropftrichter unter fortwährendem Umschwenken, setzt nach Beendigung der CO_2-Entwicklung noch weitere 10 ml Salzsäure (1 + 1) zu und titriert dann mit $Na_2S_2O_3$-Lösung und Stärkezusatz wie üblich. Eisen bis zu etwa gleicher Menge stört nicht, wenn man vor dem Zusatz von $NaHCO_3$ 2 g Natriumacetat und 6 – 8 g NaF zugibt. Ni, Mn oder NO_3^- stören. Die Berechnung erfolgt nach der Gleichung

$$2Co^{3+} + 2I^- \rightarrow 2Co^{2+} + I_2.$$

5.1.8 Iodid

Die in einem Erlenmeyerkolben mit Schliffstopfen empfangene Lösung (etwa 25 ml) soll ungefähr 0,1 n an Iodid sein, sie darf außerdem etwa gleich viel Bromid sowie Chlorid enthalten. Man versetzt sie mit 1 g Harnstoff, 8 ml 0,5 n NaNO$_2$-Lösung und 10 ml 2 n Schwefelsäure und läßt unter Umschwenken wenigstens 15 min locker verschlossen stehen. Das ausgeschiedene Iod wird nach Zugeben von 2 g KI durch Schütteln in Lösung gebracht und mit 0,1 n Thiosulfatlösung wie üblich titriert. Kurz bevor die Titration beendet ist, verschließt man den Kolben und schüttelt durch, um das im Kolben noch enthaltene gasförmige Iod zu erfassen.

Iodid wird durch salpetrige Säure in einer spezifischen, spontan verlaufenden Reaktion quantitativ zu Iod oxidiert:

$$I^- + \overset{+III}{NO_2^-} + 2H^+ \rightarrow \tfrac{1}{2}\overset{0}{I_2} + \overset{+II}{NO} + H_2O.$$

Die im Überschuß vorhandene und aus NO wieder gebildete salpetrige Säure wird durch Harnstoff in einer langsam verlaufenden Reaktion unschädlich gemacht:

$$2\,HNO_2 + CO(NH_2)_2 \rightarrow 2\,N_2 + CO_2 + 3\,H_2O.$$

Schon Spuren von salpetriger Säure oder Stickstoffoxiden beschleunigen katalytisch die Oxidation von Iodidionen durch den Luftsauerstoff so stark, daß kein scharfer Endpunkt erhalten wird.

Zur Trennung von **Chlorid, Bromid und Iodid** geht man meist davon aus, daß diese verschieden leicht oxidiert werden, wie aus Abb. 33 (S. 134) ersichtlich ist. Die bei der Oxidation entstandenen, leicht flüchtigen, elementaren Halogene werden dann einzeln, z. B. ähnlich wie Ammoniak (S. 117), mit Hilfe von Wasserdampf übergetrieben, aufgefangen und bestimmt. Sehr schwache Oxidationsmittel oxidieren Iodid zu Iod, ohne bereits Bromid oder Chlorid anzugreifen. Man verwendet Fe^{3+}, HNO_2, H_3AsO_4 oder HIO_3. Das Oxidationspotential der drei zuletzt genannten Stoffe hängt von der Wasserstoffionen-Konzentration der Lösung ab. Iodsäure vermag bereits in sehr schwach saurer Lösung Iodid zu oxidieren, während Arsensäure (vgl. Abb. 33, S. 134) nur in mineralsaurer Lösung dazu in der Lage ist.

Die schwierigere Trennung von Bromid und Chlorid gelingt nur unter bestimmten, sehr genau einzuhaltenden Bedingungen. Als Oxidationsmittel, die wohl Bromid-, nicht aber Chloridionen zu oxidieren vermögen, werden KIO_3, MnO_2 oder CrO_3 in mineralsaurer Lösung sowie $KMnO_4$ in essigsaurer Lösung angewandt (vgl. Abb. 33, S. 134). Verwendet man dabei eine bestimmte Menge KIO_3, so kann man das freigesetzte Brom (oder Iod) durch Kochen vertreiben, den Verbrauch an Oxidationsmittel durch Zurücktitrieren ermitteln und *daraus* auf die Menge des Bromids schließen (vgl. S. 164).

Sehr kleine Mengen Bromid neben viel Chlorid lassen sich genau bestimmen, indem man bei $p_H = 5$ mit NaOCl-Lösung oxidiert (wobei Bromat entsteht) und den Überschuß des Oxidationsmittels mit Natriumformiat unschädlich macht. Das hierbei unverändert bleibende Bromat kann dann iodometrisch (vgl. S. 152) bestimmt werden.

Auch Iodid wird durch starke Oxidationsmittel wie Chlor quantitativ in Iodat überführt. Nachdem Chlor, etwa durch Verkochen, entfernt ist, setzt man Kaliumiodid im Überschuß zu und erhält nun sechsmal soviel Iod, wie ursprünglich Iodid vorhanden war; dieses zur Bestimmung kleinster Mengen Iod bisweilen angewandte „Potenzierungsverfahren" läßt sich, wenigstens theoretisch, beliebig oft wiederholen.

5.2 Iodlösung als Oxidationsmittel

5.2.1 Herstellung einer 0,1 n Iodlösung

Man wiegt in einem Erlenmeyerkölbchen auf einer *gewöhnlichen Waage* etwa 6,3 g reines, sublimiertes Iod ab[1], gibt 10 g iodatfreies Kaliumiodid sowie etwa 15 ml Wasser hinzu und löst alles durch Umschwenken auf. Die Lösung wird in einer braunen Glasstopfenflasche auf 500 ml verdünnt und durch Titrieren mit 0,1 n Thiosulfatlösung eingestellt.

Iod ist in Wasser schwer löslich, hingegen gut löslich in wäßriger KI-Lösung unter Bildung des Triiodidions I_3^-. Eine solche Lösung läßt sich als schwach oxidierend wirkende Maßflüssigkeit verwenden. Eine Iodlösung von bekanntem Gehalt kann auch durch *genaues* Einwiegen von sublimiertem, trockenem Iod bereitet werden; sie ändert jedoch allmählich ihren Wirkungswert.

5.2.2 Arsen

In einem 200 ml-Erlenmeyerkolben versetzt man die gegebene, schwach saure Arsen(III)-Lösung (etwa 25 ml) mit etwa 50 ml Wasser, 3 – 5 g $NaHCO_3$ (Vorsicht!) sowie einigen ml Stärkelösung und titriert mit 0,1 n Iodlösung bis zur bleibenden schwachen Blaufärbung.

As_2O_3 eignet sich hervorragend als Urtitersubstanz zum Einstellen der Iodlösung. Da As_2O_3 von Wasser oder verdünnten Säuren schlecht benetzt wird,

---

[1] Iod darf wegen der korrodierenden Dämpfe, die es aussendet, nur in einem *fest verschlossenen* Gefäß auf die analytische Waage gebracht werden.

löst man es unter Erwärmen in überschüssiger Natronlauge und säuert dann schwach mit verdünnter Schwefelsäure an.

Die Umsetzung mit Iod erfolgt nach der Gleichung:

$$\overset{+III}{As}O_2^- + \overset{0}{I_2} + 2H_2O \rightleftharpoons \overset{+V}{As}O_4^{3-} + 2I^- + 4H^+.$$

Da die Redoxpotentiale von Arsenat/Arsenit und Iod/Iodid in schwach saurer Lösung annähernd gleich sind (vgl. Abb. 33, S. 134), stellt sich ein **Gleichgewicht** ein, das nicht eindeutig auf einer der beiden Seiten liegt. Wenn man aber die Konzentration der in der Gleichung rechts auftretenden Wasserstoffionen z. B. durch Zusatz von $NaHCO_3$ stark erniedrigt, verschiebt sich das Gleichgewicht, dem Massenwirkungsgesetz entsprechend, so weit nach rechts, daß alles Arsenit quantitativ zu Arsenat oxidiert wird. Umgekehrt kann man in sehr stark saurer Lösung Iodid durch Arsenat zu Iod oxidieren. Dieser Sachverhalt ist aus Abb. 33 (S. 134) unmittelbar zu erkennen. Dreiwertiges Antimon kann in entsprechender Weise titriert werden; man muß jedoch Tartrat zusetzen, um die Ausscheidung von basischen Salzen zu verhindern.

Um eine restlose Umsetzung von Arsenit mit Iod zu erreichen, scheint es nach dem eben Dargelegten günstig, die Lösung durch Zusatz von Natronlauge stark alkalisch zu machen. Dies ist jedoch nicht zulässig, da Iod in alkalischer Lösung oberhalb p_H 8 rasch in I^- und IO^-, weiterhin in I^- und IO_3^- disproportioniert, so daß keine Blaufärbung der Stärkelösung eintreten könnte. Auch mit Thiosulfat darf Iod nur in saurer oder neutraler Lösung ($p_H < 7$) umgesetzt werden, da Hypoiodit ebenso wie Chlor oder Brom Sulfat liefert.

Mit überschüssiger Iodlösung kann u.a. bei saurer Reaktion Sn^{2+} zu Sn^{4+}, H_2S zu S, H_2SO_3 zu H_2O_4 oder in alkalischer Lösung Formaldehyd (HCHO) zu Ameisensäure (HCOOH) oxidiert und so quantitativ bestimmt werden.

Zu den iodometrischen Verfahren gehört auch die vielseitig anwendbare Wasserbestimmung nach Karl Fischer[1]. Die Umsetzung erfolgt hierbei in Gegenwart von überschüssigem Pyridin nach der Gleichung:

$$I_2 + SO_2 + H_2O + CH_3OH \rightarrow 2HI + CH_3SO_4H,$$

wobei das als Lösungsmittel benutzte wasserfreie Methanol 1 mol H_2O in der Reaktionsgleichung ersetzt. Der Endpunkt kann visuell, besser jedoch elektrometrisch festgestellt werden. Das Verfahren ermöglicht nicht nur die quantitative Bestimmung von Wasser selbst, sondern auch von Stoffen, aus denen sich bei geeigneten Umsetzungen, z. B. mit Eisessig, Methanol, Benzaldehyd, Iodwasserstoff usw., H_2O bilden kann. Zu diesen gehören zahlreiche Verbindungen der organischen Chemie wie Alkohole, Carbonsäuren oder Amine; anorganische Salzhydrate, Hydroxide, aber auch manche Oxide setzen sich in entsprechender Weise um.

---

[1] Mitchell, J., u. D. M. Smith: Aquametry. New York: Interscience 1948. — Eberius, E.: Wasserbestimmung mit Karl-Fischer-Lösung. Weinheim: Verlag Chemie, 2. Aufl. 1958.

6 Oxidationen mit Kaliumbromat und Kaliumiodat

6.1 Herstellung einer 0,1 n Kaliumbromatlösung

Man bringt 2,7834 g reinstes, bei 150 °C getrocknetes $KBrO_3$ in einen 1 l-Meßkolben, löst es in Wasser und füllt bis zur Marke auf.

Lösungen von freiem Brom sind wegen dessen Flüchtigkeit als Maßlösungen wenig geeignet. Man kann sich aber jederzeit Brom in bekannter Menge verschaffen, wenn man $KBrO_3$ in stark salzsaurer Lösung auf KBr einwirken läßt:

$$\overset{+V}{BrO_3^-} + 5\,Br^- + 6\,H^+ \rightleftharpoons 3\,\overset{0}{Br_2} + 3\,H_2O.$$

Da bei der weiteren Umsetzung ohnehin KBr entsteht, kann ein besonderer Zusatz von KBr in manchen Fällen unterbleiben. $KBrO_3$-Lösungen von bekanntem Gehalt lassen sich bequem durch genaues Einwiegen des Salzes bereiten; sie ändern ihren Wirkungswert auch bei längerer Aufbewahrung nicht. Da ein Bromation sechs Teile Brom liefert, sind zur Herstellung von 1 l einer 0,1 n Lösung 2,7834 g $KBrO_3$ erforderlich.

Beim Titrieren mit $KBrO_3$ wird überschüssiges, freies Brom an seiner zerstörenden Wirkung auf organische Farbstoffe erkannt. Man verwendet meist eine 0,1%ige Lösung von Methylorange oder Indigokarmin in Wasser. Empfehlenswert ist auch ein Gemisch von 2 Tropfen Indigokarmin und 1 Tropfen Methylrot. Ein stellenweiser Überschuß von $KBrO_3$ bzw. Brom ist beim Titrieren unbedingt zu vermeiden, da sonst schon vor beendeter Umsetzung ein Teil des Farbstoffes zerstört wird.

6.2 Antimon

Die gegebene Antimon(III)-Lösung (etwa 25 ml) wird in einem Erlenmeyerkolben mit 10 ml konz. Salzsäure, 25 ml Wasser und 2 Tropfen Methylorangelösung versetzt. Man erwärmt auf 60–70 °C und titriert *langsam* mit 0,1 n $KBrO_3$-Lösung *unter fortwährendem raschen* Umschwenken. Besonders gegen Ende der Umsetzung darf das Bromat nur tropfenweise zugesetzt werden, wobei man jedesmal etwa eine halbe Minute (!) wartet. Sobald der Äquivalenzpunkt erreicht ist, tritt eine *langsame, aber vollständige* Entfärbung der Lösung ein; Orange- bis Gelbfärbung – durch freies Brom hervorgerufen – zeigt, daß man übertitriert hat.

Um das Herannahen des Äquivalenzpunktes rechtzeitig zu erkennen, kann man etwa 0,02% der zu titrierenden Lösung in ein anderes Gefäß bringen, das zunächst beiseite gestellt wird. Sobald sich eine Farbänderung zeigt, gibt man rasch den Rest der Lösung zu, spült nach, versetzt nötigenfalls nochmals mit 1 – 2 Tropfen Indikatorlösung und titriert langsam aus. Zum Einüben kann man Brechweinstein analysieren.

As^{3+} wird ohne zu erwärmen, jedoch sonst in gleicher Weise in 2,5 – 3,5 n salzsaurer Lösung titriert. Fe^{3+}, Cr^{3+} und Mn^{2+} stören hierbei nicht. Wurde versehentlich zuviel $KBrO_3$ zugegeben, so kann man nicht wie sonst zurücktitrieren. Man versetzt dann mit einem bekannten Volumen 0,1 n Arsen(III)-Lösung und titriert mit $KBrO_3$ zu Ende.

6.3 Zink als Hydroxychinolat, bromatometrisch

Man geht von einer annähernd neutralen Lösung aus, die ca. 50 mg Zink enthält. Durch Zusatz von etwa 2 ml konz. Essigsäure und 4 – 5 g Natriumacetat wird die Lösung schwach essigsauer gemacht (p_H 4 – 6), auf 60 °C erwärmt und genau wie auf S. 82 für Mg geschildert, weiterbehandelt. Da die Lösung hier nicht alkalisch reagiert, ist ein Überschuß an Hydroxychinolin nur am Ausbleiben einer weiteren Fällung erkennbar. Der Niederschlag wird auf einem Filter gesammelt, gut mit heißem Wasser ausgewaschen und mit warmer 2 n Salzsäure wieder vom Filter gelöst. Man fängt die Flüssigkeit in einem Erlenmeyerkolben auf, wäscht das Filter gründlich mit Salzsäure aus, verdünnt mit dem gleichen Volumen Wasser, dann mit 1 n Salzsäure auf etwa 100 ml, kühlt ab und gibt 1 g KBr und 2 Tropfen Methylorangelösung hinzu. Nun wird *langsam* unter Umschwenken mit 0,1 n $KBrO_3$Lösung titriert, bis – am Umschlag von Orange nach Gelb erkennbar – schätzungsweise 1 ml im Überschuß vorhanden ist. Man gibt nun 50 ml Methanol und 1 g gepulvertes Kaliumiodid sofort unter Umschwenken hinzu und titriert das ausgeschiedene Iod mit 0,1 n Thiosulfatlösung zurück. Unterbleibt der Zusatz von CH_3OH, so kann sich bei zu großem $KBrO_3$-Überschuß eine braune Additionsverbindung des Iods mit Dibromhydroxychinolin ausscheiden.

Das Verfahren gestattet, Hydroxychinolin und damit alle durch Hydroxychinolin fällbaren Elemente (vgl. S. 83) rasch und genau maßanalytisch zu bestimmen. Die angegebenen Bedingungen sind so gewählt, daß sich quantitativ Dibromhydroxychinolin bildet nach der Gleichung:

1 mol Hydroxychinolin verbraucht 4 Äquivalente Brom. Die Niederschläge der zweiwertigen Elemente wie Zn, Mg enthalten in der Regel zwei, die der dreiwertigen wie Al drei Moleküle Hydroxychinolin, also 1 Molekül Hydroxychinolin auf 1 Äquivalent des Metalls. Ein Äquivalent Zn (bzw. eines zweiwertigen Metalls) entspricht daher 8 Äquivalenten Brom, ein Äquivalent Al (bzw. eines dreiwertigen Metalls) 12 Äquivalenten Brom.

6.4 Bestimmung von Bromid neben Chlorid mit KIO$_3$-Lösung

Die Lösung wird je nach der Menge des Bromids in einem 500 ml-Erlenmeyerkolben mit genau 50 oder 100 ml 0,1 n KIO$_3$-Lösung versetzt, mit 10 ml 20%iger Schwefelsäure angesäuert, auf etwa 200 ml verdünnt und nach Zugabe einiger Siedekapillaren 30–45 min lang unter gelegentlichem Ersatz des verdampften Wassers vorsichtig gekocht, bis alles Brom verschwunden ist. Dann kühlt man ab, gibt KI hinzu und titriert das überschüssige KIO$_3$ mit 0,1 n Na$_2$S$_2$O$_3$-Lösung möglichst genau zurück. 1 mmol KIO$_3$ entspricht 5 mmol Br$^-$.

VI. Trennungen

Allgemeines

Um in einer Lösung zwei oder mehr Elemente quantitativ zu bestimmen, kann man je nach den Umständen sowohl gewichtsanalytische als auch maßanalytische oder andere Verfahren heranziehen. Die Auswahl der geeigneten Methode ist eine der wichtigsten und oft auch schwierigsten Aufgaben. Sie richtet sich nach Art und Mengenverhältnissen der vorliegenden Bestandteile und dem geforderten Genauigkeitsgrad. Wenn es bei einer Analyse auf Zehntelprozente nicht ankommt, wird man sich anderer, geringeren Aufwand an Geschicklichkeit, Arbeit und Zeit erfordernder Verfahren bedienen können als bei einer Präzisionsbestimmung.

Mitunter läßt sich ein Element in einer Mischung ebenso bestimmen, als ob es allein in der Lösung wäre. Man führt dann die Bestimmung des zweiten Elements im Filtrat oder aber in einem anderen Teil der Lösung durch. In vielen Fällen ist es notwendig, die zu bestimmenden Elemente zunächst mit Hilfe von Ammoniak, Schwefelwasserstoff, durch Destillieren oder in anderer Weise voneinander zu trennen[1]. Eine Wiederholung der Trennungsoperation ist bei genaueren Analysen die Regel. Trennungen erfordern stets ein *besonders* sorgfältiges und kritisches Vorgehen. Bei der Gewichtsanalyse bietet sich fast immer die Möglichkeit, die ausgewogenen Niederschläge anschließend qualitativ auf ihre Reinheit zu prüfen; dieser Vorteil sollte möglichst weitgehend ausgenutzt werden. Die bei den Einzelbestimmungen angeführten Fehlergrenzen werden im allgemeinen überschritten, wenn es sich um schwieriger durchzuführende Trennungen handelt.

Bisweilen läßt sich eine Trennung dadurch umgehen, daß man nur *einen* Bestandteil bestimmt und in anderer Weise die *Summe* beider Bestandteile ermittelt, so daß sich die Menge des zweiten Bestandteils aus der Differenz ergibt. Mit diesem Vorgehen verwandt ist das Verfahren der indirekten Analyse.

---

[1] Bock, R.: Methoden der analytischen Chemie, Bd. 1. Trennungsmethoden. Weinheim: Verlag Chemie 1974.

1 Ermittlung eines Bestandteils aus der Differenz: Eisen—Aluminium

Man füllt die salzsaure Lösung in einem Meßkolben auf 250 ml auf und entnimmt zwei Proben von je 100 ml, die bis zu 200 mg Fe enthalten können. In der einen Probe bestimmt man Eisen maßanalytisch nach S. 139, in der anderen fällt man Eisen und Aluminium mit einem geringen Ammoniaküberschuß zusammen aus und bestimmt unter Beachtung der auf S. 248 gegebenen Hinweise die Summe der beiden Oxide. Aluminium ergibt sich aus der Differenz. Anzugeben: mg Fe, Al.

Elemente, die sich wie Aluminium nur schwierig von anderen Elementen trennen lassen, werden öfters aus der Differenz bestimmt. Ein derartiges Verfahren setzt voraus, daß die qualitative Zusammensetzung der Analysensubstanz zuverlässig bekannt ist. Ist dies nicht sicher der Fall, so ist der quantitativen Bestimmung immer ein klassischer qualitativer Analysengang voranzustellen. Das Übersehen der Anwesenheit von Titan, Kieselsäure oder Phosphorsäure könnte z. B. hier zu argen Fehlern Veranlassung geben (vgl. S. 249).

Bei der technischen Schnellanalyse von Messing wird unter Umständen nur Kupfer iodometrisch bestimmt und der Rest als aus Zink bestehend angenommen. Bei Legierungen, die neben einem Grundmetall nur kleine Mengen von Nebenbestandteilen enthalten, wird man meist auf die – absolut genommen – viel weniger genaue Bestimmung des Hauptbestandteils verzichten.

2 Trennung durch ein spezifisches Fällungsreagens

2.1 Calcium—Magnesium

Man fällt zunächst Calcium als Oxalat nach S. 75, dann im Filtrat Magnesium als Magnesiumammoniumphosphat nach S. 78 oder als Magnesiumhydroxychinolat nach S. 82 und behandelt die Niederschläge in der dort beschriebenen Weise. Die für die Trennung der beiden Elemente wesentlichen Gesichtspunkte wurden bereits auf S. 76 erörtert. Eine wichtige Anwendung findet die Trennung bei der Analyse von Dolomit oder Kalkstein (S. 225). Anzugeben: mg Ca, Mg.

Bei einer Reihe von Trennungen können die zu bestimmenden Elemente aufeinanderfolgend ohne besondere Maßnahmen in Form schwerlöslicher Niederschläge abgeschieden werden. Dies ist vor allem dann der Fall, wenn für

2 Trennung durch einen spezifisches Fällungsreagens

einen Bestandteil ein **spezifisches Fällungsreagens** zur Verfügung steht. So bietet die Fällung von Silber durch Chloridionen die Möglichkeit, dieses Metall von *allen* anderen glatt zu trennen und als AgCl zu bestimmen. Sehr allgemein anwendbar ist auch die Fällung von Pb als PbSO$_4$ (S. 232); sie ermöglicht die quantitative Trennung dieses Elements von Cu, Cd, Zn, Sn. Bei Gegenwart fast aller Elemente kann schließlich Nickel als Nickeldiacetyldioxim (S. 174) ausgefällt und bestimmt werden.

Bei einigen Trennungen werden Niederschläge erhalten, die so spezifisch schwerlöslich sind, daß es auf die genaue Einhaltung einer bestimmten Wasserstoffionen-Konzentration nicht ankommt. In zahlreichen anderen Fällen gelingt es, ein Reagens dadurch zu einem spezifischen zu machen, daß man die Fällung in einem bestimmten pH-Bereich vornimmt. Als Beispiele seien hier die Fällung von BaCrO$_4$ in essigsaurer Lösung bei Gegenwart von Calcium oder die Trennung des Aluminiums von Magnesium oder Beryllium mit Hilfe von Hydroxychinolin bei essigsaurer Reaktion und die Trennung des Zinks von Magnesium oder Mangan nach dem gleichen Verfahren genannt (vgl. Abb. 37).

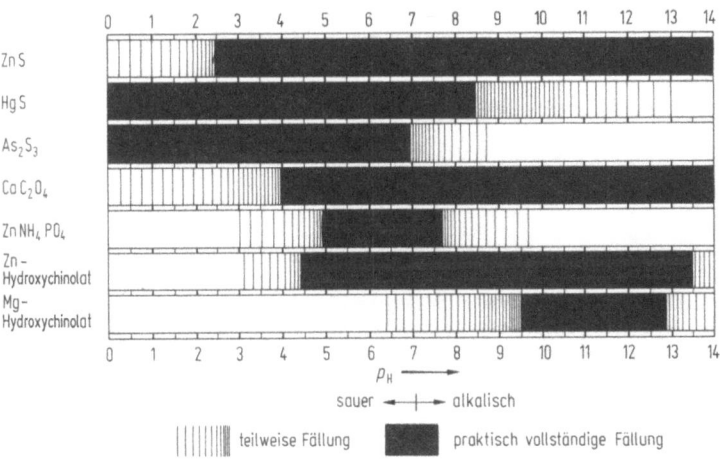

Abb. 37. Fällungsbereiche einiger Niederschläge. (Die Werte beziehen sich annähernd auf 0,1 m Lösungen von 20 °C).

2.2 Bestimmung von Zink neben Eisen

Zur Bestimmung von Zink neben Eisen wird die möglichst chloridfreie, schwach mineralsaure Lösung in einem 500 ml-Erlenmeyerkolben zunächst reduziert, indem man etwa 3 min lang bei Zimmertemperatur mit 2 Blasen pro Sekunde SO_2 einleitet und nach Zusatz von etwa 10 mg KSCN (als Katalysator) auf 50 °C erwärmt. Die Reduktion ist unter diesen Umständen in etwa 3 min beendet. Ohne das überschüssige SO_2 zu entfernen, neutralisiert man nach Zusatz von Methylrot[1] mit Natronlauge, gibt 25 g $Na_2SO_4 \cdot 10 H_2O$ und 1,5 g $NaHSO_4$ zu und verdünnt auf 250 ml. Unter langsamer Steigerung der Temperatur von 60 °C auf 90—95 °C wird ZnS durch rasches Einleiten von H_2S gefällt. Sobald sich der Niederschlag beim Aufwirbeln rasch absetzt, kühlt man ab, sättigt mit H_2S nach und läßt drei Stunden oder länger verschlossen stehen, bis die Flüssigkeit klar ist. Der Niederschlag wird auf einem Weißbandfilter gesammelt und mit kalter, mit H_2S gesättigter 0,01 n Schwefelsäure gut ausgewaschen. Bei sehr kleinen Mengen kann die Bestimmung als ZnO erfolgen, bei größeren löst man den Niederschlag und fällt als $ZnNH_4PO_4$ nach S. 80.

Wichtig sind auch die **Trennungen durch Schwefelwasserstoff**. H_2S ist eine äußerst schwache, zweibasige Säure:

$$H_2O + H_2S \rightleftharpoons H_3O^+ + HS^- \qquad\qquad 1$$

$$H_2O + HS^- \rightleftharpoons HS^- \rightleftharpoons H_3O^+ + S^{2-} \qquad\qquad 2$$

Nach dem Massenwirkungsgesetz ergibt sich für die Gesamtdissoziation: $\dfrac{c_{H_3O^+}^2 \cdot c_{S^{2-}}}{c_{H_2S}} = k_S = 10^{-22}$ mol²/l². Bei Atmosphärendruck und Zimmertemperatur lösen sich in Wasser etwa 0,1 mol H_2S im Liter, so daß $c_{H_2S} = 10^{-1}$; $c_{S^{2-}}$ läßt sich somit für jede beliebige H_3O^+-Konzentration leicht berechnen; für neutrale Reaktion ($c_{H_3O^+} = 10^{-7}$) ergibt sich $c_{S^{2-}}$ zu 10^{-9} mol/l. Da die H_3O^+-Konzentration in der zweiten Potenz steht, hängt die für die Fällung von Sulfiden allein maßgebende S^{2-}-Konzentration stark vom p_H der Lösung ab. Durch Einstellung einer bestimmten Wasserstoffionen-Konzentration kann man daher die Trennung von Metallen erreichen, deren Sulfide sich in ihrem Löslichkeitsprodukt genügend voneinander unterscheiden.

Sehr gut filtrierbare Sulfidniederschläge werden erhalten, wenn man den Schwefelwasserstoff durch Spaltung von Thioacetamid oder Thioformamid langsam in der Lösung entstehen läßt. Da die hierbei auftretende H_2S-Konzentration äußerst gering ist (keine Geruchsbelästigung!), verschiebt sich dementsprechend der p_H-Bereich der quantitativen Fällung beträchtlich zur alka-

---

[1] Bei Anwesenheit von Al ist Methylorange zu verwenden.

2 Trennung durch ein spezifisches Fällungsreagens

Löslichkeitsprodukte
einiger analytisch wichtigen Niederschläge (20 °C, mol^2/l^2)

HgS	$3 \cdot 10^{-54}$	AgCl	$1 \cdot 10^{-10}$
CuS	$1 \cdot 10^{-42}$	AgCN	$2 \cdot 10^{-12}$
PbS	$3 \cdot 10^{-28}$	AgSCN	$1 \cdot 10^{-12}$
CdS	$7 \cdot 10^{-28}$	AgBr	$4 \cdot 10^{-13}$
NiS	$1 \cdot 10^{-27}$	AgJ	$1 \cdot 10^{-16}$
CoS	$2 \cdot 10^{-27}$	BaSO$_4$	$1 \cdot 10^{-10}$
ZnS	$7 \cdot 10^{-26}$	PbSO$_4$	$1 \cdot 10^{-8}$
FeS	$6 \cdot 10^{-19}$	CaCO$_3$	$1 \cdot 10^{-8}$
MnS	$7 \cdot 10^{-16}$	CaC$_2$O$_4$	$2 \cdot 10^{-9}$

lischen Seite. Diese Fällungsverfahren eignen sich daher im wesentlichen für sehr schwerlösliche Sulfide.

Die obenstehende Tabelle der Löslichkeitsprodukte zeigt, daß die Voraussetzungen zur Trennung des Hg oder Cu von Zn, Fe oder Mn besonders günstig erscheinen. Die Unterschiede im Löslichkeitsprodukt sind jedoch für das Gelingen einer Trennung nicht *allein* ausschlaggebend. Beim Fällen von Sulfiden spielen Erscheinungen des Mitreißens, der Übersättigung und der Nachfällung eine erhebliche Rolle; Hg läßt sich als Sulfid zwar von Pb oder Bi, nicht aber von Zn, Cd oder Cu trennen, weil diese Sulfide mit HgS Mischkristalle bilden. Aus einer schwach mineralsauren Zinklösung fällt ZnS allein nicht aus; durch Schütteln der Lösung mit einem frisch gefällten HgS-Niederschlag wird aber die offenbar bestehende Übersättigung aufgehoben, so daß der gefällte Niederschlag um so mehr ZnS enthält, je länger er mit der Lösung in Berührung war. Ähnliches ist auch beim Fällen von CuS bei Gegenwart von Fe^{2+} zu beobachten; hier bildet sich allmählich an der Oberfläche des Niederschlags die Verbindung CuFeS$_2$. Eine vollständige Trennung des Kupfers von Zink oder Eisen gelingt jedoch, wenn man in 2 n salzsaurer Lösung bei Zimmertemperatur fällt, *sofort* filtriert und den Niederschlag mit an Schwefelwasserstoff gesättigter 1 n Salzsäure gründlich auswäscht. Eine Anwendung dieser Trennung findet sich bei der Analyse des Kupferkieses (S. 237).

Zur Trennung des Zinks von Al, Mg, Mn, Ni, Cr kann Zinksulfid wie oben bei schwach saurer Reaktion gefällt werden; die hierfür geeignete Wasserstoffionen-Konzentration (p$_H$ ~ 2,5) wird mit Hilfe einer NaHSO$_4$/Na$_2$SO$_4$-Puffermischung eingestellt; die Trennung von Co gelingt nur nach vorherigem Zusatz von Acrolein oder viel SCN$^-$. Durch Mitfällung von Schwefel (aus SO$_2$), von HgS oder durch Zusatz von Gelatine erhält man einen Niederschlag von gut filtrierbarer Beschaffenheit.

Ähnliche Verhältnisse liegen bei Nickel- und Cobaltsulfid vor. Hier ist die Bildung von kristallinem Sulfid und eine glatte Trennung von Mn oder Mg zu erreichen, wenn man mit einer Pyridiniumchlorid/Pyridin-Pufferlösung arbeitet.

3 Trennung durch Hydrolyse: Eisen und Mangan in Spateisenstein

Nachdem Eisen als **basisches Eisenacetat** *abgetrennt ist, fällt man Mangan als* **Mangansulfid** *und überführt es zur Wägung in* **$MnSO_4$**. *In natürlich vorkommendem Spateisenstein (Siderit), dessen Hauptbestandteil $FeCO_3$ ist, ist $MnCO_3$ als Verunreinigung enthalten.*

Um die Elemente Ti, Fe und Al von zweiwertigen wie Ni, Co, Zn, Mn, Mg, Ca zu trennen, kann man sich die **Unterschiede im basischen Charakter der Hydroxide** zunutze machen. Wie sich aus einfachen Überlegungen ergibt, sind die Hydroxide im allgemeinen um so schwächere Basen, je höher die Ladung des betreffenden Kations ist. Die Salze drei- oder gar vierwertiger Metalle neigen weit stärker zur Hydrolyse als die der zweiwertigen Metalle. Dies geht am besten aus Abb. 38 hervor, in der die p_H-Werte verzeichnet sind, bei denen sich infolge der Hydrolyse ein Niederschlag abzuscheiden beginnt. Dieser

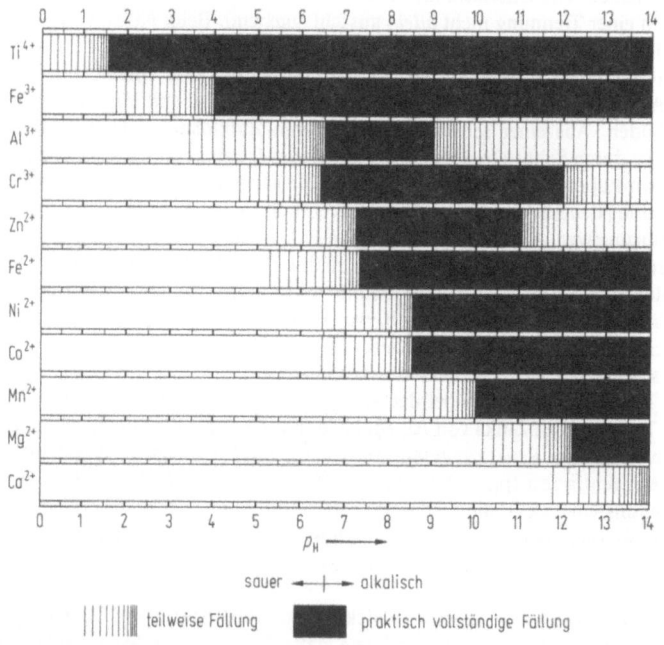

Abb. 38. Fällung von Hydroxiden. (Die Werte beziehen sich annähernd auf 0,1 m Lösungen bei 20 °C.)

3 Trennung durch Hydrolyse Eisen und Mangan in Spateisenstein

Punkt hängt u. a. von der Konzentration des Kations, der Natur des Anions und von der Temperatur ab. Erhöhung der Temperatur begünstigt die Hydrolyse stark, weil das Ionenprodukt des Wassers und damit die Konzentration der OH^-- und H_3O^+-Ionen in der Hitze größer ist. Die Niederschläge werden daher stets heiß abgeschieden und filtriert. Zur *vollständigen* Ausfällung eines Metallions Me^{2+} ist entsprechend dem Löslichkeitsprodukt $L_{Me(OH)_2}$ = $[Me^{2+}][OH^-]^2$ eine größere Hydroxidionen-Konzentration erforderlich, als sie beim *Beginn* der Fällung vorhanden ist. Die Zusammensetzung der zunächst ausfallenden basischen Salze hängt u. a. von der Wasserstoffionen-Konzentration ab; erst bei stärker alkalischer Reaktion entstehen Hydroxide.

Eines der wichtigsten **hydrolytischen Trennungsverfahren** ist die *Acetattrennung*, bei der die Abscheidung basischer Acetate der drei- oder vierwertigen Elemente mit Hilfe eines Essigsäure/Natriumacetat-Puffergemisches herbeigeführt wird. Mischungen von Benzoesäure, Bernsteinsäure oder Ameisensäure mit ihren Alkalisalzen ermöglichen in vielen Fällen noch schärfere Trennungen.

Die Abscheidung von basischem Eisenacetat wird am günstigsten bei 60–80 °C und p_H 4,0–4,8 vorgenommen[1]; unter diesen Bedingungen läßt sich schon bei einmaliger Fällung eine recht befriedigende Trennung des Eisens von Mangan erreichen. Die Abtrennung von Al^{3+} gelingt wesentlich schlechter; auf Cr^{3+} ist das Verfahren nicht anwendbar. Phosphorsäure wird bei Anwesenheit von überschüssigem Fe^{3+} quantitativ gefällt und damit von den Erdalkalimetallen oder anderen zweiwertigen Elementen getrennt.

Die tief blutrote Lösung, die sich bei Zusatz von Natriumacetat zunächst bildet, enthält das Eisen als mehrkernigen Komplex $[Fe_3(CH_3CO_2)_6(OH)_2]^+$; bei der hydrolytischen Spaltung entstehen basische Eisenacetate verschiedener Zusammensetzung.

Man wiegt 0,6–0,8 g der lufttrockenen Substanz ein, durchfeuchtet sie in einer Porzellankasserolle mit etwa 5 ml Wasser, gibt dann bei aufgelegtem Uhrglas vorsichtig etwa 15 ml konz. Salzsäure und 2 ml konz. Salpetersäure hinzu und erwärmt, bis alle dunklen Teilchen gelöst sind. Nachdem man das Uhrglas abgespritzt hat, wird die Lösung im Luftbad, zuletzt auf dem Wasserbad zur Staubtrockne eingedampft. Der Rückstand wird noch warm mit 3 ml konz. Salzsäure durchfeuchtet und nach etwa 5 min mit 60 ml heißem Wasser übergossen. Man erwärmt noch unter öfterem Umrühren etwa eine Viertelstunde, filtriert durch ein feinporiges Filter und wäscht mit salzsäurehaltigem Wasser nach. Der Löserückstand wird nach Veraschen des Filters gewogen.

---

[1] Vor der Fällung bei 20 °C gemessen.

Das Filtrat wird mit 0,3 g KCl versetzt und in einer Porzellanschale auf dem Wasserbad gerade bis zur Trockne eingedampft; nur wenn von einem Aufschluß her größere Mengen NaCl zugegen sind, lockert man die Krusten vorsichtig und erhitzt noch 10 min länger. Nach dem Abkühlen nimmt man den gelblichbraunen Rückstand, der noch nach Säure riechen darf, mit wenig kaltem Wasser auf; er muß sich hierbei glatt lösen. Dann spült man in ein 600 ml-Becherglas, gibt in der Kälte eine Lösung von etwa 1,5 g krist. Natriumacetat zu (für je 0,1 g Fe etwa 1,5 g), die man zuvor mit verd. Essigsäure und Indikatorpapier neutralisiert hat, verdünnt auf etwa 500 ml und erhitzt unter stetem Rühren rasch bis fast zum Sieden, wobei die Fällung eintritt. Sobald die Flüssigkeit über dem Niederschlag klar durchsichtig und farblos geworden ist, läßt man auf dem Wasserbad gut absetzen und gießt die überstehende klare Lösung vorsichtig durch ein 12,5 cm-Schwarzbandfilter ab. Ohne den Niederschlag restlos aufs Filter zu bringen, wäscht man etwa dreimal mit heißem Wasser, spritzt dann den größten Teil des Niederschlags ins Becherglas zurück, löst die Niederschlagsreste auf dem Filter mit wenig heißer Salzsäure (1 + 4) und wäscht mit heißem Wasser nach, wobei das Becherglas mit dem Niederschlag als Auffanggefäß dient. Je *rascher* das Fällen, Auswaschen und Filtrieren vonstatten geht, um so besser gelingt die Trennung. Beim Veraschen des Filters im Porzellantiegel hinterbleibt etwas Eisenoxid, das mit ein wenig konz. Salzsäure gelöst und mit der Hauptmenge des Eisens vereinigt wird.

Das Filtrat samt Waschwasser wird in einer geräumigen Porzellanschale auf etwa 200 ml eingedampft; geringe Reste von Eisen- und Aluminiumhydroxid, die sich dabei abscheiden, werden auf einem kleinen Filter gesammelt, in Salzsäure gelöst und mit dem übrigen vereinigt. Die so erhaltene Lösung dient zur maßanalytischen Bestimmung des Eisens nach S. 139. Anzugeben: % FeO in der Trockensubstanz.

Die alles Mangan, daneben Calcium und Magnesium enthaltende Lösung wird lauwarm mit Schwefelwasserstoff gesättigt und währenddessen durch allmähliches Zugeben von verdünntem Ammoniak schwach alkalisch gemacht. Dabei fällt fleischfarbenes Mangansulfid aus, das sehr schlecht zu filtrieren ist. Zu der noch warmen Lösung gibt man nun unter lebhaftem Rühren 10 ml einer 1%igen $HgCl_2$-Lösung in dünnem Strahl und wartet, ob sich die Lösung beim Absitzen des Niederschlags vollständig klärt. Ist dies nicht der Fall, so fügt man

3 Trennung durch Hydrolyse Eisen und Mangan in Spateisenstein

nochmals HgCl$_2$-Lösung hinzu. Der Niederschlag wird auf einem Filter gesammelt und mit warmem, ein wenig NH$_4$Cl und (NH$_4$)$_2$S enthaltenden Wasser ausgewaschen, ohne ihn dabei mehr als nötig aufzurühren. Man verascht naß in einem Porzellantiegel, den man im *Abzug* unmittelbar vor einer gut ziehenden Schachtöffnung aufstellt. *Unter keinen Umständen darf von den äußerst giftigen Quecksilberdämpfen etwas in den Arbeitsraum gelangen.* Beim Veraschen geht man mit der Temperatur nicht über mäßige Rotglut hinaus, damit sich das hinterbleibende Manganoxid ohne Schwierigkeiten löst. Man gibt etwa 2 ml einer Mischung gleicher Teile Salzsäure (1 + 1), Schwefelsäure (1 + 1) und schwefliger Säure in den Tiegel, erwärmt ihn mit einem Uhrglas bedeckt einige Zeit ganz gelinde, bis eine klare Lösung entstanden ist und spült dann das Uhrglas ab. Bei genaueren Bestimmungen ist der Mangansulfidniederschlag umzufällen, da er noch Na$^+$ enthält. Die Lösung wird dann im offenen Glaseinsatz des Aluminiumblocks oder auf dem Sandbad bei allmählich gesteigerter Temperatur eingedampft. Nachdem bei 300 °C alle Schwefelsäure abgeraucht ist, erhitzt man noch auf 450–500 °C je 30 min, bis Gewichtskonstanz erreicht ist. Die Öffnung des Glaseinsatzes wird hierbei mit einem gelochten Uhrglas verschlossen. Der Tiegel ist bei der Wägung bedeckt zu halten, da das Salz hygroskopisch ist.

Eine bessere Wägeform ist MnSO$_4 \cdot$ H$_2$O. Man durchfeuchtet das zuvor auf 450 °C erhitzte MnSO$_4$ mit wenig Wasser, dampft auf dem Wasserbad ab, erhitzt eine Stunde im Trockenschrank auf 105–110 °C (nicht höher!) und läßt im Exsiccator über CaCl$_2$ abkühlen.

Ein anderer, jedoch weniger empfehlenswerter Weg zur Bestimmung des Mangans ist der, den reinen Mangansulfidniederschlag, ohne HgCl$_2$ zuzusetzen, auf einem Membranfilter zu sammeln, ihn quantitativ abzuspülen und in verdünnter Salzsäure zu lösen. Schließlich kann man den Niederschlag auch in einem dicht verschlossenen Kolben 1–2 Tage stehenlassen und auf einem dichten Filter sammeln. Das Mangan kann dann als MnNH$_4$PO$_4$ gefällt und als Mn$_2$P$_2$O$_7$ bestimmt werden. Anzugeben: % MnO in der Trockensubstanz. Die unmittelbare Fällung in Gegenwart von Natriumacetat führt zu völlig unbrauchbaren Werten.

Ferromangane (Fe/Mn-Legierungen mit 75–92% Mn-Gehalt) sind nach der gleichen Vorschrift zu analysieren.

Zur Einstellung einer für die Fällung von basischen Salzen oder Hydroxiden gerade hinreichenden Wasserstoffionen-Konzentration können chemische Reaktionen herangezogen werden, die in schwach saurer Lösung unter Verbrauch von Wasserstoffionen langsam vor sich gehen. Die Änderung des p_H-Werts erfolgt somit gleichmäßig (homogen) innerhalb der ganzen Lösung, ohne daß an der Eintropfstelle des Reagens vorübergehend eine stärker basische Reaktion auftritt. In entsprechender Weise kann man auch fällend wirkende Ionen wie $C_2O_4^{2-}$ oder PO_4^{3-} z. B. durch Spaltung von Estern in homogener Lösung langsam entstehen lassen. Nach diesen, in neuerer Zeit entwickelten Methoden der „homogenen Fällung" lassen sich viele Trennungen glatt durchführen, die bei der üblichen Art der Ausführung völlig mißlingen.

Die allmähliche Herabsetzung der Acidität einer Lösung ist durch stundenlanges Kochen mit Harnstoff zu erreichen, der hierbei langsam in NH_3 und CO_2 gespalten wird. Bei einem anderen Verfahren wird Nitrit zugesetzt, die sich bildende salpetrige Säure ist sehr schwach und überdies unbeständig. Sie zerfällt unter Disproportionierung nach: $2 HNO_2 \rightarrow H_2O + NO + NO_2$; besser entfernt man die salpetrige Säure durch Zusatz von CH_3OH, mit dem sie einen Ester bildet, der sich beim Durchleiten von Luft verflüchtigt; auch die Reaktion von Nitrit mit Azid führt in homogener Lösung zur Neutralisation:

$$NO_2^- + N_3^- + 2 H^+ \rightarrow N_2 + N_2O + H_2O.$$

Derartige Systeme werden nicht nur bei schwierigen Trennungen angewandt, sondern auch einfach, um gut filtrierbare Niederschläge zu erzielen. Gelegentlich finden auch schwach alkalisch reagierende Stoffe wie ZnO, MgO, HgO, $BaCO_3$ zur Fällung von Hydroxiden Verwendung.

Wie aus Abb. 38 ersichtlich ist, werden Titan(IV)-salze bei noch ziemlich stark saurer Reaktion hydrolytisch gespalten, während die zweiwertigen Kationen erst bei größeren p_H-Werten gefällt werden. Zur Trennung des Titans von Eisen kann man das letztere in stark saurer Lösung mit SO_2 zu Fe^{2+} reduzieren und dann Titan durch Abpuffern mit Natriumacetat fällen.

Ähnlich wie Titan, Zinn und Antimon neigt auch Bismut stark zur Bildung basischer Salze. Zur Trennung des Bismuts von Blei kann die fast allgemein anwendbare Fällung als BiOCl oder auch als basisches Nitrat dienen; auch Puffermischungen wie Ameisensäure/Natriumformiat werden verwendet.

4 Trennung nach komplexer Bindung eines Bestandteils: Nickel in Stahl[1]

Nickel wird in ammoniakalischer Lösung als **Nickel-diacetyldioxim** *gefällt und gewogen; Eisen bleibt als Tartratkomplex gelöst.*

Man wiegt ungefähr 1 g des etwa 1% Nickel enthaltenden Stahls ab (bei höherem Gehalt entsprechend weniger) und löst die Probe in ei-

---

[1] Umland, F. u. a.: Theorie und praktische Anwendung von Komplexbildnern in der Analyse. Frankfurt/M. Akadem. Verlagsges. 1971.

4 Trennung nach kompl. Bindung eines Bestandteils Nickel in Stahl

nem 400 ml-Becherglas in 50 ml Salzsäure (1 + 1) (Uhrglas!) nötigenfalls unter Erhitzen. Danach gibt man vorsichtig 10 ml Salpetersäure (1 + 1) hinzu, um das zweiwertige Eisen zu oxidieren, kocht einige Minuten, bis alle Stickstoffoxide entfernt sind und verdünnt auf 200 ml. Nach Auflösen von 7 g Weinsäure wird vollständig mit konz. Ammoniak neutralisiert und 1 ml davon im Überschuß hinzugegeben. Nachdem man von kleinen Mengen Kieselsäure und Kohle abfiltriert und das Filter mit heißem Wasser ausgewaschen hat, säuert man schwach mit Salzsäure an, erhitzt fast zum Sieden und versetzt mit einer 1%igen Lösung von Diacetyldioxim (Dimethylglyoxim, Formel I) in Ethanol. Man gibt davon reichlich 5 ml für je 10 mg Nickel zu, beginnt sofort, verdünntes Ammoniak ganz langsam unter dauerndem Rühren zutropfen zu lassen, bis die Lösung schwach nach Ammoniak riecht und filtriert nach etwa einstündigem, durch häufiges Rühren unterbrochenen Stehen noch lauwarm durch einen Filtertiegel. Der Niederschlag (Formel II) wird mit lauwarmem Wasser bis zum Ausbleiben der Chloridreaktion (ansäuern!) gewaschen, dann bei 110–120 °C 1 Std. getrocknet; dies wird wiederholt, bis Gewichtskonstanz erreicht ist. Das Filtrat ist mit weiterem Fällungsreagens auf Vollständigkeit der Fällung zu prüfen.

Bei der Abscheidung des Nickels mit Diacetyldioxim besteht wie bei den meisten organischen Fällungsmitteln die Gefahr, daß sich das in Wasser wenig lösliche Reagens selbst abscheidet, wenn man einen zu großen Überschuß davon anwendet oder längere Zeit in der Kälte stehenläßt; bei Verwendung des in Wasser leicht löslichen α-Furildioxims besteht diese Gefahr nicht. Nickel kann durch Fällung als Nickel-diacetyldioxim $Ni(C_4H_7O_2N_2)_2$ von fast allen Elementen getrennt werden. Man kann aus schwach essigsaurer Lösung wie auch bei Gegenwart von Mn^{2+}, Fe^{2+}, Co^{2+}, Zn^{2+} oder bei ammoniakalischer Reaktion fällen.

$$H_3C-C=NOH$$
$$|$$
$$H_3C-C=NOH$$

I

Diacetyldioxim

Ni-Komplex

II

Soll neben Ni auch Co bestimmt werden, so scheidet man beide Metalle elektrolytisch zusammen ab (S. 206), wiegt und löst die Metalle quantitativ von der Elektrode. Man bestimmt darauf das Nickel mit Diacetyldioxim und berechnet Cobalt aus der Differenz. Man kann hierbei wie oben verfahren; es ist jedoch zu berücksichtigen, daß 1 mol Co^{2+} 2 mol Diacetyldioxim zur Bildung eines löslichen Komplexes verbraucht. Kleine Mengen Cobalt neben Nickel, Zink oder Aluminium werden durch das für Cobalt spezifische Reagens α-Nitroso-β-naphthol erfaßt. Nach Oxidation zu Cobalt(III)-acetat erhält man einen Niederschlag, der nach dem Trocknen bei 130 °C als $Co(C_{10}H_6O(NO))_3 \cdot 2H_2O$ gewogen werden kann.

Zur Bestimmung des Nickels bei Anwesenheit von Fe^{3+}, Al^{3+} oder Cr^{3+} führt man diese Kationen durch Zusatz von Weinsäure und Ammoniak in Tartratkomplexe über. Wenn es sich nur um sehr geringe Mengen Nickel neben viel Eisen handelt, reduziert man besser als Eisen mit SO_2 zu Fe^{2+} und fällt Nickeldiacetyldioxim aus essigsaurer Lösung. Ebenso verfährt man, wenn noch Co und Fe gleichzeitig vorhanden sind.

Ein weiteres spezifisches organisches Reagens ist Salicylaldoxim, mit dessen Hilfe Kupfer aus schwach essigsaurer Lösung auch bei Gegenwart von Weinsäure und viel Eisen quantitativ gefällt wird.

Auf die **Bestimmung des Eisens** wird man bei der Analyse von Stahl meist verzichten. Vielfach wird es durch Ausethern (S. 187) oder durch Fällen mit Zinkoxid (S. 174) vorweg abgetrennt. Lagen jedoch Eisen und Nickel in vergleichbaren Mengen vor, so neutralisiert man die oben erhaltene, nicht mehr als 200 mg Fe enthaltende Lösung mit verdünnter Schwefelsäure, säuert mit 2 ml halbkonz. Schwefelsäure an und sättigt die Lösung mit H_2S, wobei Fe^{3+} reduziert wird. Man gibt nun halbkonz. Ammoniak im Überschuß zu und leitet zur vollständigen Ausfällung von FeS etwa 30 min lang H_2S ein. Der Niederschlag wird − nötigenfalls auf einem Barytfilter − gesammelt, mit $(NH_4)_2S$-haltigem Wasser zur völligen Entfernung der Weinsäure gründlich gewaschen und schließlich mit heißer, halbkonz. Salzsäure wieder vom Filter gelöst. Die weitere Behandlung − Oxidieren mit Bromwasser, Wasserstoffperoxid oder konz. Salpetersäure, Fällen von $Fe(OH)_3$ usw. − geschieht nach S. 70.

Aus ammoniakalischer Tartratlösung kann man Fe, Ni, Co, Zn, Cd oder Pb als Sulfide abscheiden. Aluminium, Titan oder Phosphorsäure, die etwa anwesend sind, bleiben in Lösung und können derart von Eisen getrennt werden. Im mineralsauren Filtrat läßt sich Titan mit Hilfe des organischen Fällungsmittels Kupferron quantitativ fällen; der Niederschlag wird dann zum Oxid verglüht. Aluminium kann als Hydroxychinolat aus ammoniakalischer Lösung bei Gegenwart von Phosphat, Fluorid oder Tartrat quantitativ gefällt werden. Die Fällung des Aluminiums als Hydroxychinolat ermöglicht auch seine quantitative Bestimmung bei Gegenwart zahlreicher Schwermetalle wie Fe, Co, Ni, Cu, Cr, Mo, wenn man diese zuvor in komplexe Cyanide über-

4 Trennung nach kompl. Bindung eines Bestandteils Nickel in Stahl

führt, indem man der ammoniakalischen Tartratlösung überschüssiges KCN zusetzt und einige Minuten kocht. Eine Reihe weiterer Trennungsmöglichkeiten beruht darauf, daß HgS, CdS und Bi_2S_3 in Gegenwart von KCN quantitativ gefällt werden, nicht aber die Sulfide von Cu, Ni oder Co.

Zur Bestimmung von wenig Magnesium neben Aluminium kann bei der Analyse von Aluminiumlegierungen Magnesiumammoniumphosphat aus ammoniakalischer Lösung abgeschieden werden, wenn Aluminium als Tartratkomplex in Lösung gehalten wird.

Um Weinsäure oder andere organische Stoffe zu zerstören, dampft man in einer großen Porzellan- oder Platinschale mit etwa 10 ml konz. Schwefelsäure bis zur eben beginnenden Abscheidung von Kohle ein, läßt abkühlen, gibt vorsichtig 5 ml rauchende Salpetersäure oder $1-2$ g $(NH_4)_2S_2O_8$ zu, erhitzt wieder und wiederholt diese Operation nötigenfalls. Falls nachher Aluminium als Hydroxid gefällt werden soll, zerstört man besser durch abwechselndes vorsichtiges Zugeben von rauchender Salpetersäure und Perhydrol. Überschüssiges Hydroxychinolin kann in einfacher Weise durch Eindampfen unter ständigem Zusatz von verdünnter Ammoniaklösung entfernt werden. Auch die Beseitigung von Diacetyldioxim gelingt durch öfteren Zusatz von gesättigtem Bromwasser während des Eindampfens.

Die Neigung mancher Elemente zur Bildung von Amminkomplexen macht man sich in der quantitativen Analyse ebenfalls zunutze. Mit einem größeren Überschuß von Ammoniak kann z. B. von Cu oder Cd glatt getrennt werden. Besonders vorteilhaft ist dabei die Arbeitsweise nach Ardagh, bei der die schwach saure Lösung zunächst mit NH_4Cl gesättigt und dann in einen großen Überschuß von 15 n Ammoniaklösung eingerührt wird. In vielen Fällen sind aber die Ergebnisse von Ammoniaktrennungen schlecht, so z. B. bei der Fällung von Al^{3+} oder Cr^{3+}, wo NH_3 bekanntlich nicht im Überschuß angewandt werden kann, aber auch bei der Fällung von Fe^{3+}; allenfalls lassen sich mit überschüssigem NH_3 sehr kleine Mengen Fe von Ni, Cu oder Zn abtrennen; Ammoniumsalze wirken dabei günstig.

Die in der qualitativen Analyse übliche Trennung des Eisens von Aluminium oder Zink durch starke Natronlauge, die auf der Bildung von Hydroxokomplexen beruht, ist für quantitative Zwecke völlig unzureichend. Bemerkenswert sind jedoch die durch Erhitzen mit überschüssiger Natronlauge erzielbaren glatten Trennungen von Fe, Ni, Co und Ti von Säureanionen wie SO_4^{2-}, CrO_4^{2-}, MoO_4^{2-}, PO_4^{3-}, AsO_4^{3-} und VO_4^{3-}.

Die Fähigkeit von As, Sb, Sn und Hg, lösliche Thiosalze zu bilden, ermöglicht eine Reihe weiterer Trennungen (vgl. S. 190). Um Sb von Sn zu trennen, führt man die Thiosalzlösung beider Elemente in eine Lösung der komplexen Oxalate über, aus der beim Einleiten von H_2S allein Sb_2S_3 fällt.

5 Trennung nach Verändern der Oxidationsstufe: Chrom in Chromeisenstein

Um Eisen und Chrom voneinander zu trennen, überführt man das letztere in Chromat und fällt $Fe(OH)_3$ *mit Ammoniak oder Lauge aus, so daß Chromat ungestört iodometrisch bestimmt werden kann.*

Ungefähr 0,5 g Chromeisenstein werden äußerst fein pulverisiert, vollständig durch ein 0,06 mm-Sieb getrieben und bei 110 °C bis zur Gewichtskonstanz getrocknet. Man vermischt die Probe in einem Porzellantiegel mit etwa der zehnfachen Menge Na_2O_2 und erhitzt mit aufgelegtem Porzellandeckel 15 min lang bis zum Sintern, dann etwa 10 min zum Schmelzen, wobei man den Tiegel öfters umschwenkt. Höheres Erhitzen führt leicht zum Durchschmelzen des Tiegelbodens.

Nach dem Erkalten wird der Tiegel samt Deckel in einem hohen, bedeckten Becherglas mit heißem Wasser übergossen und erwärmt, bis die Schmelze sich gelöst hat. Um das Peroxid zu zersetzen, kocht man etwa 10 min, filtriert in eine Porzellankasserolle und wäscht gründlich mit heißem Wasser aus. Falls sich dabei noch unzersetztes, an seiner schwarzen Farbe und pulverigen Beschaffenheit leicht kenntliches Mineral vorfindet, wird das Filter in einem Porzellantiegel vollständig verascht und der Aufschluß wiederholt. Man dampft schließlich das Filtrat zur Trockne ein, um den stets kolloid in Lösung verbleibenden Rest von $Fe(OH)_3$ abzuscheiden. Man nimmt dann mit heißem Wasser auf, filtriert durch ein feinporiges Filter, wäscht aus und gibt das Filtrat nach dem Abkühlen in einen 250 ml-Meßkolben. Je 100 ml davon werden mit Salzsäure annähernd neutralisiert, mit 2 g KI und 16 ml konz. Salzsäure versetzt und wie auf S. 153 mit 0,1 n Thiosulfatlösung titriert.

Es empfiehlt sich, den Wirkungsgrad der Thiosulfatlösung mit Hilfe einer Dichromatlösung zu kontrollieren, die man sich durch Einwiegen der erforderlichen Menge von gepulvertem, bei 130 °C getrocknetem, analysenreinen Kaliumdichromat bereitet. Anzugeben: % Cr_2O_3 in der Trockensubstanz.

Da sich Chromeisenstein (FeO · Cr_2O_3) in Säuren nicht löst, bewirkt man den Aufschluß des Minerals und die Oxidation zu Chromat durch Schmelzen mit Na_2O_2, das dabei unter Abgabe von Sauerstoff größtenteils in das äußerst heftig angreifende Na_2O übergeht. Ferrochrom (Fe/Cr-Legierungen mit einem Chromgehalt von 55–71%) kann nach der gleichen Vorschrift behandelt werden; etwa anwesendes Manganat wird unmittelbar nach dem Lösen der Schmelze durch Zugeben von wenigen Tropfen Alkohol reduziert. Der Aufschluß von Chromeisenstein gelingt auch mit $Na_2S_2O_7$ (nicht $K_2S_2O_7$); dieses Verfahren ist sogar vorzuziehen, falls eine vollständige Analyse beabsichtigt ist.

Liegen *lösliche* Chrom(III)-salze neben Eisen oder Aluminium vor, so oxidiert man mit starker Natronlauge und Brom oder besser in saurer Lösung, z.B. mit Ammoniumperoxodisulfat[1] und Silberionen als Katalysator. Umgekehrt läßt sich Chromat in Lösung leicht quantitativ zu Chrom(III)-salzen reduzieren, indem man die salzsaure Lösung unter Zusatz von ein wenig Alkohol oder von schwefliger Säure kocht.

Durch konz. Ammoniak und Wasserstoffperoxid oder Bromwasser kann Mangan als Mangan(IV)-oxid quantitativ ausgefällt werden (S. 249). Zu Trennungen ist das Verfahren nur beschränkt anwendbar, da der Niederschlag viele Elemente stark adsorbiert.

Die Änderung der Eigenschaften beim Wechsel der Oxidationsstufe macht man sich auch bei der Bestimmung des Kupfers als CuSCN zunutze. Man fällt in schwach saurer Lösung mit Rhodanid und reduziert gleichzeitig mit schwefliger Säure. Die Fällung ermöglicht eine glatte Trennung des Kupfers von fast allen Elementen außer Pb, Hg und Ag.

6 Trennungen mit Hilfe von Ionenaustauschern

Ionenaustauscher bestehen aus einem polymeren, wasserunlöslichen Harz (das in den folgenden chemischen Gleichungen als R_∞ bezeichnet wird), in das funktionelle Gruppen eingebaut sind. Sie wurden ursprünglich für die Meerwasserentsalzung entwickelt. Es gibt Anionen- und Kationenaustauscher; erstere tauschen Anionen, letztere Kationen aus. Stark saure Kationenaustauscher enthalten die Sulfonsäuregruppe ($-SO_3^-$), schwach saure die Carboxylgruppe ($-COO^-$). Anionenaustauscher enthalten Stickstoff-Funktionen unterschiedlicher Basizität wie Amino- bzw. substituierte Aminogruppen und quartäre Ammoniumgruppen ($-NR_3^+$), die letztgenannten bilden die stark basischen Anionenaustauscher. Nur die stark sauren und stark basischen Austauscher sind für maßanalytische Zwecke brauchbar, daher sind die folgenden Ausführungen auf diese beschränkt.

---

[1] Auch „Ammoniumpersulfat". Es handelt sich um das Ammoniumsalz der Peroxodischwefelsäure, die die Formel $H_2S_2O_8$ hat. Über ihren Aufbau informiere man sich in einem Lehrbuch.

180   VI. Trennungen

Ionenaustauscher[1] reagieren mit Elektrolytlösungen stöchiometrisch in umkehrbarer Weise im Sinne folgender schematischer Gleichungen (der in Wasser unlösliche Austauscherrest ist in eckige Klammern gesetzt):

Kationenaustauscher

$$[R_\infty SO_3]H + NaCl \rightleftharpoons [R_\infty SO_3]Na + HCl$$

$$2\,[R_\infty SO_3]Na + CuSO_4 \rightleftharpoons [R_\infty SO_3]_2Cu + Na_2SO_4$$

Anionenaustauscher

$$[R_\infty NR_3]OH + NaCl \rightleftharpoons [R_\infty NR_3]Cl + NaOH$$

$$2\,[R_\infty NR_3]Cl + CuSO_4 \rightleftharpoons [R_\infty NR_3]_2SO_4 + CuCl_2$$

Man bringt den Austauscher, falls notwendig, durch Sieben auf eine Korngröße von 0,3 – 0,5 mm und läßt ihn zunächst über Nacht in destilliertem Wasser quellen. Dann bringt man in das Rohr (Abb. 39) einen Bausch Glaswolle als Unterlage (Säulen modernerer Bauart enthalten am unteren Ende eine eingeschmolzene Fritte), füllt es ganz mit destilliertem Wasser und trägt die erforderliche Menge des Austauschers so gleichmäßig ein, daß keine Luftblasen zwischen die Teilchen geraten. Zum Abschluß dient wieder ein Bausch Glaswolle unterhalb der Verengung.

Um einen Kationenaustauscher in die Hydrogenform (H-Form) zu überführen, verdrängt man das Wasser durch 5 n Salzsäure, läßt nach etwa 15 min im Laufe einer weiteren Viertelstunde etwa die gleiche Menge 5 n Salzsäure langsam nachfließen und wäscht schließlich so lange mit reichlichen Mengen von destilliertem Wasser nach, bis dieses völlig neutral abläuft. Nunmehr befindet sich der Austauscher im Arbeitszustand[2] und kann beliebig oft beladen und regeneriert werden, ohne seine Wirksamkeit einzubüßen. Anionenaustauscher werden in ganz entsprechender Weise durch Behandlung mit 2 n Natron-

---

[1] Blasius, E.: Chromatographische Methoden der analytischen und präparativen anorganischen Chemie unter besonderer Berücksichtigung der Ionenaustauscher. Stuttgart: Enke 1958. – Dorfner, K.: Ionenaustauscher 3. Aufl. Berlin: de Gruyter 1970. – Inczedy, J.: Analytical Applications of Ion Exchangers. New York: Academic Press 1966. – Samuelson, O.: Ion Exchange Separations in Analytical Chemistry. New York: Wiley 1963.

[2] Mitunter enthalten die Austauscher im Anlieferungszustand Eisen; es kann meist durch erschöpfende Behandlung mit 2 – 3 n Salzsäure entfernt werden.

6 Trennungen mit Hilfe von Ionenaustauschern

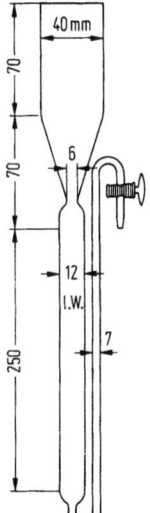

Abb. 39. Ionenaustauscher

lauge in die Hydroxidform (OH-Form) umgewandelt. Beim Gebrauch ebenso wie bei der Aufbewahrung darf der Flüssigkeitsspiegel niemals bis zur Austauscherschicht sinken, da sich dann Luftblasen im Harzbett bilden und der Austauscher nicht mehr einwandfrei arbeitet.

Wenn eine Trennung vorgenommen werden soll, bringt man die zu verarbeitende Lösung in das Vorratsgefäß und läßt langsam etwa soviel Wasser auslaufen, wie dem in der Austauscherschicht befindlichen Flüssigkeitsvolumen entspricht. Die weiterhin ablaufende Lösung wird aufgefangen, wobei man im Vorratsgefäß rechtzeitig Waschflüssigkeit nachfüllt. Nach dem Durchlaufen der zu untersuchenden Lösung muß die Säule in jedem Falle vollständig ausgewaschen werden, was durch entsprechende Reaktionen zu prüfen ist.

Das vom Austauscher gebundene Kation wird in der Regel durch Behandlung mit 2–5 n Salzsäure eluiert. Das Eluat wird aufgefangen und die Säule wieder erschöpfend mit destilliertem Wasser ausgewaschen. Der Austauscher ist damit zugleich regeneriert und von neuem arbeitsfähig.

Zur Bestimmung der Kapazität einer Kationenaustauschersäule läßt man durch die mit HCl vorbereitete Säule etwa 1 n NaCl-Lösung langsam hindurchlaufen, bis die ablaufende Lösung neutral reagiert und titriert die freigesetzte Salzsäure. Bei Anionenaustauschern geht man in der Regel von der OH-Form aus und bestimmt dann NaOH. Die Austausch- bzw. Belegungskapazität der Säule hängt von der Anzahl der ionenaustauschenden Gruppen ab, die in dem Harz enthalten sind. Sie wird entweder in mmol/g Trockenharz (getrocknet im Vakuum über P_2O_5) oder in mmol/ml handelsfeuchten Harzes angegeben und liegt gewöhnlich zwischen 1 und 5 mmol/g. Die Austauschkapazität der benutzten Säule muß stets bekannt sein, da sie höchstens zu zwei Dritteln in Anspruch genommen werden darf.

Die Affinität zum Austauscher nimmt bei den Kationen mit der Ladung zu und ist bei mehrwertigen Kationen merklich abhängig von der Art der mit in der Lösung befindlichen Anionen. Die Gleichgewichte zwischen Austauscher und Lösung stellen sich entsprechend dem Massenwirkungsgesetz ein, so daß auch stärker affine Ionen durch schwächere wieder vom Austauscher verdrängt werden können, wenn deren Konzentration in der Lösung genügend groß ist.

Ein Kationenaustauscher kann nicht nur mit Säure, sondern auch mit einer konzentrierten Lösung von NaCl oder NH_4Cl vorbereitet werden. Man erhält in diesem Falle die Na- bzw. NH_4-Form des Austauschers. In entsprechender Weise geht ein Anionenaustauscher beim Behandeln mit Natriumacetatlösung in die Acetatform, mit NH_4Cl-Lösung oder Salzsäure in die Chloridform über.

Setzt man kleine Mengen beliebiger Salze mit einem Überschuß des Austauschers um, so erfährt man die Zahl der Äquivalente des Kations oder Anions. Aus Salzen aller starken Säuren mit beliebigen Kationen entsteht demgemäß bei der Umsetzung mit einem Kationenaustauscher in der Hydrogenform eine dem ausgetauschten Kation genau äquivalente Menge Säure, die ohne weiteres titriert werden kann; ebenso erhält man aus beliebigen Alkali-, NR_4^+- oder Tl^+-Salzen bei der Umsetzung mit einem Anionenaustauscher in der OH-Form eine dem Anion äquivalente Menge der löslichen Base. Wenn man von einem reinen, stöchiometrisch zusammengesetzten Salz ausgeht, ist damit nicht nur dessen Gesamtmenge, sondern auch das Äquivalentgewicht von Kation oder Anion gegeben.

Bei den soeben genannten Umsetzungen geht zugleich eine Trennung von Kationen und Anionen vor sich, die in vielen Fällen sowohl mit Kationenaustauschern als auch mit Anionenaustauschern zu erreichen ist. So gelingt es, SO_4^{2-}, PO_4^{3-}, AsO_4^{3-}, AsO_2^-, BO_3^{3-} oder $[Fe(CN)_6]^{4-}$ mit Hilfe von Kationenaustauschern in der H-Form von den allermeisten Kationen zu trennen.

Falls das Anion in saurer Lösung nicht stabil ist wie VO_4^{3-} oder MoO_4^{2-}, besteht die Möglichkeit, den Kationenaustauscher in der Ammoniumform anzuwenden und die Umsetzung in neutraler oder ammoniakalischer Lösung durchzuführen. Schwierigkeiten treten jedoch auf, wenn das Anion (wie z. B. $C_2O_4^{2-}$, $P_2O_7^{4-}$, SO_4^{2-}) zur Bildung neutraler oder anionischer Komplexe neigt oder wenn neutrale Moleküle (HgCl$_2$) oder kolloide Anteile (Fe(OH)$_3$) vorhanden sind.

Auch bei den Anionenaustauschern verwendet man nicht nur die Hydroxidform, die zur Abscheidung unlöslicher Hydroxide auf der Säule führen kann, sondern auch die Chlorid- oder Acetatform. So ist es z. B. viel bequemer, einen Anionenaustauscher in der Chloridform zu verwenden, wenn nur das bei der Alkalibestimmung störende Sulfation entfernt werden soll.

Darüber hinaus kann das im Austauscher vorrätige, austauschbare Anion selbst herangezogen werden, um gewisse Kationen in anionische Komplexe zu überführen, die dann vom Austauscher gebunden werden. So reagieren z. B. Co^{2+}, Ni^{2+}, Cu^{2+}, Fe^{3+} oder VO^{2+} mit einem Anionenaustauscher in der Citratform sofort zu anionischen Citratkomplexen und werden als solche festgehalten, während Na^+ dazu nicht in der Lage ist und auf diese Weise glatt getrennt werden kann. In 9 n Salzsäure bilden Zn^{2+}, Co^{2+} oder Fe^{3+} Chlorokomplexe und werden von der Säule eines Anionenaustauschers in der Chloridform anionisch gebunden; Ni^{2+} oder Al^{3+} vermag jedoch keine ebenso stabilen Chlorokomplexe zu bilden und durchläuft unter diesen Bedingungen rasch die Säule. Durch Elution mit einer Flüssigkeit, welche die Bildung von Chlorokomplexen weniger stark begünstigt, im vorliegenden Falle also mit einer verdünnteren Salzsäure, wird erreicht, daß die genannten Elemente wieder als Kationen im Eluat erscheinen. Durch Wahl einer geeigneten Säurekonzentration gelingt es sogar, zunächst nur eines der genannten Elemente ins Eluat zu bringen. Dieses auch in vielen anderen Fällen anwendbare Verfahren der fraktionierten Elution hat besonders für sehr schwierige Trennungen, z. B. in der Reihe der Lanthaniden oder der Aminosäuren, große Bedeutung gewonnen.

6.1 Bestimmung von Calcium- und Phosphat-Ionen in Phosphorit

Phosphorite sind neben Apatiten die wichtigsten natürlich vorkommenden Phosphate. Sie bestehen aus Calciumphosphat und Beimengungen an Hydroxyl-, Fluorid- und Chlorid-Ionen.

Etwa 500 mg Phosphaterz werden in einem bedeckten 150 ml-Becherglas mit 15 ml konz. Salzsäure 30 min lang zum schwachen Sieden erhitzt, dann zur Beseitigung von störendem Fluorid auf dem Wasserbad zur Trockne gebracht und noch eine Stunde länger darauf belassen, um die Kieselsäure unlöslich zu machen.

Man gibt dann 2 ml 6 n Salzsäure und 100 ml Wasser zu, läßt die – nötigenfalls filtrierte – Lösung im Laufe von etwa 10 min durch einen Kationenaustauscher in der H-Form laufen (Schicht 40 cm lang, 15 mm Durchmesser) und fängt den Durchlauf mitsamt dem Waschwasser (etwa 400 ml) in einer Porzellankasserolle von 1 l Inhalt auf. Nach Zusatz von 3 Tropfen Methylrot gibt man 18 n Natronlauge (Polyethylenflasche!) bis zur Gelbfärbung zu und dann sofort tropfenweise 1 n Salzsäure, bis die Lösung leicht rosa ist.

Zur titrimetrischen Bestimmung der Phosphorsäure muß die Lösung auf etwa 100 ml auf dem Wasserbad eingeengt werden; kurz vor der Titration (S. 112) leitet man noch 10 min lang CO_2-freie Luft hindurch, da das gelöste CO_2 die Schärfe des Umschlags beeinträchtigt. Bei gravimetrischer Bestimmung der Phosphorsäure über $MgNH_4PO_4$ (S. 80) kann das Eindampfen unterbleiben.

Zur Bestimmung des Calciums eluiert man mit 150 ml Salpetersäure (1 + 7) und wäscht mit 100 ml Wasser nach. Das Calcium kann dann in der üblichen Weise als CaC_2O_4 gefällt und bestimmt werden.

In gleicher Weise wie Ca^{2+} können auch Na^+, K^+, NH_4^+, Mg^{2+}, Zn^{2+}, Cd^{2+}, Mn^{2+}, Co^{2+} oder Ni^{2+} von Phosphorsäure getrennt werden. Auch die Trennung von Fe^{3+} und Al^{3+} gelingt, wenn man zum Auswaschen der Phosphorsäure an Stelle von Wasser 200–250 ml 0,01–0,02 n Salzsäure benutzt, um Hydrolyse zu vermeiden. Fe^{3+} und Al^{3+} werden dann mit 200–250 ml 3 n Salzsäure eluiert und wie üblich bestimmt.

6.2 Trennung Kupfer—Arsen

Die je 50–100 mg Cu^{2+} und AsO_2^- enthaltende Lösung wird nach Zusatz einiger Tropfen verd. Schwefelsäure oder Essigsäure auf etwa 50 ml verdünnt und in langsamer Tropfenfolge durch die Säule eines Kationenaustauschers in der H-Form gegeben. Die Arsenit-Ionen laufen hierbei quantitativ durch, während das zweiwertige Kupfer festgehalten wird. Man wäscht wenigstens 3mal mit je 50 ml Wasser nach und prüft noch weitere 100 ml Waschwasser gesondert auf AsO_2^-. Das Eluat wird dann mit 10 ml konz. Salzsäure angesäuert und kalt mit 0,1 n $KBrO_3$-Lösung und 2 Tropfen Methylrot als Indikator langsam auf Entfärbung titriert (S. 162).

Das im Austauscher zurückgebliebene Kupfer wird 3mal mit je 50 ml Salpetersäure (1 + 7) eluiert. Stärkere Salpetersäure darf nicht verwendet werden, da sie den Austauscher angreift. Man spült 2mal mit je 50 ml Wasser nach und bestimmt das Kupfer nach einem der üblichen Verfahren.

Unter ähnlichen Bedingungen kann AsO_2^- von anderen Kationen wie Zn^{2+}, Cd^{2+}, Hg^{2+}, Pb^{2+} und Sn^{2+} getrennt werden.

7 Trennung durch Herauslösen eines Bestandteils: Natrium—Kalium

Man bestimmt in einem Teil der Lösung durch Abrauchen mit Schwefelsäure die **Gewichtssumme der beiden Sulfate**; *ein anderer Teil der Lösung dient zur Bestimmung von* **Kalium als KClO₄**. *Natrium ergibt sich aus der Differenz.*

Die Lösung wird in einem Meßkolben auf 100 ml aufgefüllt; je 40 ml davon werden entnommen. Zur Bestimmung der Alkalisulfate dampft man die Lösung in einer Schale weitgehend ein, spült sie mit möglichst wenig Wasser quantitativ in einen mit Deckel gewogenen größeren Platintiegel, gibt 1 ml Schwefelsäure (1 + 2) hinzu und erwärmt im offenen Aluminiumblock (ohne Glaseinsatz) oder auf einer feuerfesten Platte vorsichtig zunächst auf etwa 140 °C, dann unter allmählicher Steigerung der Temperatur auf 300 °C. Sobald keine Schwefelsäuredämpfe mehr entweichen, erhitzt man den Tiegel mit freier Flamme allmählich bis zur *schwachen* Rotglut; beim Wegnehmen der Flamme darf schließlich kein SO_3-Rauch mehr zu sehen sein. Nun läßt man abkühlen, gibt einige Stückchen (0,1 – 0,2 g) *reinstes* Ammoniumcarbonat zu (auf Rückstand prüfen!) und erhitzt den gut bedeckten Tiegel zunächst mäßig, bis alles Ammoniumcarbonat zersetzt ist, dann wieder auf schwache Rotglut. Diese Behandlung wird mindestens 2 – 3mal bis zur Gewichtskonstanz wiederholt.

Nach derselben Vorschrift wird Natrium oder Kalium allein bestimmt. Die Lösung darf außer Alkalisalzen höchstens Ammoniumsalze enthalten. Anionen stören nicht, wenn sie sich beim Abrauchen mit Schwefelsäure verflüchtigen oder ohne Rückstand zersetzt werden.

Beim Abrauchen mit Schwefelsäure entsteht zunächst $NaHSO_4$, das durch Erhitzen ohne Verknistern in $Na_2S_2O_7$ und schließlich in Na_2SO_4 überführt werden kann. Zur völligen Zersetzung des Disulfats wäre aber, besonders bei dem stabileren $K_2S_2O_7$, eine Temperatur erforderlich, bei der bereits Alkalisulfat verdampft. Erhitzt man aber in einer Ammoniakatmosphäre, so bilden sich schon bei tieferer Temperatur $(NH_4)_2SO_4$ und Na_2SO_4, von denen das erste leicht verflüchtigt werden kann. Häufig fallen die Werte zu hoch aus, weil aus übergroßer Vorsicht nicht hoch genug und nicht bis zur wirklichen Gewichtskonstanz erhitzt wird. Das gewogene Alkalisulfat muß sich klar und mit neutraler Reaktion (prüfen!) in Wasser lösen; gegebenenfalls könnten kleine Mengen Säure titriert und in Rechnung gestellt werden; enthielt das Ausgangsmaterial Mg oder Ca, so darf die Prüfung auf diese beiden Elemente hier nicht unterlassen werden.

An Stelle der Sulfate kann man auch die leichter flüchtigen Chloride zur Wägung bringen. Während sich Na_2SO_4 oberhalb 900 °C (Schmelzpunkt 884 °C), K_2SO_4 bei 800 °C in wiegbaren Mengen zu verflüchtigen beginnt, geschieht dies bei NaCl etwa ab 650 °C, bei KCl ab 600 °C, also schon unterhalb beginnender Rotglut. Verluste können daher bei der Bestimmung der Alkalimetalle in Form der Chloride sehr leicht eintreten, zumal diese beim Erhitzen verknistern. Da bei der Abtrennung von Kalium als $KClO_4$ Sulfate nicht anwesend sein dürfen, muß man aber die Alkalimetalle zuvor als Chloride wiegen, falls Kalium in der *gleichen* Probe bestimmt werden soll.

Zur Bestimmung des Kaliums versetzt man eine weitere Probe von 40 ml, die bis 200 mg K enthalten kann, in einer dunkel glasierten 200 ml-Porzellanschale mit 8 ml 70%iger, analysenreiner Perchlorsäure (d = 1,12; auf Sulfat prüfen!). Man erhitzt die Lösung, die keinesfalls irgendwelche organischen Substanzen enthalten darf, auf dem Wasserbad, bis der Chlorwasserstoff restlos vertrieben ist und dicke weiße Dämpfe von Perchlorsäure entweichen. Nun läßt man *vollständig* (!) *erkalten* und übergießt den breiigen Rückstand alsbald mit 20 ml absolutem, möglichst wasserfreien Alkohol, der etwa 0,2% der oben genannten Perchlorsäure enthält. Mit Hilfe eines dicken, flach rundgeschmolzenen Glasstabs verreibt man das Salzgemisch, ohne Druck anzuwenden, einige Zeit sorgfältig, gießt die trübe Lösung nach kurzer Wartezeit in einen entsprechend vorbereiteten Glasfiltertiegel D3 ab und verreibt die zurückgebliebenen, gröberen Teilchen noch mehrmals mit kleinen Mengen der Alkohol-Perchlorsäure-Mischung, bis schließlich alles Salz im Filtertiegel gesammelt ist. Man wäscht noch mit ganz wenig absolutem Alkohol nach, erwärmt vorsichtig und trocknet bei 120–130 °C. Das Filtrat bleibt über Nacht stehen; sollte sich noch ein Niederschlag bilden, so ist er zu berücksichtigen. Die erhaltenen Werte für Na und K sind auf die Gesamtmenge der Lösung umzurechnen.

Versuche, den Alkohol durch Destillieren des Filtrats wiederzugewinnen, sind zu unterlassen, da sich hierbei schwerste Explosionen ereignen können.

Das zur Abtrennung des Kaliums hier angewandte Verfahren beruht auf der Extraktion des in Alkohol löslichen Natriumperchlorats aus dem Salzgemisch. Weit besser geeignet sind allerdings wasserfreie Mischungen organischer Lösungsmittel wie Butylalkohol-Essigsäureethylester. Auch die Perchlorate von Ca, Ba, Mg sind in Alkohol leicht löslich. Ammoniumsalze, Sulfationen oder andere Elemente müssen jedoch entfernt werden. Sulfat wird durch

7 Trennung durch Herauslösen eines Bestandteils Natrium – Kalium

$BaCl_2$ in heißer, salzsaurer Lösung ausgefällt, ein geringer Überschuß an $BaCl_2$ stört später nicht. Auch Phosphorsäure darf zugegen sein.

Überwiegt in dem Gemisch das Natrium, so kann man es auch als Natriummagnesium-uranylacetat fällen und Kalium aus der Differenz berechnen. Man bringt den recht löslichen Niederschlag nach dem Trocknen bei 110 °C als $NaMg(UO_2)_3Ac_9 \cdot 6,5 H_2O$ zur Wägung. Da der Niederschlag nur 1,53% Na enthält, lassen sich noch sehr kleine Mengen Na erfassen. Die Bestimmung wird durch Ca, Mg oder Al nicht gestört.

Das Verfahren der Extraktion eines Salzgemisches findet auch bei der Bestimmung von K neben Na als K_2PtCl_6 und bei der quantitativen Trennung von Na und Li Anwendung. Beim Behandeln eines Gemisches von NaCl und LiCl mit Amylalkohol löst sich nur LiCl. In ähnlicher Weise lassen sich auch die Erdalkalimetalle voneinander trennen. Man verwandelt dazu die durch Fällen mit Ammoniak, Ammoniumcarbonat und Ammoniumoxalat erhaltenen Niederschläge über die Oxide in Nitrate und löst mit einer Mischung von Alkohol und Ether $Ca(NO_3)_2$ heraus; $Ba(NO_3)_2$ und $Sr(NO_3)_2$ bleiben zurück. Zur Trennung des Bariums von Calcium kann auch die Fällung von $BaCrO_4$ in schwach essigsaurer Lösung dienen.

Auch die Extraktion aus Lösungen[1] auf Grund des Nernstschen Verteilungssatzes wird immer häufiger angewandt. Der Erfolg einer Extraktion läßt sich an Hand des Verteilungskoeffizienten D beurteilen, wobei $D = c_x$ (in organischer Phase)$/c_x$ (in wäßriger Phase). So kann man Eisen(III) optimal aus 6,0 – 6,2 n salzsaurer Lösung durch wiederholtes Ausschütteln mit Ether restlos entfernen und dadurch von kleinen Mengen anderer Elemente wie Al, Cr, Ni, Co, Cu, Mn, Ti oder von Alkalimetallen quantitativ trennen. Während unter den oben genannten Bedingungen bei der Extraktion von Eisen(III) der Verteilungskoeffizient den Wert $D = 143$ hat, erreicht man bei Verwendung eines Gemisches von 70% Methylamylketon und 30% Cyclohexanon $D = 3500$, so daß schon eine einzige schubweise Extraktion genügt. Ist jedoch der Verteilungskoeffizient extrem klein, so muß die Extraktion – meist unter Benutzung eines Siedekolbens mit Rückflußkühler – tage- oder gar wochenlang fortgesetzt werden („Perforation").

In neuerer Zeit sind viele weitere Verteilungsverfahren entwickelt worden, die in speziellen Fällen sehr scharfe und rasche Trennungen ermöglichen. Einerseits werden hierbei die als Aquakomplexe vorliegenden Kationen durch Zusatz großer Mengen HCl, LiCl, NH_4SCN oder NH_4NO_3 je nach der Art des Kations mehr oder minder weitgehend in Chloro-, Rhodano- oder Nitrato-Komplexe usw. übergeführt, während andererseits organische Phasen von geeigneter Selektivität (Chloroform, Benzol, Ether, Ketone, Tributylphosphat)

---

[1] Morrison, G. H., u. H. Freiser: Solvent Extraction in Analytical Chemistry. New York: Wiley 1957. – Markl, P.: Extraktion und Extraktionschromatographie in der anorganischen Analyse. Frankfurt: Akad. Verlagsges. 1972

ausgewählt werden, so daß sich selbst bei sehr ähnlichen Kationen erhebliche Unterschiede in den Verteilungskoeffizienten ergeben können. Genannt sei hier nur die Extraktion des Urans als Nitratokomplex, die eine glatte Trennung von fast allen Elementen außer Ce und Th ermöglicht. Auch 8-Hydroxychinolin, Dithizon, Kupferron, Acetylaceton, 2-Thenoyltrifluoraceton (TTA) und ähnliche Reagenzien werden bei solche Extraktionstrennungen als Komplexbildner herangezogen.

Da an der Flüssig-flüssig-Verteilung keine festen Phasen beteiligt sind, treten auch keine Störungen durch Adsorption, Mischkristallbildung und ähnliches auf; mit Hilfe von Radioisotopen konnte nachgewiesen werden, daß der Verteilungssatz noch bei 10^{-16} molaren Lösungen gilt. Da die Extraktion und Rückverteilung rasch und ohne großen Aufwand fast beliebig oft (100000mal und mehr in 24 Std.) wiederholt werden kann, gelingt es, durch „multiplikative Verteilung" auch solche Stoffe zu trennen, deren Verteilungskoeffizienten (von mittlerer Größe) sich nur geringfügig unterscheiden. Das gleiche Trennungsprinzip liegt auch der Papierchromatographie und der Gaschromatographie zugrunde.

8 Trennung durch Destillation: Arsen—Antimon

Arsen wird aus stark salzsaurer Lösung **als AsCl$_3$ verflüchtigt** *und im Destillat maßanalytisch bestimmt. Antimon fällt man im Destillationsrückstand mit Schwefelwasserstoff als Sulfid und überführt es bei 300°C in reines* Sb$_2$S$_3$, *das gewogen wird.*

Das für die Destillation des Arsens erforderliche Gerät zeigt Abb. 40. Die zu destillierende Flüssigkeit wird in einem 150 ml-Rundkolben mit langem, weiten Hals erhitzt, der durch eine kräftige, auf einem Stativring liegende und mit einem kreisrunden Loch von 6 cm Durchmesser versehene feuerfeste Platte unterstützt wird. Das Überhitzen der Kolbenwandung wird so vermieden. Der Kolben ist mit einem zweifach durchbohrten Stopfen aus grauem oder schwarzen, antimonfreien Gummi verschlossen. Durch die eine Bohrung führt fast bis zum Boden des Kolbens ein Glasrohr, durch das Salzsäure aus einem Tropftrichter zugegeben und CO$_2$ eingeleitet werden kann. Die zweite Bohrung des Stopfens trägt einen etwa 25 mm weiten Fraktionieraufsatz, dessen unteres Ansatzrohr etwa 8 mm weit, am Ende abgeschrägt und 1 cm weiter oben mit einer seitlichen Öffnung versehen ist. Der Aufsatz ist etwa 15 cm hoch mit groben Reagensglasscherben oder Füllkörpern aus Glas (Raschig-Ringen) angefüllt. Der Verschlußstopfen

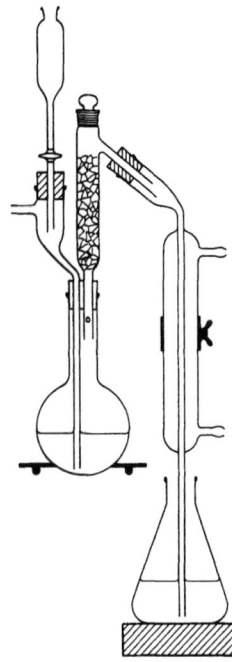

Abb. 40. Apparat zur Arsendestillation

wird mit einem Tropfen Salzsäure gedichtet. Auch bei Verwendung einer ganz mit Schliffen aufgebauten Apparatur dürfen die Schliffe nicht gefettet, sondern nur mit konz. Salzsäure gedichtet werden. Zur Kondensation der arsenhaltigen Dämpfe dient ein Liebigscher Kühler. Das ein wenig verengte, untere Ende des 50 cm langen Kühlrohres taucht in etwa 100 ml Wasser ein, die sich in einem 750 ml-Erlenmeyerkolben befinden.

Die zu analysierende Lösung wird, nötigenfalls unter Nachspülen mit starker Salzsäure, in den Rundkolben gebracht. Man gibt noch 1,5 g Hydrazinium- oder Hydroxylammoniumchlorid zu, verschließt den Kolben und läßt darauf aus dem Tropftrichter 25–50 ml konz. Salzsäure, dann eine Lösung von 1 g Borax in 25 ml konz. Salzsäure und schließlich noch soviel konz. Salzsäure hinzufließen, daß der Kolben etwa zu zwei Dritteln gefüllt ist.

Man leitet nun mit einer Geschwindigkeit von 6–8 Blasen je Sekunde CO_2 ein, das durch Waschen mit $CuSO_4$-Lösung von H_2S befreit ist. Währenddessen wird die Flüssigkeit mit freier, ein wenig leuchtender Flamme zum gleichmäßigen, schwachen Sieden erhitzt, so daß sie im Laufe von 45 min auf etwa 30 ml abnimmt. Man gibt nochmals 30 ml konz. Salzsäure zu und destilliert. Um zu prüfen, ob alles Arsen übergegangen ist, wird die Vorlage gewechselt und die Destillation nach Zugeben von weiteren 30 ml konz. Salzsäure wiederholt. Das zuletzt erhaltene Destillat muß, nachdem es auf das Fünffache verdünnt und mit 1 Tropfen Methylorangelösung versetzt worden ist, von 1 Tropfen 0,1 n $KBrO_3$-Lösung entfärbt werden. Die das Arsen enthaltende Lösung wird ebenfalls auf das Fünffache verdünnt und mit 0,1 n $KBrO_3$-Lösung wie Antimon (S. 162) in der Kälte titriert.

Um Arsen in Erzen wie **Arsenkies** (FeAsS) zu bestimmen, wiegt man 0,2 – 0,4 g ein, zersetzt das Erz im Destillationskolben mit konz. Salpetersäure und raucht nach Zusatz von wenig Schwefelsäure zur Trockne ab. Der Rückstand wird mit wenig Wasser aufgenommen und wie oben angegeben destilliert.

Das in der organischen Chemie überaus häufig benutzte Verfahren, Stoffe durch Destillation voneinander zu trennen, findet in der anorganischen quantitativen Analyse vorwiegend zur Trennung des Arsens von beliebigen anderen Elementen wie Pb, Cu, Fe oder von Sb Anwendung. Die beim Destillieren übergehenden Chloride dieser Elemente haben in wasserfreiem Zustand folgende Siedepunkte: $AsCl_3$: 130 °C, $SbCl_3$: 223 °C. In stark salzsauren Lösungen ist die hydrolytische Spaltung dieser Chloride so weit zurückgedrängt, daß bei 108 – 110 °C das Arsen, dann in Gegenwart von Schwefelsäure bei etwa 155 °C das Antimon quantitativ mit überdestilliert. Bei Anwesenheit von Schwefelsäure darf die Lösung beim Abdestillieren des Arsens nicht weiter als bis zu einem Gehalt von 20% H_2SO_4 eingeengt werden; andernfalls geht Antimon über. Beide Elemente können dann in den Destillaten bequem bromometrisch bestimmt werden. Man beachte, daß die ausgegebene Lösung auch fünfwertiges Arsen oder Antimon enthalten kann. Fünfwertiges Arsen liegt selbst in konzentriert salzsaurer Lösung ausschließlich in Form der nichtflüchtigen Arsensäure vor, die zunächst z. B. durch Hydrazinium chlorid zu arseniger Säure bzw. $AsCl_3$ reduziert werden muß. Dieser Vorgang, der nur langsam verläuft, läßt sich durch Borax oder Kaliumbromid beschleunigen. Ähnlich liegen die Verhältnisse hinsichtlich des fünfwertigen Antimons. Da erhebliche Mengen Salzsäure angewandt werden, empfiehlt es sich, nur analysenreine zu verwenden.

Sind im Laufe eines Trennungsganges Sulfide der Arsengruppe angefallen, so werden sie im Destillierkolben mitsamt dem Filter mit Schwefelsäure und Salpetersäure behandelt. Dabei kann, um Salpetersäure und ausgeschiedenen Schwefel zu entfernen, bis zum Rauchen der Schwefelsäure erhitzt werden,

8 Trennung durch Destillation Arsen–Antimon

ohne daß Arsen oder Antimon verlorengehen. Legierungen und Mineralien, die Arsen und Antimon enthalten, werden in ähnlicher Weise behandelt. Beim Erhitzen der Sulfide mit konz. Schwefelsäure entstehen Sb^{3+} und Sn^{4+}.

Noch leichter flüchtig als die Chloride von As und Sb ist $SnCl_4$, das wasserfrei bei 114 °C siedet. In stark salzsaurer Lösung beginnt es jedoch infolge komplexer Bindung zu $H_2[SnCl_6]$ und Hydrolyse erst flüchtig zu werden, wenn schon alles Arsen abdestilliert ist. Durch einen Kunstgriff gelingt es, auch Antimon von Zinn durch Destillation zu trennen; setzt man nämlich konz. Phosphorsäure im Überschuß zu, so wird Zinn so fest gebunden, daß es beim Abdestillieren des Antimons nicht mit übergeht. Das Zinn läßt sich dann aus dieser Lösung wieder verflüchtigen, wenn man mit konz. Bromwasserstoffsäure destilliert.

Zur **Bestimmung des Antimons** spült man den Fraktionieraufsatz mehrfach mit warmer Salzsäure (1 + 1) aus, gibt für je 30 ml der Lösung 50 ml Wasser hinzu und bringt alles unter Nachspülen mit 2,3 n Salzsäure quantitativ in einen Weithals-Erlenmeyerkolben von 500 ml; die Lösung ist dann 2–2,5 n an HCl.

Nun wird der Kolben in ein breites 1 l-Becherglas gestellt, in dem sich einige Tonstückchen und soviel Wasser befinden, daß der Kolben eben schwimmt. Man erhitzt zum Sieden und leitet mit 5–10 Blasen/Sek. H_2S ein. Wenn die angegebene optimale Salzsäurekonzentration (2,3 n) eingehalten wurde, ist der orangefarbene Niederschlag nach etwa 20 min grau und dicht geworden. Man befördert nun das noch an der Wandung haftende Sulfid mit Hilfe des Einleiterohrs in die Lösung, setzt das Einleiten von H_2S in verlangsamtem Tempo noch etwa 10 min fort und gibt schließlich das gleiche Volumen heißes Wasser hinzu; hierbei zeigt sich, falls die Salzsäurekonzentration nicht wesentlich höher war als oben angegeben, nur eine geringe gelbliche Opaleszenz, die nach etwa 5 min wieder völlig verschwunden ist. Nun unterbricht man das Erhitzen und Einleiten, läßt kurze Zeit absitzen, wäscht den Niederschlag, zunächst unter Abgießen, mit warmem, schwach essigsaurem H_2S-Wasser aus und sammelt ihn in einem Filtertiegel.

Der Filtertiegel wird schließlich in dem durch ein aufgelegtes Uhrglas möglichst *dicht* verschlossenen Glaseinsatz des Aluminiumblocks unter Durchleiten von trockenem, möglichst *luftfreien* CO_2 zunächst auf 110 °C, dann etwa 1 Std. auf 280–300 °C erhitzt. Um die Oxidation von Antimonsulfid sicher auszuschließen, läßt man es auch unter CO_2 erkalten; vor dem Herausnehmen des Glaseinsatzes ist der CO_2-Strom so zu verstärken, daß während der Abkühlung keine Luft eindringen kann. CO_2 wird einem schon länger benutzten Kippschen Apparat entnommen, durch eine $NaHCO_3$-Aufschlämmung gewaschen und mit $CaCl_2$ getrocknet. Anzugeben: mg As, Sb.

Beim Fällen von $SbCl_3$-Lösungen mit H_2S bilden sich nebenbei Halogen-Schwefel-Verbindungen des Antimons, deren Anwesenheit später Verluste durch Verflüchtigung von $SbCl_3$ verursacht. Dieser Fehler wird vermieden, wenn man dafür sorgt, daß sich das zunächst ausfallende, orangefarbene Antimonsulfid in die reinere, kristalline, graue Form umwandelt, die überdies viel rascher filtrierbar ist; die Fällungsbedingungen müssen aber genau eingehalten werden. Bei größerer Konzentration an Chloriden bleibt die Fällung der Sulfide von Sb, Sn, Cd, Zn, Pb u. a. leicht unvollständig. Beim Erhitzen auf 280°C wird Sb_2S_5 zersetzt, etwa mitgefällter Schwefel verflüchtigt sich, und es hinterbleibt grauschwarzes Sb_2S_3, das keine weißlichen Stellen aufweisen darf. Um den Filtertiegel zu reinigen, entfernt man den Inhalt zunächst mechanisch und löst den Rest mit NaOH-Perhydrol.

In ähnlicher Weise wie Antimon kann Bismut als Bi_2S_3 zur Wägung gebracht werden.

9 Indirekte Analyse: Chlorid—Bromid

Man fällt beide Halogene als AgCl und AgBr zusammen aus, wiegt das **Gemisch,** *überführt es durch Erhitzen im Chlorstrom in* **reines AgCl** *und wiegt wieder. Aus den beiden Gewichten läßt sich die Menge an Chlor und Brom berechnen.*

In der Lösung wird zunächst nach S. 61 die Summe von Silberchlorid und -bromid bestimmt, wobei man kleine Filtertiegel mit 22 mm oberem Durchmesser benutzt, die beim Assistenten erhältlich sind.

Dann stellt man den gewogenen Filtertiegel in das Einsatzrohr eines Aluminiumblocks (Abb. 41), der unter einem gut ziehenden Abzug aufgestellt wird; der Substanztiegel muß sich dabei in der Mitte des Aluminiumblocks befinden. Man heizt zunächst den Aluminiumblock langsam an und leitet Chlor durch eine mit konz. Schwefelsäure beschickte Waschflasche mit 3–4 Blasen je Sekunde ein. Das Chlor wird einer Stahlflasche entnommen oder durch Zutropfen von starker Salzsäure zu festem Kaliumpermanganat und Waschen mit Wasser erhalten. Die dicht aneinanderstoßenden Glasrohre werden durch ein Gummischlauchstück verbunden; besser ist ein ungefetteter, allenfalls

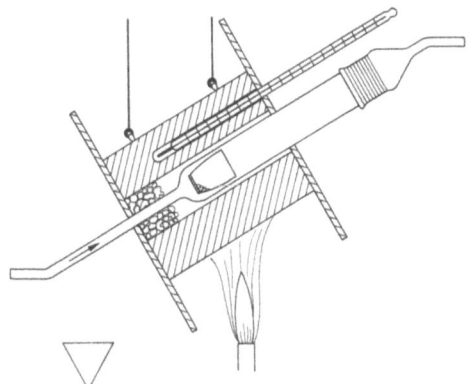

Abb. 41.

mit konz. Schwefelsäure gedichteter Schliff. Die Umwandlung von AgBr in AgCl geht schon ab 200 °C lebhaft vor sich. Man erhitzt zunächst 30 min auf 200 °C, erreicht nach weiteren 20 min 300 °C und geht dann noch für 5–10 min auf 430–450 °C, nimmt dann den Tiegel noch warm heraus und stellt ihn zur Abkühlung offen auf eine feuerfeste Platte. Sobald kein Chlor mehr zu riechen ist, wird der Filtertiegel in den Exsiccator gebracht. Das Erhitzen im Chlorstrom ist zur Prüfung auf Gewichtskonstanz zu wiederholen. Anzugeben: mg Cl, Br.

1 mol AgBr wiegt entsprechend dem höheren Molekulargewicht um 44,46 g mehr als 1 mol AgCl. Hat man AgBr allein oder im Gemisch mit indifferenten Stoffen in die äquivalente Menge AgCl überführt und dabei eine Gewichtsabnahme von 44,46 g beobachtet, so kann man daraus umgekehrt schließen, daß in dem Gemisch 1 mol = 187,80 g AgBr vorhanden gewesen sein müssen.

In dem *Gemisch* sei das unbekannte Gewicht des als indifferent anzusehenden AgCl mit x, dasjenige des AgBr mit y bezeichnet; die Summe beider ist durch Wägung bekannt:

$$x + y = g. \tag{1}$$

Das nach Überführen des Gemisches in AgCl ermittelte Gewicht sei g'. Es setzt sich zusammen aus unverändert gebliebenem AgCl = x und dem aus y entstandenen AgCl, dessen Gewicht $y \dfrac{\text{AgCl}}{\text{AgBr}}$ beträgt:

$$x + y \frac{\text{AgCl}}{\text{AgBr}} = g'. \tag{2}$$

Subtrahiert man (2) von (1), so ergibt sich:

$$y - y\,\frac{\text{AgCl}}{\text{AgBr}} = g - g', \tag{3}$$

$$y = \frac{g - g'}{1 - \dfrac{\text{AgCl}}{\text{AgBr}}} = \frac{g - g'}{0{,}23675}\,. \tag{4}$$

In ähnlicher Weise kann man in einem Gemisch von NaCl und KCl die Menge beider Alkalimetalle ermitteln, ohne die ziemlich schwierige Trennung vornehmen zu müssen. Man bestimmt zunächst die Summe der Alkalichloride, führt dann das gesamte Chlorid in AgCl über und wiegt dieses. Man erkennt, daß aus dem Gewicht des erhaltenen AgCl durch Multiplikation mit dem Faktor $\dfrac{\text{NaCl}}{\text{AgCl}}$ diejenige Menge NaCl leicht berechnet werden kann, welche der Mischung der beiden Alkalichloride *äquivalent* ist. Damit ist die Aufgabe auf die schon oben behandelte zurückgeführt.

Während man sonst danach trachtet, den gesuchten Bestandteil in einer Form zur Wägung zu bringen, die möglichst viel mehr wiegt als er selbst, muß bei der indirekten Analyse aus Gewichtsänderungen, die nur einen *Bruchteil* des Bestandteils ausmachen, auf dessen Menge geschlossen werden. Kleine Versuchs- und Wägefehler beeinträchtigen daher die Genauigkeit der Bestimmung in besonders hohem Maße. Die indirekte Analyse führt daher nur bei reinen Stoffen und bei sehr sorgfältigem Arbeiten zu einem guten Ergebnis.

VII. Elektroanalyse

Allgemeines

Die wäßrigen Lösungen von Säuren, Basen und Salzen sind „elektrolytische" Leiter des elektrischen Stroms oder „Elektrolyte". Frei bewegliche Elektronen wie in den metallischen Leitern treten bei ihnen nicht auf; sie enthalten nur positiv und negativ geladene *Ionen*, die sich bei der „**Elektrolyse**" unter der Einwirkung einer angelegten Spannungsdifferenz in entsprechender Richtung in Bewegung setzen. Im allgemeinen nehmen sowohl die positiven als auch die negativen Ionen gleichzeitig am Stromtransport teil.

Taucht man zwei mit den Polen einer geeigneten Stromquelle verbundene, metallische Elektroden in die Flüssigkeit ein, so wandern alle negativen Ionen als „Anionen" zur positiv geladenen Elektrode, der Anode, alle positiven Ionen als „Kationen" an die negative Kathode. Durch die negativ geladene Kathode können den in Lösung befindlichen Kationen, Neutralmolekülen oder Anionen, die durch Diffusion, Strömung oder Ionenwanderung in ihre Nähe geraten, *negative* Ladungen *zugeführt* werden; an ihr finden somit ausschließlich *Reduktionsvorgänge* statt; Metallionen werden unter Umständen bis zum Metall, H^+-Ionen zu H_2 reduziert. An der positiv geladenen Anode gehen gleichzeitig *Oxidationen* vor sich: Cl^- wird zu Cl_2, O^{2-} bzw. OH^- zu O_2 oxidiert; metallisches Ag geht als Ag^+ in Lösung; Pb^{2+} scheidet sich als PbO_2 ab.

Die Polung einer Gleichstromquelle ist leicht festzustellen, indem man z. B. einen mit KJ-Lösung befeuchteten Papierstreifen im Abstand von einigen Zentimetern mit den unter Spannung stehenden Drahtenden berührt. Am positiven Pol wird J^- zu braunem J_2 oxidiert. „Polreagenspapier" (das auch im Handel ist) stellt man sich durch Tränken eines Papierstreifens mit NaCl-Lösung und Phenolphthalein her; es färbt sich am negativen Pol rot (wieso?).

Bei der Elektroanalyse werden überwiegend Metalle aus ihren Salzlösungen in zur Wägung geeigneter Form auf der Kathode abgeschieden; deren Gewichtszunahme wird dann durch Wägung bestimmt. In einigen Fällen benutzt man auch anodisch erzeugte Niederschläge.

VII. Elektroanalyse

Zwischen Spannung (*E*), Stromstärke (*I*) und Widerstand (*R*) besteht nach dem **Ohmschen Gesetz** die Beziehung

$$I = E \cdot \frac{1}{R_1 + R_2 + \cdots},$$

wenn mehrere Widerstände im Stromkreis hintereinandergeschaltet sind, dagegen $I = E \cdot \left(\frac{1}{R_1} + \frac{1}{R_2} + \cdots\right)$, wenn man sie nebeneinanderschaltet. *E*, *I* und *R* werden gewöhnlich in den Einheiten Volt (V), Ampere (A) und Ohm (Ω) gemessen.

Der **Widerstand,** den eine Elektrolysenanordnung dem Stromdurchgang bietet, hängt vor allem von der Größe und Entfernung der Elektroden, der Art des Elektrolyten und der Temperatur ab. Der Widerstand einer Elektrolysenanordnung, wie sie für quantitative Zwecke benutzt wird, liegt meist in der Größenordnung von einigen Ohm. Um die Stromstärke bei der Elektrolyse bequem regeln zu können, läßt man den Strom durch einen Schiebewiderstand von etwa der gleichen Größe fließen. Auf jedem Widerstand ist sein Widerstandswert in Ohm sowie die Höchststromstärke verzeichnet, mit welcher er dauernd belastet werden darf.

Nach dem ersten Faradayschen Gesetz ist die bei einer Elektrolyse an der Elektrode abgeschiedene Substanzmenge der **Stromstärke** proportional. Je höher die Stromstärke ist, um so schneller wird eine Elektroanalyse zu beenden sein, um so größer ist aber auch die Gefahr, daß sich das Metall nicht dicht, sondern nadelig, schwammig oder bröckelig abscheidet. Der Steigerung der Stromstärke ist dadurch eine Grenze gesetzt, daß beim Durchgang zu großer Elektrizitätsmengen durch die Elektroden, d. h. bei zu großer „Stromdichte", eine Verarmung der Lösung an den abzuscheidenden Ionen in der unmittelbaren Umgebung der Elektrode eintritt, da die verschwundenen Ionen nicht rasch genug aus den entfernteren Teilen der Lösung durch Diffusion und Strömung ersetzt werden. Die Folge davon ist, daß andere, selbst in sehr kleiner Konzentration vorhandene Ionen, wie H_3O^+- oder OH^--Ionen, an den Elektroden unter Wasserstoff- bzw. Sauerstoffentwicklung entladen werden. Gleichzeitig entstehender Wasserstoff macht eine Metallschicht schwammig, für eine quantitative Bestimmung also ungeeignet. Um derartige Mißerfolge auszuschließen, gibt man in den Vorschriften die einzuhaltende Stromdichte an. Man bezieht sie in der Regel auf 100 cm^2 Elektrodenoberfläche und nennt dies „normale Stromdichte" (N.D.$_{100}$). Ist z. B. bei einer Elektrolyse vorgeschrieben „N.D.$_{100}$ = 1 A" und hat man die Oberfläche der benutzten Kathode zu 25 cm² ermittelt, so muß die Stromstärke 0,25 A betragen. Engmaschige Drahtnetzelektroden haben etwa die gleiche wirksame Oberfläche wie ein zusammenhängendes Blech von den gleichen äußeren Abmessungen.

Zur Ablesung der Stromstärke dient ein Amperemeter, durch das der *gesamte*, das Elektrolysiergefäß passierende Strom fließen muß.

Die Einheit der **Elektrizitätsmenge** ist das Coulomb. Die Stromstärke in einem Leiter beträgt 1 A, wenn 1 Coulomb in der Sekunde hindurchfließt. Multipliziert man also die Stromstärke in Ampere mit der Zeit in Sekunden, so erhält man die hindurchgegangene Elektrizitätsmenge in Coulomb oder Ampere-Sekunden (As). Eine den praktischen Bedürfnissen besser angepaßte Einheit der Elektrizitätsmenge ist die Amperestunde (Ah)[1]. Nach dem zweiten Faradayschen Gesetz verhalten sich die durch gleiche Elektrizitätsmengen abgeschiedenen Stoffmengen wie deren Äquivalentgewichte. *Zur Abscheidung von 1 Äquivalent wird bei allen Ionen die gleiche Elektrizitätsmenge gebraucht, nämlich 96 487,0 Coulomb oder 26,802 Ah (drittes Faradaysches Gesetz).* Man bezeichnet diese Elektrizitätsmenge auch als 1 Faraday = 1 F. Ein Strom von 1 A scheidet in 26,8 Std. z. B. ab: aus einer Ag^+-Lösung 107,87 g Ag, aus einer Cu^{2+}-Lösung 1 Äquivalent $= \dfrac{63,54}{2}$ g Cu, aus einer Cu^+-Lösung dagegen 63,54 g Cu, aus einer Säure 1,008 g = 11,2 l H_2.

Bei der Coulometrie verfährt man im Prinzip ähnlich wie bei der Elektroanalyse; man wiegt jedoch nicht den bei konstantem Kathodenpotential (potentiostatisch) abgeschiedenen Niederschlag, sondern mißt die hindurchgegangene Strommenge z. B. mit einem sehr genauen Silbercoulometer, noch bequemer hält man die Stromstärke durch geeignete Vorrichtungen genau konstant (amperostatisch) und stoppt die Zeit, die meist nur wenige Minuten beträgt. Voraussetzung dafür ist in jedem Fall, daß die Elektrolyse unter solchen Bedingungen durchgeführt wird, daß die kathodische oder anodische Reaktion mit genau 100% Stromausbeute verläuft. Die „coulometrische Titration" wird besonders vielseitig anwendbar, wenn man das Reagens wie H_3O^+, OH^-, Cl_2, Br_2, J_2, Ce^{4+}, Mn^{3+} oder Fe^{2+}, Ti^{3+}, Cu^{1+} auf elektrolytischem Wege erzeugt. Dies ist sowohl innerhalb der Titrationsflüssigkeit selbst als auch außerhalb in einem dem Titrationsgefäß laufend zugeführten Flüssigkeitsstrom möglich. Der Endpunkt der Umsetzung kann dabei auf beliebige Weise (z. B.

---

[1] 1 Ah = 3 600 As = 3 600 C

potentiometrisch oder amperometrisch) festgestellt werden. Sogar die Erzeugung freier Komplexbildner wie EDTA gelingt (z. B. durch Zerlegung von zugesetztem Hg-Komplex).

Vergrößert man bei der Elektrolyse einer Salzlösung die Elektrodenspannung allmählich von Null an, so erfolgt unterhalb einer gewissen **Spannung** kein dauernder Stromdurchgang; ein kleiner Ausschlag, den man beim Einschalten des Stromes am Amperemeter beobachtet, geht sofort wieder zurück. Der angelegten Spannung, die einen Strom durch den Elektrolyten zu treiben sucht, wirkt alsbald eine elektrische Kraft entgegen, die man als **galvanische Polarisation** bezeichnet. Sie wird durch die bei der Elektrolyse entstehenden Stoffe verursacht, mit denen sich die Elektroden beladen. Taucht man z. B. zwei Platinbleche in 1 n Salzsäure und leitet an dem einen Blech Wasserstoff, an dem anderen Chlorgas vorbei, so lädt sich das letztere um 1,36 V positiv gegenüber dem mit Wasserstoff beladenen auf. Ein Durchgang von elektrischem Strom in dem Sinne, daß sich Wasserstoff und Chlor an den *gleichen* Elektroden sichtbar entwickeln, läßt sich daher nur erzwingen, wenn die − mit gleichem Vorzeichen − *angelegte Spannung die Polarisationsspannung übertrifft. Nur der Betrag*, um den die angelegte Spannung größer ist, kommt für die Berechnung der Stromstärke nach dem *Ohm*schen Gesetz in Betracht. Man bedient sich hierbei am besten der Form $E = I \cdot R$ und denkt sich den gesamten Spannungsabfall E in Teilbeträge zerlegt, so daß $E = E_{Zsg} + E_{Lsg} + E_{Wst} + \cdots$. Dabei soll E_{Zsg} die zur Überwindung der Polarisation erforderliche Zersetzungsspannung bedeuten, E_{Lsg} und E_{Wst} stellen den nach dem *Ohm*schen Gesetz sich ergebenden Spannungsabfall $I \cdot R$ in der Elektrolytflüssigkeit und am Schiebewiderstand dar. Die Zersetzungsspannung ist annähernd gleich der Differenz der an den Elektroden auftretenden Polarisationsspannungen, die in der folgenden Tabelle verzeichnet sind. Sie zeigt die „**Normalpotentiale**", welche verschiedene Metalle und einige Halogene in einer 1 m Lösung ihrer Ionen gegenüber der Normal-Wasserstoffelektrode annehmen, deren Normalpotential definitionsgemäß gleich Null gesetzt wird. Die angegebenen Werte beziehen sich auf eine Temperatur von 25 °C.

Die Erscheinung, daß sich ein Metall wie Zink beim Eintauchen in eine Zinksalzlösung gegenüber dieser negativ auflädt, wird dadurch hervorgerufen, daß Zink als positives Ion in Lösung zu gehen sucht, wie dies in Abb. 42 angedeutet ist. Die Elektronen bleiben im Metall zurück und laden dieses zu einem bestimmten Betrag negativ auf. Es handelt sich um einen typischen Gleichgewichtsvorgang. Je kleiner

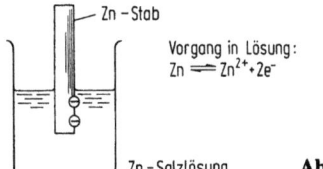

Abb. 42.

die Zn^{2+}-Konzentration ist, um so mehr nimmt die Neigung zu, als positives Ion in Lösung zu gehen, desto stärker lädt sich auch das Metall negativ. Diese Beziehungen werden quantitativ durch die in den Lehrbüchern der physikalischen Chemie abgeleitete „Nernstsche Gleichung" (vgl. Kap. V) erfaßt, aus der hervorgeht, daß die Elektrodenpotentiale bei einwertigen Metallionen um etwa 60 mV, bei zweiwertigen um 30 mV negativer werden, wenn man die Ionenkonzentration um das Zehnfache verringert.

Bei ausreichend großer Differenz der zur Abscheidung erforderlichen Spannungen gelingt die **Trennung** von zwei in Lösung befindlichen Metallen wie Kupfer und Nickel, indem man die Spannung zwischen den Elektroden so regelt, daß sie zur Abscheidung des einen, nicht aber des anderen Metalls genügt. Ist das erste Metall abgeschieden, so kann man durch Erhöhen der Spannung auch das zweite abscheiden.

Na/Na^+	$-2{,}71$ V	Bi/Bi^{3+}	$+0{,}23$ V
Mg/Mg^{2+}	$-2{,}37$ V	Sb/Sb^{3+}	$+0{,}21$ V
Zn/Zn^{2+}	$-0{,}76$ V	Cu/Cu^{2+}	$+0{,}34$ V
Fe/Fe^{2+}	$-0{,}44$ V	Ag/Ag^+	$+0{,}81$ V
Cd/Cd^{2+}	$-0{,}40$ V	Hg/Hg^{2+}	$+0{,}85$ V
Co/Co^{2+}	$-0{,}28$ V	Au/Au^+	$+1{,}5$ V
Ni/Ni^{2+}	$-0{,}26$ V		
Sn/Sn^{2+}	$-0{,}14$ V	$\frac{1}{2}Cl_2/Cl^-$	$+1{,}36$ V
Pb/Pb^{2+}	$-0{,}13$ V	$\frac{1}{2}F_2/F^-$	$+2{,}87$ V
$\frac{1}{2}H_2/H^+$	$\pm 0{,}00$ V		

Die Spannungsmessung ist also für die Elektrolyse von großer Bedeutung. Sie geschieht in der Regel mit einem Voltmeter, das an die Klemmen der beiden Elektroden angeschlossen wird. Für die Trennung von Metallen, deren Zersetzungsspannungen nahe beieinander liegen, muß man das „Kathodenpotential", d. h. die Potentialdifferenz zwischen Kathode und Lösung messen und regeln. Dafür ist eine umständlichere Apparatur erforderlich.

VII. Elektroanalyse

Die Trennungsmöglichkeiten erfahren dadurch eine Einschränkung, daß die Zersetzungsspannung von der Konzentration des abzuscheidenden Ions im Elektrolyten abhängt. Metalle mit nahe benachbarten Abscheidungsspannungen sind daher elektrolytisch nicht zu trennen, weil man zur Abscheidung der Reste des einen Metalls die Spannung so hoch steigern muß, daß man bereits in das Gebiet der Abscheidungsspannung des anderen kommt. Manchmal kann man der Elektrolytflüssigkeit ein Reagens zusetzen (Kaliumcyanid ist oft geeignet), das mit *einem* der beiden Metallionen Komplexe bildet und dadurch die Konzentration der freien Metallionen so herabsetzt, daß die elektrolytische Trennung der beiden Metalle möglich wird.

Die gebräuchlichste **Stromquelle** für die meisten Elektroanalysen ist der Bleiakkumulator, in dem sich Bleidioxid (Anode, schwarz-braun) und metallisches Blei (Kathode) in verdünnter Schwefelsäure gegenüberstehen:

$$\overset{+IV}{Pb}O_2 + \overset{0}{Pb} + 2H_2SO_4 \underset{\text{Ladung}}{\overset{\text{Entladung}}{\rightleftarrows}} 2\overset{+II}{Pb}SO_4 + 2H_2O.$$

Die elektromotorische Kraft des Bleisammlers beträgt während des größten Teils der Entladung 2,0 V. Ist seine Spannung auf 1,9 V gesunken, so muß er frisch geladen werden, bis die vorgeschriebene Ladespannung (meist 2,7 V) erreicht ist. Aus den Akkumulatoren der üblichen Größe können Stromstärken von einigen Ampere ohne Schaden entnommen werden. Durch *Hintereinander*schalten mehrerer Akkumulatoren stellt man Stromquellen mit höheren Spannungen als 2 V her.

Man verwendet bei der quantitativen Elektrolyse fast stets **Platinelektroden** und gibt der Elektrode, an welcher die Fällung stattfinden soll, eine möglichst große Oberfläche, um die Stromstärke groß wählen zu können.

Meist wird die Bestimmung in einem Becherglas ausgeführt. Man verwendet dann als Fällungselektrode eine *Drahtnetzelektrode* (Abb. 43a), welche aus einem durch stärkere Drähte versteiften Zylinder aus feinem Platindrahtnetz und einem Haltedraht besteht; als zweite Elektrode benutzt man einen am Ende spiralig gewundenen, starken Draht aus Platiniridium. Abb. 43b zeigt eine zugleich als Rührer dienende Elektrode aus gelochtem Platinblech zur Schnellelektrolyse. Benutzt man als Fällungselektrode eine innen mattierte Platin*schale*, in welche die zu elektrolysierende Flüssigkeit hineingegossen wird, so dient als zweite Elektrode meist eine kleinere, durchlochte Scheibe mit einem starken Schaft aus Platiniridium (Abb. 43c).

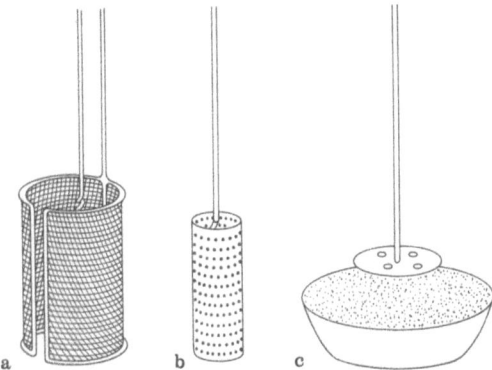

Abb. 43. Elektroden. Erläuterungen s. Text S. 200

Netzelektroden werden *stehend* in einem sauberen, mit einem Uhrglas verschlossenen hohen Becherglas aufbewahrt. Exsiccatoren sind für diesen Zweck untauglich; der Anwendung eines Trockenmittels bedarf es bei Metallniederschlägen nicht. Ausglühen von Platinelektroden ist unter allen Umständen zu unterlassen, da man nie ganz sicher ist, daß fremde Metalle *restlos* entfernt sind.

Die Elektroden dürfen nach der Reinigung nur noch am obersten Ende des Haltedrahts und nur mit ganz sauberen Fingern angefaßt werden; andernfalls ist nicht zu vermeiden, daß die Netzoberfläche durch Spuren von Fett verunreinigt und damit die gleichmäßige Abscheidung des Metalls in Frage gestellt wird.

Die bei kalten, unbewegten Elektrolytflüssigkeiten oft viele Stunden betragende Dauer einer Elektrolyse verkürzt man durch Erwärmen der Lösung, wobei neben der Vergrößerung der Leitfähigkeit die Verminderung der inneren Reibung und die dadurch bedingte Verstärkung von Strömung und Diffusion eine Rolle spielen.

Eine ungleich wirksamere Beschleunigung der Elektrolyse erreicht man bei der Schnellelektrolyse durch kräftiges Rühren der Flüssigkeit. Die Stromstärke läßt sich dann, weil den Elektroden immer neue Lösung zugeführt wird, auf das Mehrfache der sonst zulässigen steigern. In der Regel ist es die nicht zur Fällung benutzte Elektrode, welche man bei der Schnellelektrolyse mittels eines kleinen Motors in rasche Umdrehung versetzt und so als Rührer verwendet. Eine hinreichende Durchmischung der Elektrolytflüssigkeit läßt sich notfalls auch durch Einleiten eines Gases erzielen.

VII. Elektroanalyse

1 Kupfer

Das Kupfer wird aus schwefelsaurer Lösung auf einer Drahtnetzkathode als Metall elektrolytisch abgeschieden und gewogen.

Erforderlich: Drahtnetzelektrode von 35 mm Durchmesser und 50 mm Höhe, Spiralanode, Bleiakkumulator (2,0 V; nachprüfen!), Amperemeter (0 – 1 A), Voltmeter (0 – 5 V), Glasstabstativ mit zwei Elektrodenklemmen, halbiertes Uhrglas.

Man reinigt die Platindrahtnetzkathode mit heißer, reinster konz. Salpetersäure, wäscht sie mit Wasser und reinstem Alkohol, trocknet sie bei 110 °C und wiegt. Durch Verwendung von unsauberem Alkohol (aus Flaschen mit Kork- oder gar Gummistopfen!) wird die Kupferabscheidung verhindert.

Inzwischen stellt man die notwendigen Geräte nach Abb. 44 zusammen. Um den Verlauf der Elektrolyse besser verfolgen zu können, benutzt man ein Amperemeter und ein Voltmeter; sie wären an sich bei *dieser* Elektrolyse zu entbehren. Die Enden der zur Verbindung dienenden Drähte sind vom Isoliermaterial zu befreien und *blank* zu machen; auch alle Klemmen und sonstigen Kontakte sind sorgfältig zu säubern. Zur sicheren Vermeidung eines Kurzschlusses empfiehlt es sich, am Glasstab des Stativs zwischen beiden Elektrodenklemmen einen *leicht* verschiebbaren Gummiring anzubringen.

Da die Elektrolyse um so *länger* dauert, je verdünnter die Lösung ist, hält man das Volumen der Lösung möglichst gering. Man verwen-

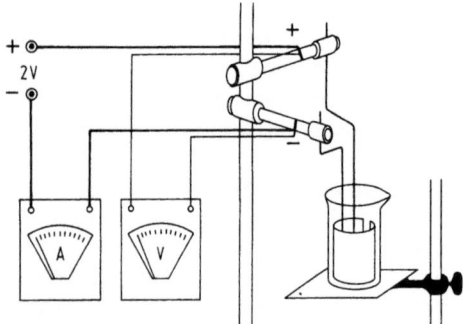

Abb. 44. Anordnung zur Elektrolyse

1 Kupfer

det ein 100-ml-Becherglas hoher Form, in das die Kathode lose hineinpaßt. Sie soll den Boden des auf einem Drahtnetz stehenden Becherglases fast berühren. Die Spiralanode muß sich genau in der Mitte der Kathode befinden, so daß die Stromdichte an der Kathode überall gleich ist. Das Becherglas wird mit zwei Uhrglashälften möglichst *dicht schließend* abgedeckt. Die Platinhaltedrähte der Elektroden müssen so lang sein, daß zwischen Uhrglas und Elektrodenklemmen ein Abstand von etwa 5 cm bleibt. Die Haltedrähte werden am besten seitlich abgebogen (vgl. Abb. 44), damit die Lösung nicht verunreinigt werden kann. Unter keinen Umständen dürfen sich an den Elektrodenklemmen Dämpfe, die von heißen Lösungen ausgehen, kondensieren.

Nachdem die Anordnung *vollständig* zusammengestellt ist, bringt man die zu untersuchende, bis 500 mg Cu enthaltende Lösung in das nach unten abgenommene Becherglas, versetzt sie mit 10 ml 20%iger Schwefelsäure und verdünnt mit Wasser so weit, daß die Kathode ganz bedeckt ist. Nachdem die Lösung durchgemischt ist, bringt man das Becherglas wieder an Ort und Stelle und deckt ab. Nun erwärmt man mit einem Brenner auf 70 – 80 °C, schaltet den Strom ein und hält die Lösung mit einer Sparflamme auf dieser Temperatur. Alsbald beginnt die Abscheidung von hellrotem Kupfer auf der Kathode. Es ist darauf zu achten, daß der Flüssigkeitsspiegel nicht durch Verdampfen des Wassers allmählich absinkt, da sich sonst abgeschiedenes Kupfer oxidieren kann. Nach 1 Std. wird die Lösung in der Regel entfärbt sein. Ist dies der Fall, so spült man die beiden Uhrglashälften und die Becherglaswandung mit heißem Wasser ab, so daß der Flüssigkeitsspiegel ein wenig steigt, rührt um und elektrolysiert noch eine weitere halbe Stunde. Hat sich nach dieser Zeit an der neu eingetauchten Stelle kein weiteres Kupfer mehr abgeschieden, so ist die Elektrolyse beendet. Noch bequemer ist es, die Elektrolyse über Nacht laufen zu lassen, ohne die Lösung zu erhitzen.

Zur Beendigung der Elektrolyse entfernt man das Uhrglas und senkt das Elektrolysiergefäß langsam, wobei man *gleichzeitig* die Kathode unter kreisförmigem Bewegen des Wasserstrahls von oben her mit heißem Wasser abspült. Nachdem man zum Schluß auch die Anode abgespült hat, setzt man an die Stelle des Elektrolysierbechers ein bereitgehaltenes, mit heißem Wasser gefülltes Becherglas; ,,schnelles'' Ersetzen führt zu Verlusten! Nach einigen Minuten unterbricht man den Strom, spült die mit hellrotem Kupfer bedeckte Kathode mit *reinem* Aceton oder Alkohol aus einer kleinen Spritzflasche (mit Schliff) ab, trocknet sie *wenige Minuten* bei 110 °C oder über einem erhitzten Drahtnetz (Gefahr der Oxidation!), läßt sie in einem Becherglas stehend abkühlen und wiegt wie vorher. Die elektrolysierte Lösung wird mit Schwefelwasserstoffwasser auf Kupfer geprüft. Eine Fehlergrenze von ±0,1 % sollte nicht überschritten werden.

Zur zweiten Bestimmung kann die mit Kupfer bedeckte Kathode ohne weiteres benutzt werden. Um die Elektroden zu reinigen, stellt man sie in ein Becherglas, auf dessen Boden etwas halbkonz. Salpetersäure kocht.

Die wegen ihrer Genauigkeit und bequemen Ausführung überaus häufig angewandte elektrolytische Fällung von Kupfer gelingt am besten in schwefelsaurer oder salpetersaurer Lösung. Etwa anwesendes Hydraziniumsulfat stört nicht, wenn man heiß elektrolysiert. Cl^- darf, wie bei den meisten Elektroanalysen, nicht zugegen sein, da sich sonst an der Kathode CuCl mit abscheidet, während sich an der Anode Cl_2 entwickelt; aus ammoniakalischer Lösung scheidet sich jedoch Kupfer auch bei Gegenwart von Chlorid störungsfrei ab. Auch Fe^{3+} stört; sind mehr als kleine Mengen davon vorhanden, so wird das Kathodenpotential nicht erreicht, das notwendig ist, um das Kupfer vollständig abzuscheiden; nach Zusatz von NaF und Hydraziniumsulfat gelingt es jedoch, die Elektrolyse in schwefelsaurer Lösung störungsfrei durchzuführen. Die in der Spannungsreihe dem Kupfer nahestehenden Elemente As, Sb, Bi werden ganz oder teilweise mit niedergeschlagen; dagegen stören selbst größere Mengen Zn, Ni, Co, Cd oder Al nicht.

Die elektrolytische Abscheidung von Cu, Ag oder Hg wird auch bei den Coulometern vorgenommen; da hierbei nur so viel Metall abgeschieden wird, wie der hindurchgegangenen Elektrizitätsmenge entspricht, kann man konzentriertere Lösungen von $CuSO_4$, $AgBF_4$ oder K_2HgI_4 verwenden.

Die elektroanalytische Bestimmung von Metallen, die *unedler* sind als Wasserstoff und daher erst *nach* diesem abgeschieden werden sollten, wird durch die Erscheinung der **Überspannung** ermöglicht. Die Entwicklung von Wasserstoff an platiniertem Platin setzt bei einer Spannung ein, die der Polarisationsspannung entspricht; ein erheblich negativeres Kathodenpotential ist aber notwendig, um Wasserstoff an Oberflächen von Hg, Sn, Pb, Zn, Cd zur Abscheidung zu bringen. Hat sich z. B. bei der Elektrolyse einer sauren Zink- oder Cadmiumlösung die Kathode erst einmal vollständig mit dem Metall überzogen, so läßt sich dieses bei geeigneter Spannung restlos abscheiden, ohne daß weiterhin Wasserstoff entsteht.

Eine andere Möglichkeit, die Entwicklung von Wasserstoff zu verhindern, ist gegeben, wenn das Metall wie z. B. Zink bei sehr geringer Wasserstoffionenkonzentration aus stark alkalischer Lösung niedergeschlagen werden kann. Die elektrolytische Zinkabscheidung darf nur mit einer versilberten (oder verkupferten) Netzelektrode vorgenommen werden. Die Bestimmung gelingt nur schnellelektrolytisch und mit nicht zu kleinen Mengen gut. Nach Zusatz von Tartrat verläuft die Trennung von Aluminium glatt.

Infolge der Überspannung verhält sich der Wasserstoff viel *unedler*, als man erwarten sollte. Löst man andererseits unedle Metalle in einem edleren Metall wie Quecksilber auf, so ist die Neigung dieser „verdünnten" Metalle, in Ionen überzugehen, entsprechend geringer, d. h. sie verhalten sich *edler*. An metallischem Quecksilber als Kathode lassen sich deshalb sehr unedle Metalle aus wäßriger Lösung abscheiden, ohne daß eine störende Wasserstoffentwicklung einsetzt. Durch Anwendung einer rotierenden Quecksilberkathode in 0,1 n schwefelsaurer oder perchlorsaurer Lösung kann man erreichen, daß alle edleren Metalle in sehr kurzer Zeit quantitativ aus der Lösung entfernt werden, während Alkali- und Erdalkaliionen, Al, Ti, V, U sowie Sulfat, Phosphat oder Borat in der Lösung verbleiben. Abgeschieden werden u. a. Fe, Ni, Co und Zn, so daß manche schwierigen Trennungen wie z. B. die des Eisens von Al, Ti, V, U und Sulfat oder Phosphat auf dem angegebenen Wege glatt zu erreichen sind.

2 Silber

Das Silber wird unter Anwendung einer Potentiometerschaltung elektrolytisch von anderen Metallen getrennt.

Eine passende Menge der Legierung wird in möglichst wenig Salpetersäure gelöst und nach Zusatz von 2 ml konz. Schwefelsäure in einem Becherglas bis zum Rauchen erhitzt. Man verdünnt auf 100 ml und versetzt 20 ml davon im Elektrolysiergefäß mit 2 ml konz. Schwefelsäure, 5 ml Alkohol und soviel Wasser, daß die Flüssigkeit etwa 2 cm über dem Kathodennetz steht.

Zur Elektrolyse wird die zur Bestimmung von Kupfer benutzte Anordnung (vgl. Abb. 44, S. 202) verwendet. Als Stromquelle kann jedoch hier nicht unmittelbar ein Bleiakkumulator dienen, da bei der Abscheidung des Silbers eine Spannung von 1,35 V nicht überschritten werden darf. Man greift deshalb die benötigte Spannung an einem Widerstand (etwa 5 Ω, belastbar bis 1 A), der dazu 3 Klemmen besitzen muß, in Potentiometerschaltung ab (Abb. 45). Man legt die Span-

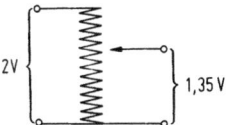

Abb. 45. Erläuterungen s. Text

nung des Akkumulators (2 V) an die Enden des Widerstandes und verbindet auch eine Elektrode unmittelbar mit einem der beiden Enden, wobei auf die Polung zu achten ist. Die andere Elektrode wird mit dem Schleifkontakt verbunden. Vor Beginn der Elektrolyse stellt man den Schleifkontakt ungefähr in die Mitte, so daß das Voltmeter etwa 1 Volt anzeigt. Hat man einen Edison-Akkumulator (mittlere Entladespannung 1,35 V) zur Verfügung, so kann man unmittelbar diesen verwenden.

Nun erhitzt man die Flüssigkeit auf 80−90 °C, hält sie mit einer Sparflamme weiter auf dieser Temperatur und erhöht die an den Elektroden liegende Spannung durch Verschieben des Kontakts auf 1,35 V, ohne eine Stromstärke von 0,15 A zu überschreiten. Wenn die Stromstärke unter 0,01 A gesunken ist, setzt man die Elektrolyse noch 15 min in der Wärme fort, läßt dann den Elektrolyten unter Strom bis auf Handwärme abkühlen (Gesamtdauer $1\frac{1}{2}-2$ Std.), wäscht, trocknet und wiegt die Kathode wie auf S. 203. Falls in der Lösung auch Kupfer bestimmt werden soll, dampft man etwas ein und verfährt ebenfalls wie auf S. 203.

Silber kann in der angegebenen Weise von fast allen unedleren Elementen wie Cu, Pb, As, Zn, Ni, Co usw. scharf getrennt werden; von Hg trennt man durch Fällung als AgCl.

3 Nickel

Man scheidet Nickel aus ammoniakalischer Lösung elektrolytisch ab.

Zur Nickelbestimmung ändert man die S. 202 benutzte Anordnung, indem man einen *zweiten* Akkumulator *hinter* den ersten schaltet und in eine der vom Akkumulator zu den Elektroden führenden Drahtleitungen einen zunächst *voll eingeschalteten* Schiebewiderstand von etwa 5 Ω (bis 2 A belastbar) einfügt. Die bis 300 mg Nickel enthaltende Lösung neutralisiert man in einem 150 ml-Becherglas mit konz. Ammoniaklösung und fügt von dieser noch 20 ml im Überschuß und 2−3 g festes Ammoniumsulfat hinzu. Dann bringt man die Kathode in die Flüssigkeit, schließt den Stromkreis und elektrolysiert bei 50−60 °C. Durch allmähliches Ausschalten des Widerstands bringt man die Stromdichte zu Beginn auf etwa 1,3 A/100 cm^2; die Klemmenspannung zwischen den Elektroden beträgt 3–4 V. Kleine Mengen Nickel(III)-hydroxid, welche mitunter an der Anode auftreten, verschwinden, wenn man einige ml konz. Ammoniaklösung mehr zugibt. Nach 2 Std., die in der Regel zur vollständigen Fällung des Nickels genügen, prüft man 1 ml mit Diacetyldioximlösung darauf, ob alles Nickel gefällt ist, und wäscht, sobald dies der Fall ist die Kathode wie früher, trocknet und wiegt das wie Platin aussehende Nickel. Um es von der Elektrode wieder abzulösen, ist *längeres* Erhitzen mit verdünnter Salzsäure erforderlich; konz. Salpetersäure passiviert das Nickel.

Aus ammoniakalischer Lösung wird zusammen mit Ni auch alles Co und ferner etwa anwesendes Zn mit abgeschieden. Besonders bei der Bestimmung von Cobalt, die nach der gleichen Vorschrift erfolgen kann, ist es günstig, etwa 0,5 g Hydraziniumsulfat in kleinen Anteilen im Lauf der Elektrolyse zuzugeben. Eisen muß zuvor abgetrennt werden; sind nur kleine Mengen davon vorhanden, so kann dies in einfacher Weise durch Fällen mit Ammoniak geschehen. Nitrat, auch in kleinen Mengen, oder Chlorid stört; es wird am besten durch Abrauchen mit Schwefelsäure zuvor entfernt.

Häufig werden aus Komplexsalzlösungen besonders dichte und festhaftende Metallniederschläge erhalten. So scheidet man vorteilhaft Ag oder Cd aus der Lösung der Cyanokomplexe oder Sn aus der Oxalatokomplex-Lösung ab. Andererseits sind manche aus solchen Lösungen abgeschiedenen Metalle nicht völlig rein; z.B. enthält aus Oxalatlösung niedergeschlagenes Eisen stets Kohlenstoff, aus Thiosalzlösungen abgeschiedenes Zinn Schwefel.

4 Blei, schnellelektrolytisch

Blei wird aus stark salpetersaurer Lösung als **PbO₂** *an der Anode abgeschieden und in dieser Form zur Wägung gebracht.*

Erforderlich: kleiner Elektromotor mit Drehzahlregler, Halter für den Rührer mit Stromzuführungsklemme und Backenfutter zum Festklemmen des Rührers, Elektrolysestativ mit Zubehör (Ring mit 3 Platinkontaktstiften, nicht lackiert), mattierte Platinschale von 200 ml Inhalt, Scheibenelektrode mit 2 mm starker Platiniridiumachse (nicht verbiegen!), 3–4 Bleiakkumulatoren, Regulierwiderstand (3 Ω, 3 A), Voltmeter (0–10 V), Amperemeter (0–5 A), einfach durchbohrtes, durchschnittenes Uhrglas von passender Größe.

Das Bleidioxid wird auf der als Anode dienenden mattierten Platinschale niedergeschlagen. Man reinigt diese zuvor mit konz. Salpetersäure und Wasser, trocknet sie bei 200 °C im Trockenschrank und wiegt. Die gesamte Anordnung wird nach Abb. 46 zusammengestellt. Die Schnurübertragung zwischen Motor und Rührer ist so zu wählen, daß dieser, in Wasser laufend, etwa 500 Umdrehungen in der Minute machen kann. Nachdem man den Motor mit dem zugleich als Anlaßwiderstand dienenden[1] Drehzahlregler und dem Stromanschluß verbunden hat, setzt man die Rührvorrichtung langsam in Gang und zentriert die Scheibenelektrode *sorgfältig* im Futter des Halters. Der die Platinschale tragende Ring wird an einem besonderen Glasstabstativ befestigt, weil das andere Stativ beim Arbeiten des Motors erschüttert wird. Die rotierende Elektrode soll sich etwa in halber Höhe der Platinschale befinden.

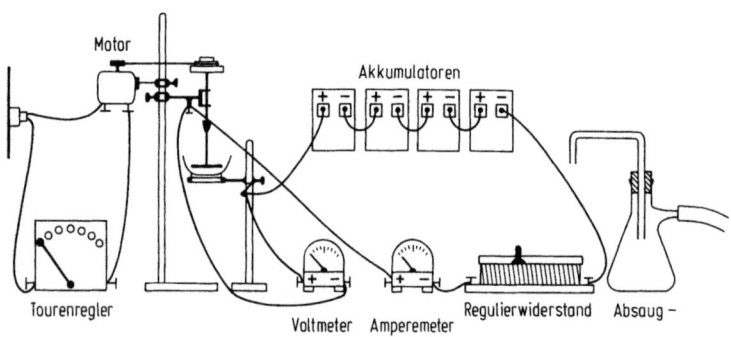

Abb. 46. Anordnung zur Schnellelektrolyse

Nachdem alles vorbereitet ist, füllt man die bis 200 mg Pb enthaltende Lösung in die Schale und fügt konz. Salpetersäure und so viel Wasser hinzu, daß 100 ml der Lösung 15 – 20 ml konz. Salpetersäure enthalten. Die Flüssigkeit soll nach dem Anstellen des Rührers noch 2 cm vom Schalenrand entfernt bleiben. Man erwärmt nun die Flüssigkeit mit Hilfe eines *entleuchteten*, kleinen Brenners auf etwa 70 °C, setzt den Rührer in Tätigkeit, schaltet den Elektrolysestrom bei vollem Widerstand ein und entfernt den Brenner. Der Strom wird so geregelt, daß die Stromstärke zunächst 2 – 3 A beträgt. Nach 10 min unterbricht man ihn für einige Sekunden, um die Auflösung des an der Kathode abgeschiedenen metallischen Bleis zu beschleunigen und wiederholt dies nach einiger Zeit noch einmal.

---

[1] Beim Anlassen eines Motors ist die Stromstärke *allmählich* zu steigern.

Wenn die Elektrolyse etwa 20 min gedauert hat, setzt man etwa 0,3 g Harnstoff zu und prüft nach weiteren 10 min eine Probe der Lösung mit Ammoniak und Schwefelwasserstoff auf Blei. Steht kein Schnellelektrolysegerät zur Verfügung, so kann man die Elektrolyse von 100 ml Lösung bei einer Stromdichte von 0,5 – 1 A pro 100 cm^2 in der Kälte in 3 – 6 Std. beenden. Falls die Fällung vollständig ist, bringt man das Ende der in Abb. 46 rechts angedeuteten, mit einer Wasserstrahlpumpe verbundenen Absaugvorrichtung knapp über den Flüssigkeitsspiegel und gibt *so lange* aus der Spritzflasche kaltes Wasser zu, bis die Stromstärke praktisch auf Null gesunken ist. Nun schaltet man den Motor und den Elektrolysestrom ab, wäscht die Schale vorsichtig mit heißem Wasser aus, trocknet sie wenigstens 1 Std. bei 200 – 220 °C (Thermometerkugel in Höhe des Schalenbodens!) und wiegt. Den Bleigehalt des so behandelten Bleidioxids findet man durch Multiplizieren des gefundenen Gewichts mit dem empirischen Faktor 0,864 (theor. 0,866). Das Bleidioxid soll gleichmäßig dunkel aussehen. Fehlergrenze: ±0,7%.

Das Bleidioxid ist aus der Schale mit verdünnter Salpetersäure und Wasserstoffperoxid (nicht etwa mit Salzsäure!) herauszulösen.

Die Abscheidung von Blei als PbO$_2$ wird durch eine Reihe von Elementen gestört, welche sich unter Umständen anodisch mit abscheiden, wie Mn, Ag, Ni, Bi, Sb, Sn, oder die andere Störungen hervorrufen wie As, Hg, PO$_4^{3-}$, Cl$^-$. Von besonderer praktischer Bedeutung ist, daß die Bestimmung auch bei Gegenwart größerer Mengen Cu oder Zn glatt durchgeführt werden kann.

Die großen Mengen Waschflüssigkeit, die man beim Auswaschen unter Strom erhält, machen die weitere Arbeit recht lästig. Wenn, wie meist, nur kleine Mengen Blei vorliegen, scheidet man sie vorteilhafter an einer rotierenden Anode aus mattiertem Platinblech im Becherglas ab und beschränkt sich darauf, sie in der auf S. 203 geschilderten Weise unter Strom abzuspülen. Die Kathode bleibt in der salpetersauren Lösung stehen, bis sich etwa an ihr abgeschiedenes Kupfer gelöst hat.

5 Kupfer, schnellelektrolytisch

Kupfer wird aus salpetersaurer Lösung bei Gegenwart von Harnstoff abgeschieden und gewogen.

Elektrolyseanordnung wie auf S. 202, jedoch an Stelle der Platinschale und Scheibenelektrode ein 150 ml-Becherglas mit feststehender

Drahtnetzkathode (Abb. 43a, S.201) und rotierender Anode (Abb. 43b). Wo diese nicht zur Verfügung stehen, verwendet man die Schalenkathode und Scheibenanode wie bei Aufgabe 4.

Zu der bis 300 mg Cu enthaltenden Lösung fügt man 2 ml konz. Salpetersäure und 1–2 g Harnstoff, verdünnt mit Wasser auf etwa 100 ml, bis die Elektroden eben bedeckt sind und setzt den Rührer mit etwa 800 Umdrehungen je Minute in Gang. Nach Bedecken mit dem Uhrglas wird der Strom eingeschaltet und, ohne zu erhitzen, die Stromstärke durch Verringern des Widerstands auf 2,5 A erhöht. Die so eingestellte Klemmenspannung hält man während der Elektrolyse annähernd konstant. Nach 20 min spült man das Uhrglas ab und beobachtet, ob sich bei 5 min weiteren Elektrolysierens noch Kupfer an den neu benetzten Teilen des Kathodendrahts abscheidet. Ist dies nicht der Fall, so wäscht man wie bei Aufgabe 1, schaltet schließlich Strom und Rührer ab und wäscht, trocknet und wiegt wie dort. Fehlergrenze: ±0,2%.

Die Abscheidung von Kupfer aus salpetersaurer Lösung ist praktisch wichtig, weil kupferhaltige Legierungen oder Mineralien meist in Salpetersäure gelöst werden. Falls vorher Blei anodisch abgeschieden wurde, dampft man die Hauptmenge der Salpetersäure ab, neutralisiert mit Ammoniak und säuert wie vorgeschrieben an. Der größte Teil des Stromes wird bei dieser Bestimmung zur Reduktion von Nitrat zu Ammoniak an der Kathode verbraucht. Die Elektrolyse darf nicht zu lange ausgedehnt werden, da die Lösung allmählich schwächer sauer wird. Der Zusatz von Harnstoff bei dieser und der vorhergehenden Elektrolyse hat den Zweck, nebenbei entstandene salpetrige Säure zu beseitigen, die auf Cu oder PbO_2 lösend wirkt.

VIII. Kolorimetrie und Fotometrie

Allgemeines[1]

Kolorimetrie und Fotometrie sind einfach auszuführende Analysenmethoden und dienen zur raschen quantitativen Bestimmung anorganischer und organischer Stoffe. Ist der zu bestimmende Stoff gefärbt, so kann er direkt vermessen werden, andernfalls überführt man ihn durch Zusatz geeigneter Reagenzien in eine stark gefärbte Verbindung.

Fällt ein Lichtstrahl der Intensität I_0 durch eine mit einer Lösung der Analysensubstanz gefüllte Küvette (Abb. 47 a), so wird seine Intensität auf den Betrag I geschwächt (austretender Strahl, $I < I_0$). Unter ,,Fotometrie" versteht man die Konzentrationsbestimmung durch Messung der Intensitätsabnahme des Lichtstrahls, unter ,,Kolorimetrie" die Messung der Farbintensität. Hierzu vergleicht man die Farbintensität der Analysenlösung mit derjenigen einer Lösung von bekanntem Gehalt.

Dies kann in der einfachsten Weise mit Hilfe von Reagensgläsern geschehen, indem man in eines von diesen die zu untersuchende Lösung, in die übrigen Vergleichslösungen derselben Substanz von steigendem, wenig voneinander verschiedenen Gehalt bis zur gleichen Höhe einfüllt und nun durch Betrachten von oben, also bei gleicher Schichtdicke feststellt, bei welcher Konzentration die unbekannte Lö-

---

[1] Wünsch, G.: Optische Analysenmethoden zur Bestimmung anorganischer Stoffe. Berlin: de Gruyter 1976. – Lange, B.: Kolorimetrische Analyse. Weinheim: Verlag Chemie, 6. Aufl. 1964. – Snell, F. D., u. C. T. Snell: Colorimetric Methods of Analysis. 3. Aufl. Princeton: VanNostrand 1971. – Sandell, E. B.: Colorimetric Determination of Traces of Metals. New York: Interscience (1959). – Yoe, J. H.: Trace analysis. New York: Wiley (1957). – Int. Union of pure and applied chemistry: Tables of spectrophotometric absorption data of compounds used for the colorimetric determination of elements. London: Butterworths 1963. – Fries, J., u. H. Getrost: Organische Reagenzien für die Spurenanalyse. Darmstadt: Firmenschrift der Firma E. Merck. Enthält zahlreiche spezielle Literaturhinweise für Einzelbestimmungen. – Kortüm, G.: Kolorimetrie, Photometrie und Spektrometrie. 4. Aufl., Berlin: Springer-Verlag 1962.

sung einzuordnen ist. Derartige Untersuchungen haben mehr den Charakter von Schnelltests, werden aber bei Routineuntersuchungen noch angewendet und sind auch von Laien durchführbar.

Genauer ist das Arbeiten mit dem Tauchstabkolorimeter nach Duboscq (Abb. 47 b). Man setzt dabei die **Gültigkeit des Lambert-Beerschen Gesetzes** voraus [1]. Nach diesem Gesetz gilt für die Extinktion (Lichtauslöschung)

$$E = \varepsilon \cdot c \cdot d,$$

wobei c die Konzentration der gefärbten Substanz (in mol/l), d die Schichtdicke der Küvette (in cm) und ε (molarer dekadischer Extinktionskoeffizient) eine von der eingestrahlten Wellenlänge λ bzw. Wellenzahl $\tilde{\nu} = \dfrac{1}{\lambda}$ abhängige Stoffkonstante bedeuten. E ist somit eine der Konzentration direkt proportionale Größe; sie ist nach Lambert mit den Intensitäten des einfallenden und durchgelassenen Lichts I_0

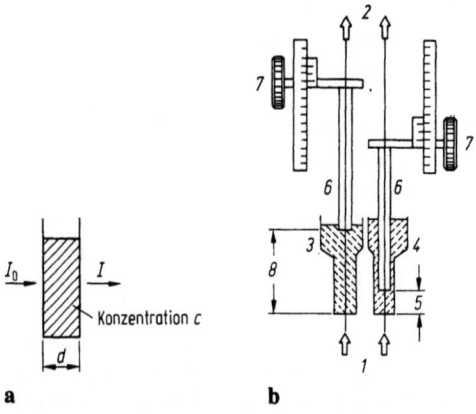

Abb. 47a. Strahlengang durch eine Küvette (schematisch); **b** Tauchstabkolorimeter nach DUBOSQ. 1 eintretende Lichtstrahlen, 2 austretende Lichtstrahlen (zum Okular), 3 Versuchslösung unbekannter Konzentration c_2, 4 Vergleichslösung bekannter Konzentration c_1, 5 durchstrahlte Schichtdicke d_1 der Vergleichslösung, 6 Tauchrohre, 7 Stellschrauben mit Nonius, 8 durchstrahlte Schichtdicke d_2 der Versuchslösung

---

[1] Mitunter auch als Bouguer-Lambert-Beersches Gesetz bezeichnet. Auf die Problematik der Namensgebung wird hier nicht eingegangen.

und I sowie mit der Lichtdurchlässigkeit D verknüpft durch die Beziehungen

$$I = I_0 \cdot 10^{-E} \text{ oder } E = \log \frac{1}{D} \text{ ; } D = \frac{I}{I_0}.$$

Einen Überblick über die in diesem Zusammenhang wichtigsten Größen und ihre Beziehungen untereinander gibt die nachfolgende Tabelle (S. 214).

Beim **Tauchstabkolorimeter** läßt man den Lichtstrahl durch zwei mit planparallelen Endflächen vesehene, in die Lösungen tauchende Glasstäbe hindurchgehen (vgl. Abb. 47 b), so daß die vom Lichtstrahl durchmessene Schichtdicke d der Lösung durch Heben oder Senken der Tauchrohre bequem verändert werden kann. Man stellt z. B. rechts mit einer geeigneten Vergleichslösung bekannter Konzentration c_1 die Schichtdicke $d_1 = 40{,}0$ mm mit Hilfe des Nonius genau ein und verändert nun die Schichtdicke der zu untersuchenden Lösung links im Bereich von etwa 30–50 mm, bis die Intensität der Farbe auf beiden Seiten gleich erscheint. Dies erkennt man in dem (in Abb. 47 b nicht mit eingezeichneten) Okular, dessen Gesichtsfeld in zwei Hälften unterteilt ist; eingestellt wird auf gleiche Helligkeit in beiden Feldern. Die Extinktionen E_1 und E_2 in den Küvetten haben dann den gleichen Betrag. Da es sich um dieselbe Substanz handelt, sind auch die molaren dekadischen Extinktionskoeffizienten identisch, nach dem Lambert-Beerschen Gesetz gilt dann

$$c_1 \cdot d_1 = c_2 \cdot d_2.$$

Die unbekannte Konzentration kann also durch Auflösen nach c_2 leicht berechnet werden.

Sind die Konzentrationen der beiden Lösungen *stärker* voneinander verschieden, so stellt man sich eine geeignetere Vergleichs- oder Analysenlösung her. Bei 40 mm Schichtdicke soll die Lösung etwas über die Hälfte des Lichtes absorbieren; sie ist dann mäßig stark gefärbt und noch gut durchsichtig. Zur Beleuchtung des weißen Untergrundes dient möglichst Tageslicht, unter Umständen auch einfarbiges Licht. Man überzeuge sich davon, daß das Ergebnis durch Vertauschen der Becher nicht geändert wird. Die Genauigkeit der kolorimetrischen Bestimmungen beträgt bei visueller Beobachtung 1–5%; dies ist in Anbetracht der kleinen Mengen meist völlig ausreichend.

Wie dargestellt wurde, beruht die Kolorimetrie auf einem direkten Farbvergleich. Kolorimeter sind daher nur in Ausnahmefällen mit Fil-

VIII. Kolorimetrie und Fotometrie

Größe	Symbol	gebräuchliche Einheiten	Verknüpfungen mit anderen Größen	Bemerkungen
Wellenlänge	λ	nm (1 nm = 10^{-9} m)		ältere Einheit: 1 Å = 10^{-10} m
Wellenzahl	$\bar{\nu}, \tilde{\nu}$	cm^{-1}	$\bar{\nu} = 1/\lambda$	„Wellen pro cm", oft auch fälschlich als „Frequenz" bezeichnet
Frequenz	ν	s^{-1}, Hz	$\nu = c/\lambda = \bar{\nu} \cdot c$	c: Lichtgeschwindigkeit ($c = 2{,}9979 \cdot 10^8$ ms^{-1})
Photonen-Energie	E	J	$E = h \cdot \nu$	h: Plancksches Wirkungsquantum ($h = 6{,}6262 \cdot 10^{-34}$ Js)
Durchlässigkeit Transmission(sgrad) Transparenz	D, T		$D = I/I_0$	engl.: transmission amerikan.: transmittance
prozentuale Durchlässigkeit	$100 \cdot D$			auch: %D oder %T
Absorption	A		$1 - D$	engl.: absorption, optical density
prozentuale Absorption	$100 \cdot A$		$100 \cdot (1 - D)$	
Extinktion	E		$\log 1/D$ $\log I_0/I, -\log I/I_0$	engl.: absorbance, extinction

Der molare dekadische Extinktionskoeffizient ε hat die Einheit l · mol^{-1} · cm^{-1} und liegt bei stark gefärbten Lösungen in der Größenordnung von 10^4 l · mol^{-1} · cm^{-1}.

tern ausgestattet, zur Messung wird üblicherweise weißes Licht benutzt. Bei der Auswertung brauchen die Absolutwerte von E und ε nicht bekannt zu sein.

Bei der Fotometrie wird an Stelle der *Schichtdicke* die *Intensität des Lichtes* in genau meßbarer Weise verändert. Geräte dieser Art heißen Spektralfotometer. Sie arbeiten bei jeweils einer konstanten Wellenlänge, die für die zu bestimmende Substanz charakteristisch ist und eingestellt werden muß. Spektralfotometer enthalten daher Monochromatoren (Filter, Prismen oder Gitter), so daß die Messung der Extinktion mit Licht eines beliebigen, schmalen Wellenzahlbereiches ausgeführt werden kann. Man wählt diesen möglichst so, daß er einem Maximum der Extinktionskurve des zu bestimmenden Stoffes entspricht; kennt man das Maximum nicht, so muß vorher ein Absorptionsspektrum aufgenommen werden. Während für die Beobachtung mit bloßem Auge nur Licht der Wellenzahl von ca. $16 - 22{,}2 \cdot 10^3 \text{ cm}^{-1}$ ($620 - 450$ nm) praktisch brauchbar ist, kann man mit Spektralfotometern in einem wesentlich größeren Bereich ($10 - 50 \cdot 10^3 \text{ cm}^{-1}$) messen.

Je nachdem, ob zwischen Lichtquelle und Empfänger ein oder zwei Strahlengänge vorhanden sind, unterscheidet man Ein- und Zweistrahlfotometer. Abb. 47 c zeigt schematisch den Aufbau eines Zweistrahlfotometers.

Außer den zu bestimmenden Ionen bewirken auch das Lösungsmitel und eventuell andere in der Analysenlösung vorhandene Bestandteile eine Lichtabsorption; man mißt daher nicht die Extinktion einer Einzelkomponente, sondern die der ganzen Lösung. Daher ist es er-

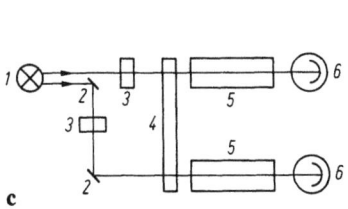
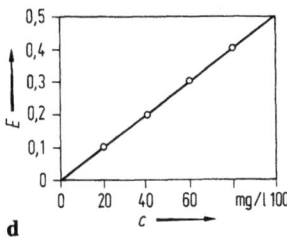

Abb. 47c. Funktionsweise eines Zweistrahlfotometers. 1 Lichtquelle, 2 Spiegel, 3 Meßblenden, 4 Filter, 5 Küvetten, 6 Fotozellen; d Beispiel für eine Eichkurve, hier mit $K_2Cr_2O_7$

forderlich, gegen eine Vergleichslösung zu messen, die nur das Lösungsmittel und eventuelle andere Bestandteile der Analysenlösung enthält. Dies zeigt Abb. 47 c: ausgehend von der Lichtquelle durchdringen die Lichtstrahlen die Küvetten mit der Vergleichs- und der Probelösung. Beide Strahlengänge sind mit regulierbaren Meßblenden versehen. Bei den Küvetten gibt es verschiedene Ausführungen, am gebräuchlichsten sind Rechteck-Küvetten mit einer Schichtdicke $d = 1$ cm, wodurch sich das Lambert-Beersche Gesetz vereinfacht. Gemessen wird nun der Intensitätsunterschied beider Strahlen, der der Extinkton der zu messenden Substanz entspricht. Extinktion und/oder Transmission können direkt abgelesen werden.

Bei Einstrahlgeräten werden Probe- und Vergleichslösung nacheinander in den Strahlengang gebracht.

Vor Beginn einer fotometrischen Bestimmung muß zunächst eine Eichkurve aufgenommen werden. Ist das Lambert-Beersche Gesetz erfüllt, so ergibt sich wie in Abb. 47 d eine Gerade.

Auf der Abszisse werden die eingewogenen Mengen der gefärbten Substanz, auf der Ordinate die jeweils gemessenen Extinktionen aufgetragen. Die unbekannte Konzentration der Analysenlösung erhält man durch Vergleich ihrer Extinktion mit der Eichkurve. Die Meßfehler betragen hierbei etwa 0,1%, unter Aufbietung aller exerimentellen Möglichkeiten lassen sich 0,02% erreichen. Bei lichtelektrischer Messung ist der Fehler der Konzentrationsbestimmung bei $E = 0{,}43$ (praktisch bei $0{,}2 - 0{,}8$) am kleinsten.

Die Spektralfarben des Lichts[a]

Farbe	Wellenlängenbereich (nm)	Wellenzahlbereich (cm^{-1})
Grenze der Sichtbarkeit zum IR	780	$12{,}8 \cdot 10^3$
rot	620–780	$16{,}1 - 12{,}8 \cdot 10^3$
orange	590–620	$16{,}9 - 16{,}1 \cdot 10^3$
gelb	570–590	$17{,}5 - 16{,}9 \cdot 10^3$
gelb-grün	550–570	$18{,}2 - 17{,}5 \cdot 10^3$
grün	495–550	$20{,}2 - 18{,}2 \cdot 10^3$
blau	450–495	$22{,}2 - 20{,}2 \cdot 10^3$
violett	380–450	$26{,}3 - 22{,}2 \cdot 10^3$
Grenze der Sichtbarkeit zum UV	380	$26{,}3 \cdot 10^3$

[a] Bei Tageslicht ist das menschliche Auge für Wellenlängen um 560 nm am empfindlichsten.

Falls mehrere Licht absorbierende Stoffe bestimmt werden sollen, gilt für jede Wellenzahl (bei 1 cm Schichtdicke)

$$E = E_1 + E_2 + \ldots = \varepsilon_1 c_1 + \varepsilon_2 c_2 + \ldots;$$

bei 2 Stoffen muß man daher mindestens bei zwei verschiedenen, möglichst günstig gewählten Wellenzahlen messen.

Die Extinktion eines gelösten Stoffs ist meist auch vom p_H-Wert der Lösung abhängig. Da seine Gesamtkonzentration hierbei unverändert bleibt, tritt in vielen Fällen ein „isosbestischer Punkt" auf; bei dieser Wellenzahl ist ε für die saure und basische Form gleich und damit unabhängig vom p_H-Wert, so daß sich beim Auftragen von ε oder $\log \varepsilon$ gegen $\tilde{\nu}$ alle Extinktionskurven in diesem Punkt schneiden. Ein Beispiel hierfür ist das Chromat-Dichromat-Gleichgewicht.

Die Gültigkeit des Lambert-Beerschen Gesetzes ist bei manchen zur Kolorimetrie benutzten Lösungen nur *annähernd* erfüllt. In diesem Fall ergibt sich beim Auftragen von E gegen c keine Gerade wie in Abb. 47d, sondern eine vom linearen Verlauf abweichende Kurve. Dies kann verschiedene Ursachen haben. Das Meßlicht ist nie völlig monochromatisch, es weist immer einen gewissen Anteil an „Fremdlicht" auf. Auch chemische Gründe können eine Abweichung verursachen: wird die Farbe einer Lösung durch ein Ion hervorgerufen, das zu einer schwachen Base oder Säure gehört, so ändert sich beim Verdünnen der Dissoziationsgrad und damit die Farbintensität. Der für die Konzentration c aus der für die Eichkurve erstellten Verdünnungsreihe berechnete Wert stimmt dann nicht. Ähnlich ist es, wenn die Färbung durch ein komplexes Ion, ein Hydrolyseprodukt oder durch kolloide Teilchen verursacht wird. Die zuletzt genannten, meist unter Zusatz eines „Schutzkolloids" hergestellten Lösungen müssen in der Regel bald nach ihrer Herstellung untersucht werden, da sie nach längerer Zeit ausflocken.

Weiße oder schwach gefärbte, kolloide Lösungen, z. B. von Silberchlorid oder Kaliumzinkhexacyanoferrat(II) können gegen einen schwarzen Untergrund bei *seitlicher* Beleuchtung („Nephelometrie") beobachtet werden, auch fluoreszierende Lösungen lassen sich so untersuchen.

Die drei nachfolgenden kolorimetrischen Bestimmungen können bei gleichem Arbeitsgang auch fotometrisch durchgeführt werden.

1 Titan, kolorimetrisch

Man vergleicht die Orangefärbung der zu untersuchenden Lösung mit derjenigen einer Vergleichslösung nach Zusatz von **Wasserstoffperoxid**.

Zur Herstellung einer Titansulfat-Stammlösung schließt man genau 0,5 g schwach geglühtes reinstes TiO_2 in einem Platintiegel mit Kaliumdisulfat wie auf S. 248 auf, läßt die Schmelze an der Tiegelwand in dünner Schicht erstarren, löst in kalter 5%iger Schwefelsäure und füllt mit dieser auf 500 ml auf. Die Stammlösung enthält dann 1 mg TiO_2/ml; ihr Gehalt kann leicht durch Fällen mit Ammoniak und Verglühen des Niederschlags zu TiO_2 nachgeprüft werden.

Die zu untersuchende Lösung, die man gegebenenfalls nach S. 247–248 aus einem Mineral gewonnen hat, soll etwa 5% ihres Volumens konz. Schwefelsäure enthalten. Man versetzt sie mit 5 ml 3%igem Wasserstoffperoxid und füllt mit 5%iger Schwefelsäure auf ein geeignetes Volumen, z. B. 100 ml auf. In entsprechender Weise stellt man sich 100 ml Vergleichslösung aus 5%iger Schwefelsäure, Wasserstoffperoxid und soviel ml der Titanstammlösung her, daß die Farbe der beiden Lösungen annähernd gleich ist. Beide Lösungen werden dann mit Hilfe eines Kolorimeters verglichen. Das Extinktionsmaximum liegt bei $24,4 \cdot 10^3$ cm^{-1} (410 nm). Anzugeben: mg TiO_2.

Titan kommt überaus häufig besonders in Silicaten in kleiner Menge vor. Näheres über seine Bestimmung findet man auf S. 249. Die kolorimetrische Bestimmung des Titans, die auf der Bildung von Peroxotitanyl-Ionen TiO_2^{2+} beruht, setzte die Abwesenheit von F^-, auch in Spuren, voraus, da durch F^- farbloses $[TiF_6]^{2-}$ entsteht. Auf Grund *dieser* Reaktion lassen sich sogar kleine Mengen Fluorid koloimetrisch bestimmen. Größere Mengen Eisen stören bei der Titanbestimmung; man setzt in diesem Fall eine zur komplexen Bindung des Eisens und damit zur Entfärbung gerade ausreichende Menge Phosphorsäure *beiden* Lösungen zu.

2 Eisen, kolorimetrisch in einer Aluminiumlegierung

Bestimmung durch kolorimetrischen Vergleich nach Zusatz von **Rhodanid**.

0,1 g der 0,1–2% Eisen enthaltenden Aluminiumlegierung werden in einem 100 ml-Meßkolben mit 2 ml 40%iger Natronlauge und 1 ml Perhydrol auf dem Wasserbad erwärmt, bis die Gasentwicklung aufgehört hat. In der Zwischenzeit stellt man fest, wieviel ml 3 n Salpetersäure zur Neutralisation von 2 ml der verwendeten Natronlauge gegen Methylorange erforderlich sind. Man verdünnt nun mit etwa 10 ml Wasser, kocht 2 min, gibt 6 ml *mehr* 3 n Salpetersäure zu, als zur Neutralisation der Lauge notwendig war und erhitzt schließlich, bis die Lösung klar ist; notfalls verdünnt man etwas stärker. Einzelne ungelöst bleibende Flöckchen stören nicht; etwa ausgeschiedenes MnO_2 wird durch eine Spur $NaHSO_3$ in Lösung gebracht. Man kocht nun etwa 2 min, bis die nitrosen Gase restlos entfernt sind, verdünnt auf etwa 50 ml, gibt zu der 50–60 °C warmen Lösung 10 ml 10%ige KSCN-Lösung und schüttelt um. Nach 1 min kühlt man auf 20 °C ab, füllt zur Marke auf und kolorimetriert sofort. Tageslicht führt langsam zur Reduktion des Eisens. ε_{max} bei $20,8 \cdot 10^3 \, cm^{-1}$ (480 nm).

Die Vergleichslösung stellt man sich gleichzeitig mit der Probelösung in einem zweiten 100-ml-Meßkolben her. Man beschickt ihn mit 1,4 g eisenfreiem $Al(NO_3)_3 \cdot 9\,H_2O$ und verfährt dann ganz genau wie oben. Nach Zusatz der Rhodanidlösung gibt man jedoch aus einer 10 ml-Bürette soviel ml einer Eisen-Stammlösung hinzu, daß die Farbe jener der Probelösung annähernd gleich ist. Die Eisen-Stammlösung, 0,100 mg Fe/ml enthaltend, wird hergestellt, indem man 143 mg schwach geglühtes, reines Eisenoxid in wenig konz. Salpetersäure löst, auf das Mehrfache verdünnt, kurze Zeit kocht und in einem Meßkolben zu einem Liter auffüllt.

Da die Reagenzien fast stets merkliche Mengen Eisen enthalten, wird als dritte Lösung gleichzeitig eine Blindprobe angesetzt. Man verfährt ganz genau wie oben, jedoch ohne Einwaage und überlegt, wie groß der Fehler ist, wenn man den Eisengehalt der Reagenzien außer Betracht läßt.

Magnesiumlegierungen werden ebenso analysiert, nur kann der Zusatz von Natronlauge und Perhydrol unterbleiben.

Zn^{2+}, Al^{3+} und andere Kationen beeinflussen die Färbung in salzsaurer Lösung beträchtlich, in salpetersaurer Lösung aber nur wenig. PO_4^{3-}, F^-, $C_2O_4^{2-}$ und größere Mengen SO_4^{2-} vermögen die Lösung zu entfärben, indem sie mit Fe^{3+} Komplexe bilden.

3 Mangan, kolorimetrisch

Man oxidiert mit Peroxodisulfat zu Permanganat und kolorimetriert.

Die nicht zu stark saure, möglichst chloridfreie Lösung wird in einem 100-ml-Meßkolben mit 1,5–2 ml Phosphorsäure ($d = 1,71$) versetzt.

Dann fällt man gegebenenfalls Chlorid mit einer gerade ausreichenden Menge 5%iger AgNO$_3$-Lösung aus und gibt noch etwa 5 Tropfen davon im Überschuß hinzu. Nach Zusatz von 10 ml frisch hergestellter 20%iger (NH$_4$)$_2$S$_2$O$_8$-Lösung stellt man 20−30 min auf ein siedendes Wasserbad, bis sich die Farbe voll entwickelt hat und kühlt dann mit fließendem Wasser ab. Zum Auffüllen des Meßkolbens dient Wasser, das man je Liter mit etwa 10 g (NH$_4$)$_2$S$_2$O$_8$ und einigen ml konz. Schwefelsäure versetzt, bis zu lebhafter Gasentwicklung aufgekocht und nach völligem Abkühlen nochmals mit etwa 5 g Peroxodisulfat versetzt hat. Kurz bevor man kolorimetriert, schüttelt man die Lösung gründlich durch, um das Ansetzen von Gasblasen im Kolorimeter zu vermeiden.

Zur Herstellung der Vergleichslösung gibt man 5 ml eingestellte 0,1 n KMnO$_4$-Lösung in einen zweiten Meßkolben, verfährt genau wie oben und verdünnt schließlich je nach der Farbe der Probelösung auf 100, 150 oder 250 ml. ε_{max} bei $19,0 \cdot 10^3$ cm^{-1} (526 nm). Alkalische Phenolphthaleinlösung ist als Vergleichslösung nicht zu empfehlen.

Die gegebene Vorschrift kann dazu dienen, kleine Mengen Mangan zu bestimmen, z. B. in einem Silicat (nach Aufschluß mit HF und H$_2$SO$_4$; vgl. S. 252), im „R$_2$O$_3$"-Niederschlag (nach Aufschließen mit K$_2$S$_2$O$_7$; vgl. S. 248), in ausgewogenem CaC$_2$O$_4$, Mg$_2$P$_2$O$_7$, in Leichtmetallegierungen, Eisensorten, in einer Pflanzenasche (nach Lösen in Salpetersäure (1 + 1)) oder im Wasser (nach Eindampfen von 1−2 l mit einigen Tropfen Salpetersäure).

Die Färbung entwickelt sich nur unter Mitwirkung von Ag$^+$ als Katalysator. Größere Mengen von Alkali- oder Eisen(III)-salzen führen leicht zur Abscheidung von MnO$_2$, sofern man nicht mit posphorsaurer Lösung arbeitet. Etwas größere Mengen Mangan, z. B. in Eisensorten, werden häufig nach dem gleichen Verfahren zu Permanganat oxidiert und dann mit Natriumarsenitlösung titriert, nachdem man zuvor die Oxidationsreaktion durch Fällen des Silbers zum Stillstand gebracht hat.

Bei der Analyse von Mineralien oder Legierungen sind oft kleine Mengen Cr oder Mn kolorimetrisch zu bestimmen. Cr kann zu diesem Zweck durch eine alkalische Oxidationsschmelze in CrO$_4^{2-}$ verwandelt, Mn mit Hilfe von KIO$_4$, Natriumbismutat oder (NH$_4$)$_2$S$_2$O$_8$ und Ag$^+$ als Katalysator zu MnO$_4^-$ oxidiert werden.

Von besonderer Bedeutung sind *kolorimetrische Verfahren* für die Wasseruntersuchung, so die kolorimetrische Bestimmung von Fe (mit Rhodanid), von NH$_3$ (mit „Neßlers Reagenz", einer alkalischen Lösung von K$_2$[HgI$_4$]), von HNO$_2$ (Bildung eines Azofarbstoffs mit Sulfanilsäure und α-Naphthylamin).

Spuren von SiO_2 oder P_2O_5 werden mit Molybdat in Molybdatosilicat bzw. -phosphat überführt; die entstandene Gelbfärbung oder Trübung wird dann entweder unmittelbar verglichen oder man gibt ein schwaches Reduktionsmittel zu, welches nicht das freie Molybdation, wohl aber das komplex gebundene Molybdat zu einer kolloiden Lösung von Molybdänblau reduziert. Stark farbige, aber unlösliche Verbindungen wie PbS oder Ni-diacetyldioxim lassen sich mit Hilfe eines Schutzkolloids in kolloider Verteilung erhalten und in dieser Form kolorimetrisch bestimmen. Sehr groß ist die Zahl der organischen Reagenzien, die bei der kolorimetrischen Analyse Anwendung finden; hier seien nur genannt: die Bestimmung des Aluminiums mit Eriochromcyanin und des Eisens mit Sulfosalicylsäure.

Bisweilen kann der farbige Bestandteil durch ein mit Wasser nicht mischbares Lösungsmittel ausgeschüttelt und zugleich angereichert werden. So lassen sich äußerst kleine Mengen Iod durch Ausschütteln mit Chloroform kolorimetrisch bestimmen. Auch Ni-diacetyldioxim ist mit Chloroform extrahierbar. Kleine Mengen Arsen werden mit Hilfe von Zink und Salzsäure als AsH_3 verflüchtigt (Abzug!) und über einen mit $HgCl_2$ getränkten Papierstreifen geleitet, der sich durch Abscheidung von Arsen und Quecksilber braungelb färbt. An Hand von Vergleichsproben läßt sich aus dem Grad der Färbung auf die Menge des Arsens schließen.

4 Eisen, fotometrisch

Eisen (II)-Ionen bilden mit o-Phenanthrolin (Formel s. S. 145) einen roten Komplex, dessen Konzentration bei 508 nm fotometrisch bestimmt wird.

Die erhaltene Analysenlösung enthält meist zwischen 0,1 und 0,5 mg Fe^{2+} pro 100 ml. Die annähernd neutrale Lösung wird verdünnt, und nacheinander werden folgende Reagenzien zugegeben:
- 2 ml Essigsäure/Acetat-Pufferlösung (40 g Ammoniumacetat und 50 ml Eisessig werden in Wasser gelöst und auf ein Volumen von 100 ml aufgefüllt),
- 1 ml 20%ige wäßrige Hydroxylammoniumchlorid-Lösung[1]. Diese dient zur Reduktion von Fe^{3+}-Anteilen in der Lösung, wobei Hydroxylamin als starkes Reduktionsmittel gemäß

$$\overset{-I}{2NH_3OH^+} \rightarrow N_2 + 2H_2O + 4H^+ + 2e^-$$

---

[1] vgl. hierzu S. 238, Fußnote 1.

reagiert. Die entstehenden Protonen werden durch das Puffergemisch abgefangen,
- 1 ml o-Phenanthrolinhydrochlorid als 0,5%ige wäßrige Lösung. Das Hydrochlorid wird wegen seiner guten Wasserlöslichkeit eingesetzt.

Nachdem man die Lösung mit Wasser auf 100 ml Endvolumen aufgefüllt hat, läßt man sie 15 min stehen und führt dann die fotometrische Bestimmung durch. Als Vergleichslösung benutzt man eine wäßrige Lösung der obengenannten Zusätze, ebenfalls auf 100 ml aufgefüllt.

Eichkurve: Fe^{2+}-Gehalte von 0,1 bis 0,5 mg Fe^{2+} auf 100 ml Reagenzlösung.

Der Nachweis ist sehr spezifisch, nur Iridium stört. Statt Hydroxylammoniumchlorid kann man als Reduktionsmittel auch Ascorbinsäure nehmen, man löst dann 10 g Ascorbinsäure p.a. in Wasser zu 100 ml Lösung.

5 Kupfer, fotometrisch

Kupfer (II)-Ionen bilden mit Cuprizon in alkalischer Lösung einen blauen Komplex, der bei 595 nm fotometrisch bestimmt wird.

„Cuprizon" ist Oxalsäurebis(cyclohexanonhydrazid), dessen Strukturformel nachstehend wiedergegeben ist:

◯=N—NH—CO—CO—NH—N=◯

„Cuprizon"

Es ist ein graugelbliches Pulver, das in Wasser und Ether unlöslich, in Methanol und Ethanol schwer löslich und in Toluol und Chloroform löslich ist.

Bei Cuprizon handelt es sich um ein sehr empfindliches Reagens zur quantitativen Bestimmung auch kleiner Kupfermengen. Da sich der blaue Komplex erst ab p_H 6,5 bildet und die blaue Färbung oberhalb von p_H 13 verblaßt, liegt der günstigste Arbeitsbereich bei p_H-Werten von 7–10. Größere Konzentrationen an Cobalt und Nickel stören, ebenso wie Chrom(III), das zur sechswertigen Stufe oxidiert werden muß.

Zur Herstellung der Reagenslösung werden 0,5 g Cuprizon in 100 ml 50%igem Ethanol in der Hitze gelöst. Wenn die Lösung unter Verschluß kühl aufbewahrt wird, ist sie etwa drei Monate haltbar.

Um bei der Bestimmung den p_H-Wert im Bereich zwischen 8 und 9 zu halten, wird ein Citratpuffer verwendet, den man sich herstellt, indem man 75 g Citronensäure in 100 ml Wasser löst, dann 95 ml 25%ige Ammoniaklösung zugibt und anschließend mit Wasser auf 250 ml auffüllt.

Zur fotometrischen Messung werden 50 ml der Analysenlösung zunächst mit 20 ml Citratlösung und dann mit 5 ml der Cuprizonlösung versetzt. Nach etwa zwei min füllt man mit Wasser auf 100 ml auf und läßt die Lösung 30 min stehen. Anschließend mißt man die Extinktion gegen Wasser.

Eichkurve: Cu^{2+}-Gehalte von $6 \cdot 10^{-2} - 0,1$ mg Cu^{2+} auf 50 ml Reagenslösung. Die Kurve ist unter Ausnutzung des gesamten DIN A4-Blattes aufzutragen. Da die Extinktion auch eine Funktion der Zeit ist, muß auch hier jeweils 30 min bis zur Messung gewartet werden.

IX. Vollständige Analysen von Mineralien und technischen Produkten

1 Dolomit

Die Zusammensetzung von Dolomit und Kalkstein wechselt; häufigere Werte sind etwa: 5–15% SiO_2; 1–3% Fe_2O_3(FeO) + Al_2O_3; 40–42% CaO; 5–8% MgO; 35–42% CO_2; (MnO).

Nach Abfiltrieren des Löserückstands werden Fe und Al als Hydroxide, Ca als Oxalat, dann Mg als $MgNH_4PO_4$ oder als Hydroxychinolat gefällt. CO_2 wird in einem anderen Teil der Substanz durch Zersetzen mit Salzsäure ausgetrieben, aufgefangen und zur Wägung gebracht.

1.1 Feuchtigkeitsgehalt und Glühverlust (vgl. auch S. 53)

Zur Bestimmung des Glühverlustes werden 0,5–0,7 g der Substanz in einem bedeckten Porzellan- oder Platintiegel unter allmählicher Steigerung der Temperatur (CO_2!) 30 bis 60 min lang im elektrischen Ofen oder mit einem guten Gebläse auf etwa 1000 °C bis zur Gewichtskonstanz erhitzt. Man beachte, daß die geglühte Substanz begierig H_2O und CO_2 anzieht. Es empfiehlt sich daher nicht, mit der Wägung, die möglichst rasch vor sich gehen soll, länger als eine Stunde zu warten.

1.2 Löserückstand

0,5–0,7 g Dolomit werden in einem 300 ml-Erlenmeyerkolben mit 10 ml Wasser übergossen und durch allmähliches Zugeben von 10 ml konz. Salzsäure (Trichter aufsetzen!) in Lösung gebracht. Nach beendeter CO_2-Entwicklung erwärmt man etwa 30 min mäßig, verdünnt ein wenig, filtriert den Löserückstand ab und wäscht mit heißem Wasser nach. Das Filter wird naß verascht, der Rückstand geglüht und gewogen.

Der als Löserückstand oder „Gangart" bezeichnete, in der Regel höchstens wenige Prozent betragende Anteil der Substanz besteht meist aus Silicaten, die unter Umständen bei längerer Einwirkung von konz. Salzsäure zersetzt werden. Bei der oben angegebenen Behandlung ist nicht ganz zu vermeiden, daß kleine Mengen Kieselsäure kolloid in Lösung gehen, während andererseits der Silicatrückstand unter anderem noch Calcium und Magnesium enthalten kann. Falls der Löserückstand jedoch erheblich ist, wird besser auf seine gesonderte Bestimmung verzichtet. Man erhitzt dann die fein pulverisierte Substanz zunächst in einem Platintiegel wie bei der Bestimmung des Glühverlustes, wobei unter der Einwirkung des gebildeten CaO säurezersetzliches $CaSiO_3$ entsteht; nötigenfalls kann man auch mit Soda aufschließen. Mit der gesinterten Masse verfährt man weiterhin wie mit dem Schmelzkuchen beim Feldspataufschluß (S. 244). Säurezersetzliche Silicate, die oft erhebliche Mengen Carbonat enthalten können (wie Wollastonit oder Zement) werden unmittelbar nach S. 247 behandelt.

1.3 Eisen und Aluminium

Man versetzt das in einem Becherglas aufgefangene Filtrat mit einigen Tropfen Bromwasser oder 3%igem Wasserstoffperoxid, um etwa vorhandenes Fe^{2+} zu oxidieren, kocht einige Minuten auf (Uhrglas!), um alles CO_2 zu entfernen und fällt nach S. 70 und S. 73 Eisen und Aluminium nach Zusatz einiger Tropfen Methylrotlösung mit einem ganz geringen Überschuß von CO_2-freier Ammoniaklösung aus. Ist der Niederschlag nur gering, so begnügt man sich oft damit, die Summe der beiden Oxide zu ermitteln (vgl. S. 248). Man erhitzt dann nicht über 1100°C, um die Entstehung von Fe_3O_4 zu vermeiden. Größere Mengen des Niederschlags werden zur Trennung von dem fast stets mitgefällten $CaCO_3$ gelöst und nochmals gefällt. Der Niederschlag kann unter Umständen ferner enthalten: $Ca_3(PO_4)_2$, SiO_2, $CaSO_4$, MnO_2; vgl. dazu S. 249.

1.4 Calcium

Die vereinigten Filtrate werden mit Salzsäure annähernd neutralisiert; Calcium wird dann nach S. 75 durch Fällen als CaC_2O_4 und Überführen in $CaCO_3$ bestimmt. Das Umfällen des Niederschlags empfiehlt sich auch hier.

Der Niederschlag ist nach der Wägung besonders auf Al, Fe, Mg, Mn, Ba, F^- und SO_4^{2-} zu prüfen. Zur Untersuchung von Gips setzt man die Substanz mit heißer Na_2CO_3-Lösung zu $CaCO_3$ und Na_2SO_4 um und bestimmt Sulfat in der Lösung, die übrigen Bestandteile wie beim Dolomit.

1.5 Magnesium

Die Fällung des Magnesiums als Magnesium-ammoniumphosphat oder -hydroxychinolat wird durch die Gegenwart von Oxalationen stark verzögert; auch Ammoniumsalze wirken in größeren Mengen ungünstig. Beide Stoffe müssen daher bei sehr genauen Analysen vor der Fällung des Magnesiums beseitigt werden; dies läßt sich auf nassem oder auch auf trockenem Wege in folgender Weise erreichen.

Im ersteren Fall engt man die Filtrate ein, gibt bei Gegenwart von Chlorid etwa 30 ml konz. Salpetersäure (etwa 4 ml für 1 g NH_4Cl) hinzu, erwärmt vorsichtig in einem gut bedeckten Becherglas und dampft schließlich auf dem Wasserbad zur Trockne ein. NH_4^+-Ionen werden dabei zu NO und N_2, $C_2O_4^{2-}$-Ionen zu CO_2 oxidiert.

Um Ammoniumsalze auf trockenem Weg zu entfernen, verfährt man nach S. 24. In beiden Fällen nimmt man den Rückstand mit 1 − 2 ml konz. Salzsäure auf, verdünnt, erwärmt und filtriert nötigenfalls von Kohle oder Kieselsäure ab. In der erhaltenen Lösung wird Magnesium nach S. 78 als Magnesiumammoniumphosphat gefällt.

Soll das Magnesium als Hydroxychinolat nach S. 82 bestimmt werden, so ist bei erheblichem Magnesiumgehalt nur ein Teil der Lösung zu verwenden. Man füllt dazu in einem Meßkolben auf 500 ml auf und entnimmt davon je nach der Art des Gesteins 100 oder 200 ml.

1.6 Kohlendioxid

Zur Bestimmung des Kohlendioxids dient die in Abb. 48 wiedergegebene Anordnung. Die Zersetzung der carbonathaltigen Substanz wird in einem 250 ml-Stehkolben *C* vorgenommen, der durch ein seitliches Ansatzrohr mit einem kleinen Rückflußkühler *D* verbunden ist. Die Säure wird durch einen Tropftrichter *B* zugegeben, der mit einem völlig dicht schließenden Gummistopfen oder einem Schliff in den Kolbenhals eingesetzt ist. Der Hahn des Tropftrichters ist gefettet; das Fallrohr endet in einer kleinen Schleife unmittelbar über dem Boden des Kolbens. Auf dem Tropftrichter ist das Rohr *A* mit Hilfe eines durchbohrten Gummistopfens befestigt; seine Füllung aus Natronasbest (mit Ätznatron getränkter Asbest) ruht auf einem nicht zu lose gestopften, etwa 1 cm hohen Wattebausch, der verhindert, daß kleine Teilchen des Natronasbests nach *B* gelangen. Die obere Öffnung ist mit einem Gummistopfen zu verschließen. Rohr *A* dient dazu, die Luft

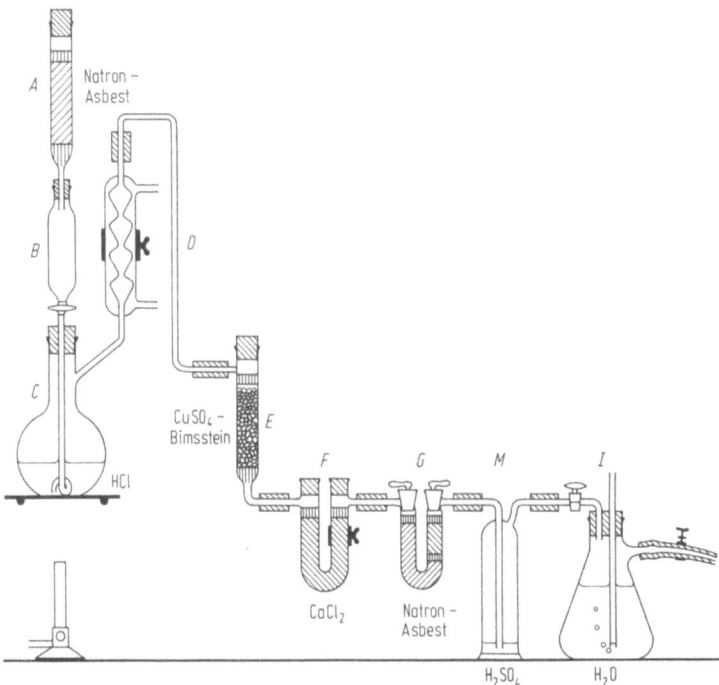

Abb. 48. Apparatur zur CO$_2$-Bestimmung

von CO$_2$ zu befreien, welche nach beendeter Zersetzung des Minerals über *A* und *B* durch den Kolben *C* gesaugt wird, um das entwickelte CO$_2$ quantitativ in das mit Natronasbest beschickte Absorptionsgefäß *G* zu überführen. Die dazwischengeschalteten Rohre *E* und *F* haben den Zweck, mitgeführtes HCl, H$_2$S und H$_2$O dem Luftstrom zu entziehen, bevor er in *G* eintritt.

Rohr *E* wird mit Kupfersulfat-Bimsstein beschickt, der kleine Mengen H$_2$S und HCl zu binden vermag. Man zerkleinert Bimsstein auf Erbsengröße, siebt vom Feineren ab und tränkt ihn mit gesättigter CuSO$_4$-Lösung. Die Masse wird in einer Porzellanschale unter Umrühren zur Trockne gebracht und dann im Trockenschrank oder Aluminiumblock auf 150–180 °C erhitzt, bis sie weiß erscheint. Das Präparat ist verschlossen aufzubewahren.

Das Rohr *F* enthält gekörntes Calciumchlorid, das zuvor durch rasches Sieben vom Staub befreit wird. Da es oft Hydroxid enthält, leitet man reines CO_2 durch das gefüllte Rohr, läßt über Nacht verschlossen stehen und saugt dann 1 – 2 Std. lang mit $CaCl_2$ getrocknete Luft hindurch. Beim Füllen der Rohre ist stets darauf zu achten, daß der mit einem Stopfen oder Schliff zu verschließende Teil nicht beschmutzt wird. Man nimmt einen kurzen, weithalsigen Trichter oder ein Stück zusammengerolltes Papier zu Hilfe. Alle Rohrfüllungen werden zwischen etwa 5 mm starke Lagen nicht zu loser Watte eingeschlossen, um jedes Verstäuben zu verhindern. Die oberen Öffnungen der Rohre E und F sind mit Gummistopfen dicht zu verschließen. Alle Gefäße werden *Glas an Glas* stoßend durch von Talkum befreite, trockene, etwa 3 cm lange Stücke frischen Vakuumschlauchs miteinander verbunden. Um einen dichten Abschluß der Gummischläuche und Stopfen sicher zu erreichen, werden die mit Glas in Berührung tretenden Flächen mit ganz wenig reinem Glycerin befeuchtet. Bei den zwei Schlauchstücken, welche nach dem zu wiegenden Absorptionsrohr G führen, muß dies jedoch unterbleiben.

Das mit zwei gefetteten Schliffhähnen versehene Rohr G wird zu etwa zwei Dritteln mit Natronasbest, zu einem Drittel auf der rechten Seite mit Calciumchlorid beschickt. Der Luftstrom, der nach Passieren des Rohres F weitgehend von Feuchtigkeit befreit ist, nimmt in Berührung mit dem Natronasbest in G wieder etwas Feuchtigkeit auf, die durch eine folgende Calciumchloridschicht zurückgehalten wird. An G schließt sich eine Waschflasche mit ein *wenig* konz. Schwefelsäure, die das Eindringen von Feuchtigkeit oder CO_2 in den rechten Schenkel von G verhindert und die Beobachtung der Strömungsgeschwindigkeit ermöglicht. H ist über einen Hahn mit einer als Druckregler dienenden, mit Wasser gefüllten, großen Saugflasche I verbunden, die an die Wasserstrahlpumpe anzuschließen ist.

Zunächst ist zu prüfen, ob die gesamte Anordnung *gasdicht* ist. Der Kolben wird dazu mit etwa 20 ml Wasser beschickt, so daß das Ende des Fallrohrs in Wasser taucht. Während der Hahn bei I geschlossen ist, regelt man mit Hilfe eines Quetschhahns die Saugwirkung der Wasserstrahlpumpe so, daß bei I mit einigen Blasen je Sekunde Luft eingesaugt wird. Man verschließt nun das obere Ende von A dicht mit einem Gummistopfen, öffnet den Hahn des Tropftrichters und bewirkt durch langsames Drehen des Hahnes bei I, daß zunächst etwa 1 Blase je Sekunde die Waschflasche H durchstreicht. Sobald der Luftstrom zum Stillstand gekommen ist, darf bei 5 – 10 min langem Warten keine weitere Luftblase mehr bei H entweichen. Nun schließt man

1 Dolomit

wieder den Hahn bei *I*, dann den Hahn des Tropftrichters, lüftet *vorsichtig* den Stopfen von *A* und läßt durch Drehen des Hahns am Tropftrichter ganz *langsam* Luft in den Kolben eintreten.

Hat sich die Anordnung als gasdicht erwiesen, so saugt man Luft bei aufgesetztem Rohr *A* etwa 15 min lang mit 2 Blasen je Sekunde (entsprechend etwa 2 l je Stunde) durch die ganze Anordnung, schließt dann die beiden Hähne von *G* und bringt das Gefäß in oder neben die Waage, nachdem man es nötigenfalls mit einem nichtfasernden, leinenen Tuch, ohne die Schliffe zu berühren, gesäubert hat. Nach 30 min, bevor man das — nicht über 100 g schwere — Gefäß auf die Waagschale legt, öffnet man einen der Hähne für einen Augenblick, um den Druckausgleich herbeizuführen. Das Durchsaugen von Luft und die Wägung werden wiederholt, bis auf 0,5 mg übereinstimmende Werte erhalten werden. Es empfiehlt sich dabei, ein zweites, ähnliches Rohr als Tara zu benutzen.

Um den Carbonatgehalt einer Substanz zu bestimmen, gibt man 1–1,5 g davon aus einem langen Wägeröhrchen in den Kolben, spült die Wandungen mit etwa 50 ml ausgekochtem Wasser ab und verbindet *H* durch ein Stück Schlauch unmittelbar mit *F*. Nun läßt man durch *A* und *B* einen Luftstrom mit 3–4 Blasen je Sekunde 5–10 min lang durch die Apparatur streichen, um alle CO_2-haltige Luft zu entfernen. Nachdem der Hahn bei *I* ganz geöffnet und der zur Pumpe führende Schlauch abgenommen ist, wird das Absorptionsgefäß *G* wieder eingesetzt und dessen Hähne werden geöffnet. Man gibt jetzt 50 ml durch Auskochen von CO_2 befreite Salzsäure (1 + 1) in den Tropftrichter *B*, setzt das Rohr *A* sogleich wieder auf und läßt nun die Säure in dem Maße zufließen, daß eine *langsame* CO_2-Entwicklung stattfindet. Wenn fast alle Salzsäure zugegeben ist und die Gasentwicklung nachgelassen hat, schließt man wieder den Hahn des Tropftrichters und erwärmt den Kolbeninhalt mit einer kleinen Flamme *fast* zum Sieden, bis die Zersetzung beendet ist. Nun saugt man einen Luftstrom durch *A* und *B* mit 2 Blasen je Sekunde, erhitzt noch 2–3 min lang weiter (Kühlwasser!) und entfernt die Flamme. Nach etwa 30 min wird der Luftstrom abgestellt und das Absorptionsgefäß *G* wie oben zur Wägung gebracht. Die Gewichtszunahme entspricht der Menge des CO_2.

Die Füllung der Gefäße reicht für mehrere Bestimmungen aus, die zweckmäßig hintereinander ausgeführt werden; der fortschreitende Verbrauch des Natronasbests ist an der Veränderung seines Aussehens zu erkennen.

Zur Zersetzung von Carbonaten ist neben Salzsäure besonders Perchlorsäure oder auch Schwefelsäure geeignet. Kleinere Mengen von HCl, H_2S, SO_2 oder Cl_2, die im Gasstrom enthalten sein können, müssen durch geeignete Absorptionsmittel entfernt werden. Geeignet sind Kupfersulfat-Bimsstein für H_2S und HCl, CrO_3 für H_2S und SO_2, Ag_2SO_4 für HCl, H_2S oder Cl_2.

CO_2 läßt sich in Carbonaten, allerdings weniger genau, auch in der Weise bestimmen, daß man die Substanz und die Säure in einem geeigneten Apparat zunächst getrennt zur Wägung bringt, dann die Zersetzung vornimmt und nach Austreiben des CO_2 den eingetretenen Gewichtsverlust feststellt. Auch Cyanidionen lassen sich als HCN, Borsäure als Borsäuremethylester oder Fluor mit viel Wasserdampf als H_2SiF_6 ähnlich wie Essigsäure oder Ammoniak übertreiben und in geeigneter Weise bestimmen.

Viele Eisensorten geben beim Zersetzen mit Salzsäure ihren geringen Schwefelgehalt quantitativ als Schwefelwasserstoff ab, der dann wie oben mit Hilfe eines Gasstroms weggeführt werden kann. Man fängt den Schwefelwasserstoff in einer essigsauren Cadmiumacetatlösung auf, die gegenüber dem meist gleichzeitig entstehenden Arsen- und Phosphorwasserstoff indifferent ist. Das an Cadmium gebundene Sulfid läßt sich dann entweder mit Iodlösung titrieren oder man verwandelt das Cadmiumsulfid mit überschüssiger $CuSO_4$-Lösung in das schwerer lösliche CuS und wiegt als CuO aus.

Durch Erhitzen auf 105 – 110 °C läßt sich beim Trocknen von Substanzen nur die oberflächlich adsorbierte Feuchtigkeit sowie sehr locker gebundenes Wasser entfernen. In gewissen Silicaten wie Ton ($Al_2O_3 \cdot 2SiO_2 \cdot 2H_2O$) ist das Wasser so fest gebunden, daß es erst bei beginnender Rotglut entweicht. Die Gewichtsabnahme, die beim Erhitzen auf Rotglut zu beobachten ist, kann aber nicht dem Verlust von Wasser allein zugeschrieben werden. Man erhitzt daher die Substanz in einem indifferenten, trockenen Gasstrom und fängt das mitgeführte Wasser in einem gewogenen, mit $CaCl_2$ gefüllten Rohr quantitativ auf. Wenn man den Gasstrom zuvor durch eine Schicht von erhitztem Bleioxid streichen läßt, gelingt es auch, den Wassergehalt von Stoffen zu bestimmen, die sich wie z. B. $MgCl_2 \cdot 6H_2O$ beim Erhitzen unter Hydrolyse zersetzen.

2 Messing (Bronze)

Messing: 0 – 1 % Sn; 0 – 2 % Pb; 55 – 72 % Cu; 25 – 45 % Zn; 0 – 1 % Fe.
Bronze: 4 – 20 % Sn; 0 – 3 % Pb; 82 – 96 % Cu; 0 – 8 % Zn.
Ferner unter Umständen Sb, Ni, Al, Mn, P.

Man löst die Legierung in Salpetersäure, wobei sich Zinn als unlösliche Zinnsäure abscheidet. Durch Abrauchen mit Schwefelsäure erhält man

Blei als Sulfat; im Filtrat davon wird Eisen mit Ammoniak ausgefällt, dann Kupfer elektrolytisch bestimmt und schließlich *Zink als Zink-ammoniumphosphat oder -hydroxychinolat abgeschieden.*

2.1 Zinn

Man übergießt 0,8 – 1 g der angegebenen, durch Waschen mit Ether oder Benzin bereits von Öl befreiten Legierung in einem Becherglas mit 5 ml rauchender Salpetersäure ($d = 1,5$), gibt bei aufgelegtem Uhrglas vorsichtig 2 – 4 ml Wasser hinzu, erwärmt nach einiger Zeit schwach und fügt nach Beendigung der Reaktion mindestens 60 ml siedendes Wasser hinzu, spült das Uhrglas ab und hält noch 30 min heiß. Man filtriert die ungelöst bleibende Zinnsäure auf einem feinporigen Filter ab, nötigenfalls unter mehrmaligem Durchgießen der Lösung, wäscht sie mit heißem, NH_4NO_3-haltigen Wasser gründlich aus, verascht bei reichlichem Luftzutritt in einem Porzellantiegel und glüht in gut oxidierender Atmosphäre bei etwa 1 100 °C. Falls es nicht gelingt, ein klares Filtrat zu bekommen, verrührt man die heiße Lösung einige Zeit mit etwas Filterstoffschleim; sehr vorteilhaft sind hier auch Membranfilter (S. 35).

Legierungen, die bis etwa 15% Zinn enthalten, werden von Salpetersäure gelöst, wobei sich gleichzeitig unlösliche Zinnsäure abscheidet. Sb_2O_5 wird in gleicher Weise durch HNO_3 nicht vollständig abgeschieden; dies ist nur in Gegenwart eines großen Überschusses von SnO_2 der Fall.

Das so erhaltene SnO_2, in dem sich bei wenigstens fünffachem Zinnüberschuß auch alles Sb als Sb_2O_4 vorfindet, enthält stets einen merklichen Anteil Cu und Fe, der bei größerem Zinngehalt der Legierung, z. B. bei Bronze, nicht mehr zu vernachlässigen ist. Es gelingt häufig, die Rohzinnsäure unmittelbar nach dem Auswaschen mit starker $(NH_4)_2$S-Lösung[1] vom Filter zu lösen; andernfalls wird sie einem Freiberger Aufschluß (S. 243) unterworfen. Während Zinn als Ammoniumthiostannat in Lösung geht, bleiben Cu und Fe als Sulfide zurück; man löst sie mit heißer, halbkonzentrierter Salpetersäure vom Filter und vereinigt die Lösung mit dem Filtrat der Zinnsäure. Aus der auf etwa 80 °C erwärmten Thiostannatlösung wird SnS_2 durch schwaches Ansäuern mit Salzsäure gefällt. Man läßt über Nacht stehen, filtriert ab, wäscht mit schwach essigsaurer, stark verdünnter NH_4NO_3-Lösung aus und verascht wie oben.

---

[1] Man übersättigt konz. Ammoniaklösung mit H_2S und versetzt die erhaltene NH_4SH-Lösung mit dem gleichen Volumen konz. Ammoniaklösung.

Bronze enthält oft kleine Mengen Phosphor. Um diese zu bestimmen, geht man gesondert von 3 – 5 g Einwage aus, löst in Salpetersäure wie oben und unterwirft die Rohzinnsäure, welche zugleich alle Phosphorsäure enthält, einem Freiberger Aufschluß (S. 243). Nach der Abtrennung von Cu, Fe und Sn in Form ihrer Sulfide kann in dem mit Salpetersäure eingedampften Filtrat die Phosphorsäure nach dem Molybdatverfahren bestimmt werden.

2.2 Blei

Man versetzt das Filtrat in einer dunkel glasierten 200 ml-Porzellankasserolle mit 4 ml konz. Schwefelsäure und dampft ein, bis dicke, weiße Schwefelsäuredämpfe entweichen. Nach dem Abkühlen wird die Lösung unter Abspülen der Wand mit etwa dem gleichen Volumen Wasser vermischt und nochmals zum starken Rauchen gebracht, um die gesamte Salpetersäure sicher zu entfernen; der Rückstand muß dabei gut schwefelsäurefeucht bleiben. Man versetzt hierauf in der Kälte mit etwa 25 ml Wasser, erhitzt bis fast zum Sieden und bringt die oft in Krusten abgeschiedenen Sulfate anderer Metalle durch Verrühren und vorsichtiges Zerdrücken mit einem Glasstab restlos in Lösung. Man setzt schließlich weiter 50 ml Wasser zu und läßt unter gelegentlichem Umrühren mindestens 1 Std. abkühlen.

Der Niederschlag wird in einem feinporigen Porzellanfiltertiegel gesammelt und mit verdünnter Schwefelsäure (1 + 20) in kleinen Anteilen gründlich ausgewaschen. Der Filtertiegel wird zunächst bei 110 °C getrocknet und dann im elektrischen Ofen auf 500 – 600 °C bis zur Gewichtskonstanz erhitzt. Steht kein solcher zur Verfügung, so erhitzt man im Nickelschutztiegel bis zur beginnenden Rotglut des äußeren Tiegels unter Ausschluß reduzierender Flammengase.

Die Abscheidung von Blei als $PbSO_4$ kann allgemein dazu dienen, es von vielen anderen Metallen wie Sn, Cu, Cd, Zn zu trennen; zur Trennung des Bleis von Cu, Cd oder Fe eignet sich auch die Fällung als $PbCrO_4$ in schwach salpetersaurer Lösung. Die Löslichkeit von $PbSO_4$ in Schwefelsäure von 1 – 60% Gehalt beträgt etwa 2 mg/l. Mineralsäuren, besonders Salpetersäure, wirken stark lösend und müssen daher durch Abrauchen mit Schwefelsäure *restlos* entfernt werden. Etwa vorhandene größere Mengen Salzsäure dampft man besser schon vor dem Zusetzen der Schwefelsäure ab.

Die Bestimmung des Bleis kann auch auf elektrolytischem Wege als PbO_2 nach S. 207 erfolgen. Bei Bleigehalten unterhalb von 1% kommt nur dieses Verfahren in Betracht; die Bestimmung wird dann zweckmäßig oxidimetrisch zu Ende geführt (vgl. S. 142).

Falls der Gehalt der Legierung an Zinn und Blei sehr gering ist, kann man auch ein Mehrfaches der angegebenen Einwage verwenden und nach der Abscheidung des Bleis mit einem entsprechenden Teil der Lösung weiterarbeiten.

2.3 Kupfer

Nach der Abscheidung von Blei als $PbSO_4$ kann unmittelbar die elektrolytische Bestimmung von Kupfer nach S. 202 folgen. Die Lösung, deren Volumen nicht über 100 ml betragen soll, darf zwischen 1 und 10% H_2SO_4 enthalten.

Wurde Blei elektrolytisch bestimmt, so setzt man der Lösung 3 ml konz. Schwefelsäure zu, dampft bis zum Erscheinen weißer Schwefelsäuredämpfe ein und verdünnt zur Elektrolyse auf 100 ml.

Zur Bestimmung des Kupfers eignet sich hier ferner die Fällung als CuSCN (vgl. S. 179).

2.4 Eisen

Nach der elektrolytischen Bestimmung des Kupfers gibt man zur Oxidation des Eisens einige Tropfen Bromwasser hinzu, erhitzt bis fast zum Sieden und fällt nach S. 70 mit konz. Ammoniaklösung, von der man etwa 10 ml im Überschuß zugibt.

Die Trennung des Eisens von Zink oder Nickel mit Ammoniak ist nur möglich, wenn sehr wenig Eisen vorliegt; größere Mengen Eisen sind nach S. 167 abzutrennen.

2.5 Zink

Das Filtrat wird durch Eindampfen in einer Porzellanschale von der Hauptmenge des überschüssigen Ammoniaks befreit, mit Salzsäure schwach angesäuert und darin Zink als $ZnNH_4PO_4$ nach S. 80 gefällt, ohne Ammoniumsalz zuzusetzen; größere Mengen Ammoniumsalz sind zuvor zu entfernen.

Statt dessen kann Zink als Hydroxychinolat gefällt und nach S. 163 maßanalytisch mit Kaliumbromat bestimmt werden. Man füllt dazu die schwach saure Lösung auf 500 ml auf und entnimmt einen geeigneten Teil.

IX. Vollständige Analysen von Mineralien

Wenn die zu untersuchende Legierung noch Nickel enthält, fällt man es zuvor mit Diacetyldioxim; falls auch Mangan vorhanden ist, wird Zink vorher als Sulfid in schwach saurer Lösung abgetrennt (vgl. S. 167); das Zinksulfid kann dann gelöst und wie oben der quantitativen Bestimmung zugeführt werden.

Einige Besonderheiten bietet die **Bestimmung kleiner Beimengungen,** wobei meist größere Einwaagen von 5 g und darüber verwendet werden. Man sucht die Nebenbestandteile unter Bedingungen zu fällen, bei denen der Hauptbestandteil in Lösung verbleibt. Eine Aluminiumlegierung mit wenig Magnesium löst man unmittelbar in Kalilauge und bekommt so einen Rückstand, der neben anderen Elementen wie Cu, Fe, Mn alles Magnesium enthält. Metallisches Zink, das auf Verunreinigungen untersucht werden soll, wird in einer unzureichenden Menge Säure gelöst, so daß alle Metalle, die edler als Zink sind, beim ungelösten Rest des Metalls verbleiben. Bisweilen nimmt man einen „Spurenfänger" zu Hilfe. Kleinste Mengen Arsen werden z. B. durch eine geringe Fällung von $Fe(OH)_3$ als $FeAsO_4$ quantitativ mit niedergeschlagen und lassen sich so bequem erfassen.

Auf eigenartige Weise bestimmt man z. T. heute noch Gold in Legierungen oder Erzen. Man verschmilzt die goldhaltige Legierung mit Blei und etwas Silber und erhitzt an der Luft auf einer Kupelle, einer porösen, schalenförmigen Unterlage. Das Blei und mit ihm alle unedleren Metalle außer Ag, Pt und Au gehen dabei in ein leicht schmelzbares Oxidgemisch über, das von der Unterlage aufgesaugt wird. Dieser Vorgang des „Abtreibens" ist beendet, sobald ein blanker, vorwiegend aus Silber bestehender Regulus erscheint. Beim Behandeln desselben mit Salpetersäure lösen sich Silber und auch Platin, während das meist in zusammenhängender Form zurückbleibende Gold gewogen werden kann. Allerkleinste Mengen Hg oder Au erhält man am Ende besonderer Anreicherungsverfahren quantitatv in Form eines metallischen Kügelchens, dessen Durchmesser unter dem Mikroskop bestimmt wird. Mengen bis herab zu 0,01 µg Hg und 0,0001 µg Au (1 µg = 10^{-6} g) lassen sich so noch quantitativ erfassen.

3 Kupfer-Nickel-Legierung

Monelmetall: 65 – 70% Ni; 25 – 30% Cu; (Fe, Mn).

Man scheidet Kupfer elektrolytisch ab, entfernt kleine Mengen Eisen durch Fällen mit Ammoniak und bestimmt dann Nickel elektrolytisch.

Man wiegt 0,3 – 0,5 g der Legierung in ein 150 ml-Becherglas hoher Form ein, löst sie in einer Mischung von 10 ml Wasser, 1 ml konz. Schwefelsäure und 2 ml konz. Salpetersäure und kocht, bis die nitrosen Gase verschwunden sind. Nachdem man die Lösung soweit verdünnt hat, daß die Netzelektrode bedeckt ist, wird das Kupfer wie auf S. 202 elektrolytisch abgeschieden. Es ist nur am Ende darauf zu achten, daß beim Abspülen der Elektroden kein Waschwasser verlorengeht.

Die von Kupfer befreite Lösung wird in einer Kasserolle auf dem Sandbad eingedampft, bis dicke weiße Schwefelsäuredämpfe auftreten. Nach dem Abkühlen verdünnt man vorsichtig mit Wasser auf etwa 30 ml und fällt die vorhandenen kleinen Mengen Eisen in der Hitze mit konz. Ammoniaklösung, von der man etwa 5 ml im Überschuß anwendet. Man filtriert in das Elektrolysegefäß zurück durch ein nicht zu großes Filter; falls es sich um mehr als Spuren Eisen handelt, wäscht man nur ganz kurz mit heißer verd. Ammoniaklösung aus, löst den Niederschlag sofort auf dem Filter mit heißer Schwefelsäure (1 + 9) und wiederholt die Fällung. Ausgewogen wird Fe_2O_3.

Den vereinigten Filtraten (etwa 80 ml) setzt man noch 10 ml konz. Ammoniaklösung zu und elektrolysiert wie auf S. 206 angegeben.

4 Kupferkies

$CuFeS_2$: 25 – 35% Cu; 28 – 38% Fe; 30 – 36% S; SiO_2, Pb, Zn.

Das fein gepulverte Erz wird mit konz. Salpetersäure, Salzsäure und Brom in Lösung gebracht. Nach Abtrennen des Löserückstands wird in einem Teil der Lösung Cu *als* CuS *gefällt, dann* Fe *durch Ammoniak als* $Fe(OH)_3$ *niedergeschlagen. Schwefel wird in einem anderen Teil der Lösung als* $BaSO_4$ *bestimmt.*

4.1 Löserückstand

Die Substanz wird staubfein pulverisiert und durch ein Phosphorbronzenetz von 0,06 mm Maschenweite getrieben. Von der so erhaltenen, lufttrockenen Substanz wiegt man 0,7 – 0,9 g in einen Erlenmeyerkolben ein, befeuchtet sie mit ein wenig Wasser und verteilt den dünnen Brei gleichmäßig auf dem Boden des Kolbens. Nun kühlt man den Erlenmeyerkolben in Eiswasser (fein zerstoßenes Eis!) und gießt durch einen Trichter mit *weitem* Rohr schnell und in einem Guß eine eiskalte Mischung von 15 ml konz. Salpetersäure und 5 ml konz. Salzsäure hinzu (Abzug!). Unter *häufigem* Umschwenken der Mischung erwärmt man langsam auf Zimmertemperatur und läßt den Kolben über Nacht bedeckt stehen. Um etwa abgeschiedenen elementaren Schwefel zu oxidieren, gibt man etwa 0,5 ml flüssiges Brom (auf H_2SO_4 prüfen! Abzug!) und etwa 2 ml reines CCl_4 zu und schwenkt einige Zeit unter gelindem Erwärmen um. Nachdem durch vorsichtiges, stärkeres Erwärmen Brom und CCl_4 ausgetrieben sind, erhitzt man auf dem Wasserbad, bis der ungelöste Rückstand einheitlich hellgrau bis weiß erscheint; er darf vor allem keine schwarzen Einzelteilchen mehr enthalten (Lupe!). Danach entfernt man den Trichter, spritzt ihn ab, führt den Kolbeninhalt unter Nachspülen mit wenig Wasser quantitativ in eine dunkel glasierte Porzellankasserolle über und dampft die Lösung auf dem Wasserbad zur Trockne ein. Der Rückstand wird noch einmal mit je 5 ml konz. Salzsäure auf dem Wasserbad zur Trockne eingedampft, damit die bei der Fällung des Bariumsulfats und Kupfersulfids störende Salpetersäure entfernt wird. Den Rückstand übergießt man darauf mit 2 ml konz. Salzsäure, verdünnt mit 100 ml heißem Wasser, digeriert einige Zeit bei Siedehitze, filtriert die ungelöst gebliebene „Gangart" (meist SiO_2) ab und wäscht mit heißem Wasser gründlich nach. Durch Auftropfen von ein wenig H_2S-Wasser überzeugt man sich davon, daß kein $PbSO_4$ im Filter ist. Die Menge des ungelösten Rückstands wird durch Veraschen des Filters, Glühen und Wiegen bestimmt. Der Löserückstand ist nach der Wägung in jedem Falle mit ein wenig Na_2CO_3-K_2CO_3-Gemisch aufzuschließen. Bei nachweisbaren Mengen Sulfat sind diese gesondert zu bestimmen und mit anzugeben. Das abgekühlte Filtrat samt Waschwasser wird auf 250 ml aufgefüllt.

Die an ihrer rotbraunen Farbe erkennbaren Pyritabbrände sind nach dem obigen Verfahren nicht aufschließbar. In diesem Fall verwendet man zur Bestimmung der Metalle den Aufschluß mit $K_2S_2O_7$, zur Schwefelbestimmung den Aufschluß mit Na_2CO_3 und KNO_3. Bei der Analyse von sulfidischen Bleierzen kann der Löserückstand außer SiO_2 und $BaSO_4$ noch größere Mengen $PbSO_4$ enthalten, besonders wenn zum Lösen des Erzes außer Salzsäure auch Salpetersäure herangezogen werden mußte. Durch Behandeln des Rückstands mit heißer verdünnter Salpetersäure oder warmer ammoniakalischer Ammoniumacetatlösung kann $PbSO_4$ gelöst werden. Da $BaSO_4$ und $PbSO_4$ miteinander auch Mischkristalle bilden können, ist zur restlosen Abtrennung des Bleis meist noch ein Aufschluß mit Soda erforderlich.

4.2 Kupfer

100 ml der aufgefüllten Lösung werden in einem 400 ml-Becherglas auf 200 ml verdünnt, mit 20 ml konz. Salzsäure (oder 10 ml konz. Schwefelsäure) versetzt. Man erhitzt auf etwa 80 °C, entfernt die Flamme und leitet etwa 30 min lang Schwefelwasserstoff ein. Die über dem rasch absitzenden Niederschlag stehende Lösung muß *klar* sein. Der Niederschlag wird *bald* danach filtriert, mit kaltem, mit verdünnter Salzsäure (auf 0,5 – 1 n) angesäuerten Schwefelwasserstoffwasser und zum Schluß *kurz* mit heißem destillierten Wasser gewaschen. Da der Niederschlag beim Verdunsten von Schwefelwasserstoff durch den Luftsauerstoff *oxidiert* wird und wieder in Lösung geht, halte man während des Auswaschens den Trichter mit einem Uhrglas bedeckt und warte nie bis zum völligen Ablaufen des Waschwassers. Anschließend wird das Kupfer elektrolytisch (S. 202) oder jodometrisch (S. 156) bestimmt. Man verglüht dazu das Sulfid mitsamt dem Filter in einem Porzellantiegel an der Luft zu CuO und schließt dieses mit der 6 – 10fachen Menge $K_2S_2O_7$ auf (vgl. S. 248), was nur wenige Minuten beansprucht. Die Lösung der Schmelze in Wasser wird zur elektrolytischen oder iodometrischen Bestimmung des Kupfers verwendet. Die unmittelbare elektrolytische Abscheidung des Kupfers ist wegen der Anwesenheit größerer Mengen Eisen hier nicht möglich.

Der Sulfidniederschlag kann hier noch kleine Mengen Blei, bei der Analyse von Zinkblende auch Cadmium enthalten. In diesem Falle löst man den Niederschlag in warmer halbkonz. Salpetersäure, scheidet $PbSO_4$ durch Abrauchen mit Schwefelsäure ab (vgl. S. 232) und bestimmt schließlich Kupfer und Cadmium nacheinander elektrolytisch.

4.3 Eisen

Das Filtrat vom Kupfersulfid wird in einer 500 ml-Porzellankasserolle aufgefangen, auf dem Wasserbad – zunächst mit einem Uhrglas bedeckt – erwärmt (Abzug!) und auf 100 ml eingedampft, wobei aller Schwefelwasserstoff entweicht. Man oxidiert das Eisen durch Zugeben der notwendigen Menge Bromwasser, fällt es nach S. 70 mit einem reichlichen Überschuß von Ammoniak aus und bestimmt es als Oxid, oder man löst den Niederschlag, falls ein wenig Aluminium vorhanden ist, in verdünnter Säure und bestimmt Eisen maßanalytisch. Falls Zink zu bestimmen ist, können geringe Mengen Eisen (< 5 mg) durch zweimaliges Fällen mit einem reichlichen Ammoniaküberschuß (S. 177) abgetrennt werden. Zink neben viel Eisen läßt sich nur als Sulfid nach S. 167 bestimmen.

4.4 Schwefel

100 ml der von der Gangart befreiten, aufgefüllten Lösung werden zur Reduktion des Eisens heiß mit etwa 2 ml einer 10%igen Lösung von Hydroxylammoniumchlorid[1] versetzt, auf 200 – 300 ml mit heißem Wasser verdünnt und zur Fällung von $BaSO_4$ nach S. 66 weiterbehandelt.

Beim **Aufschließen von Sulfiden** auf nassem Wege kommt es vor, daß sich Schwefel in elementarem Zustand abscheidet, der dann von der oxidierenden Säuremischung nicht weiter angegriffen wird. Man gibt deshalb ein wenig CCl_4 oder Ether zu, in denen elementarer Schwefel sich lösen und mit dem zugesetzten Brom reagieren kann. Die gebildeten Schwefelbromide werden schließlich unter der Einwirkung von Wasser zersetzt. Nach diesem Verfahren kann auch elementarer Schwefel in größerer Menge in Sulfat überführt und bestimmt werden. Äußerst wirksam, aber nicht ganz ungefährlich ist der nasse Aufschluß nach Hawley[2], bei dem $KClO_3$ und konz. HNO_3 angewandt werden[3].

Der Aufschluß von sulfidischen Erzen mit rauchender Salpetersäure läßt sich nötigenfalls dadurch wirksamer gestalten, daß man die Substanz zusammen mit der Säure in ein starkwandiges Glasrohr einschmilzt und einige Zeit auf etwa 125 °C erhitzt. Dieses Aufschlußverfahren (nach Carius) dient besonders zur Bestimmung von Schwefel in organischen Verbindungen.

Schwer zersetzbare sulfidische Erze können auch einem oxidierenden Schmelzaufschluß unterworfen werden. Die Substanz wird dazu in einem Eisen-, Nickel- oder auch Porzellantiegel mit einer Mischung von Na_2CO_3 und KNO_3 oder Na_2O_2 allmählich bis zum Schmelzen der Mischung erhitzt. Unter der oxidierenden Einwirkung der Schmelze geht Sulfid in Sulfat über, während das durch Zersetzung des Nitrats oder Peroxids entstehende Alkalioxid die Verflüchtigung von SO_3 verhindert. Ein Schmelzaufschluß mit Na_2CO_3 ist auch dann erforderlich, wenn Schwefel erfaßt werden soll, der von vorn-

---

[1] Hydroxylamin (NH_2OH) hat wegen des freien Elektronenpaares am Stickstoff schwach basische Eigenschaften und bildet mit Säuren die „Hydroxylammoniumsalze". Bei der Reaktion mit HCl entsteht Hydroxylammoniumchlorid $[NH_3(OH)]Cl$ bzw. $NH_2OH \cdot HCl$.
[2] Eng. Min. J. **105**, 385 (1918); ref. Z. analyt. Chem. **86**, 464 (1931).
[3] Bei Zusatz von HCl tritt Explosion ein.

herein in Form von BaSO$_4$ vorliegt. Die großen Mengen Alkalisalze beeinträchtigen jedoch die Genauigkeit der Bestimmung erheblich.

Dieser Fehler wird vermieden, wenn man das Sulfid im Sauerstoffstrom abröstet und das entstehende SO$_2$ in einer oxidierenden Lösung auffängt.

5 Bestimmung des Schwefelgehalts von Pyrit durch Abrösten[1]

Die beim Abrösten entstehenden Gase, die SO$_2$ und SO$_3$ enthalten, werden mit Wasserstoffperoxidlösung gewaschen. Man erhält dabei quantitativ Schwefelsäure, die mit Natronlauge titriert werden kann.

Zur Aufnahme der Substanz dient das Porzellanschiffchen C (Abb. 49). Es befindet sich in einem schwach geneigten Röstrohr aus Quarzglas (größte Vorsicht! sehr zerbrechlich und teuer!) von 17 mm lichter Weite und 50 cm Gesamtlänge, das sich 6 cm vom Ende entfernt bei E verjüngt. Das Quarzrohr ist durch einen Gummistopfen mit einer Vorlage verbunden, deren Form aus Abb. 49 ersichtlich ist. Sie enthält im unteren Teil F Glaskugeln, darüber bei G eine eingeschmolzene, dicke Jenaer-Glas-Filterplatte (D3), die ein höchst wirksames Waschen der durchstreichenden Gase erlaubt. Der Raum H über der Filterplatte, der zu zwei Dritteln mit Glaskugeln angefüllt ist,

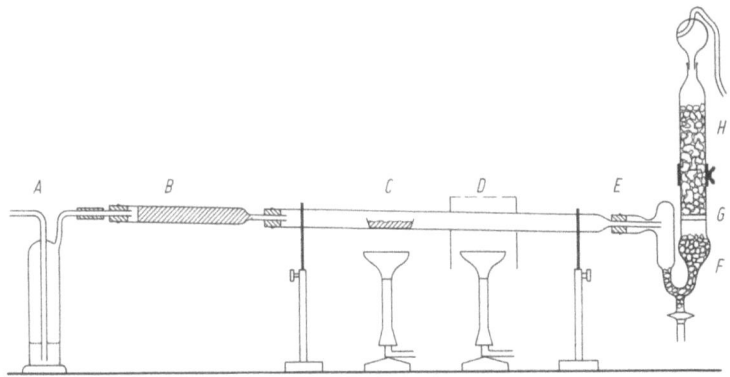

Abb. 49. Apparatur zum Abrösten von Pyrit. Erläuterungen s. Text

---

[1] Der Versuch wird unter Aufsicht des Assistenten ausgeführt!

führt über einen Schliff zu einem Tropfenfänger; ein Vakuumschlauch mit Quetschhahn stellt die Verbindung zu einer Wasserstrahlpumpe mit Rückschlagventil her.

Man beschickt die Vorlage mit etwa 50 ml 3%igem, säurefreien Wasserstoffperoxid (aus Perhydrol, zur Analyse), das man zu etwa gleichen Teilen in den rechten und den linken Schenkel gibt. Die Kugelfüllung im oberen Teil H muß über den Flüssigkeitsspiegel hinausreichen, damit vernebelte Flüssigkeitsteilchen zurückgehalten werden. Die am linken Ende in das Röstrohr eintretende Luft wird bei A mit konzentrierter Kalilauge gewaschen und durch ein dicht mit Watte gefülltes Rohr B geleitet.

Das mit etwa 0,5 g Substanz beschickte Porzellanschiffchen wird etwa 15 cm tief in das Quarzrohr hineingeschoben. Man saugt mit Hilfe der Wasserstrahlpumpe einen Luftstrom in lebhafter Blasenfolge (4 – 6 Blasen je Sekunde) durch die Apparatur und erhitzt die 5 cm vom Schiffchen entfernt beginnende, etwa 8 cm lange Zone D des Quarzrohrs mit einem Schlitzbrenner auf dunkle Rotglut. Es empfiehlt sich, diesen Teil des Rohrs mit einer passenden Haube aus feuerfestem Material zu überdecken.

Die Substanz im Schiffchen wird nun von vorn beginnend ganz *allmählich* auf höhere Temperatur erhitzt, so daß die Verbrennung gleichmäßig langsam fortschreitet. Es kommt hier darauf an, daß stets ein genügender Überschuß von Luftsauerstoff zugegen ist, so daß kein unverbrannter Schwefel überdestillieren kann. Nach etwa 20 min, wenn keine SO_3-Nebel mehr zu sehen sind werden Schiffchen und Rohr mit einer Gebläseflamme noch etwa 15 min lang stark durchgeglüht, um etwa gebildetes Sulfat zu zersetzen. Danach stellt man den Luftstrom ab, nimmt Rohr, Vorlage und Tropfenfänger auseinander und spült sie mit kleinen Mengen Wasser quantitativ aus. Um die Lösung aus dem oberen Teil der Vorlage nach unten zu befördern, bedient man sich eines kleinen Gummigebläses, das an Stelle des Vakuumschlauchs angeschlossen wird. Die vereinigten Lösungen werden auf etwa 40 ml eingedampft; dann titriert man zunächst mit 0,1 n Natronlauge bis zum Umschlag von Methylrot nach Gelb und titriert mit 0,1 n Salzsäure wie auf S. 105 f. zurück.

Bei dem beschriebenen Vorgehen werden etwa vorhandene oder gebildete Sulfate von Fe, Zn, Cu, Al vollständig zersetzt; $CaSO_4$ bleibt bei der hier angewandten Temperatur unverändert; der in ihm enthaltene Schwefel ist für die Herstellung von Schwefelsäure ohnedies nicht verwertbar.

In ähnlicher Weise kann Kohlenstoff durch Verbrennen im Sauerstoffstrom in CO_2 übergeführt werden, das sich leicht auffangen und bestimmen läßt. Man bedient sich dieses Verfahrens bei der Bestimmung des Kohlenstoffgehalts von Stahl. Die in einem Schiffchen befindlichen Stahlspäne werden in einem Hartporzellanrohr bei 1 000 – 1 200 °C im Sauerstoffstrom zum Oxid verbrannt. Die Bestimmung des dabei gebildeten CO_2 erfolgt anschließend wie bei Dolomit (S. 226) oder rein volumetrisch bzw. coulometrisch.

Eine entsprechende Versuchsanordnung kann in Sonderfällen dazu dienen, gewisse sulfidische Mineralien wie Fahlerze, insbesondere wenn diese Quecksilber enthalten, durch Erhitzen im Chlorstrom aufzuschließen. Bei diesem Verfahren werden zugleich Elemente getrennt, deren Chloride verschieden leicht flüchtig sind. Die Chloride von Ag, Cu, Pb, Ni, Co, Mg verflüchtigen sich unterhalb Rotglut nicht, während die Chloride von S, As, Sb, Sn, Hg, Bi, Zn, Al, Fe überdestillieren; die drei zuletzt genannten finden sich dabei meist in Destillat und Rückstand vor. Nur reine Sulfide oder auch Metalle lassen sich so behandeln; Oxide werden nicht oder kaum angegriffen. Ähnlich kann man zur Bestimmung kleiner Mengen Mg in Aluminiumlegierungen vorgehen.

6 Hartblei

Zusammensetzung: 75 – 95% Pb; 5 – 25% Sb (Cu, Sn, As).

Die Legierung wird in Salpetersäure-Weinsäure-Mischung gelöst. Blei und Antimon werden mit Natriumpolysulfidlösung getrennt und einzeln bestimmt.

Um stärker zinn- und antimonhaltige Legierungen in Lösung zu bringen, sind verschiedenartige Verfahren in Gebrauch. Bei Legierungen, die vorwiegend Antimon enthalten, setzt man halbkonzentrierter Salpetersäure noch Weinsäure zu, die mit Antimon leichtlösliche Komplexe bildet. Sehr häufig dient auch konz. Schwefelsäure als Lösungsmittel für Legierungen, die größere Mengen Zinn, Antimon oder Arsen enthalten. Man bekommt dabei As^{3+}, Sb^{3+} und Sn^{4+} und kann nach dem Verdünnen der Lösung maßanalytisch vorgehen. Derartige Legierungen können auch unmittelbar einer Natriumpolysulfidhydrat-Schmelze oder einem Freiberger Aufschluß (S. 243) unterworfen werden. Beim Lösen der Schmelze in Wasser erhält man neben den löslichen Thiosalzen von As, Sb und Sn die unlöslichen Sulfide der übrigen Metalle, womit zugleich eine Trennung erreicht ist.

0,5 – 0,7 g der Legierung in Form von Feil- oder Sägespänen werden in einem 200 ml-Erlenmeyerkolben in einer Mischung von 10 ml Weinsäure (1 + 1, filtriert) und 10 ml Salpetersäure (1 + 1) unter *schwachem* Erwärmen gelöst. Man verdünnt auf etwa das Doppelte, neutralisiert die klare Lösung mit Natronlauge gegen Methylorange und läßt sie in kleinen Anteilen unter ständigem Rühren langsam in eine heiße, 10%ige Natriumpolysulfidlösung einfließen, die sich in einer Porzellankasserolle befindet. Man bereitet die Polysulfidlösung durch Auflösen von 10 g $Na_2S \cdot 9 H_2O$ und 0,5 g Schwefelpulver in wenig Wasser, verdünnt auf etwa 100 ml und saugt sie durch einen Filtertiegel. Man beläßt das Gemisch in der Kasserolle etwa 30 min auf dem Wasserbad, gibt dann in kleinen Anteilen 100–200 ml heiße, etwa 2%ige KCl-Lösung hinzu und läßt noch etwa 6 Std. auf dem Wasserbad absitzen. Der Niederschlag wird darauf in einem dichten Filter gesammelt, gründlich mit Na_2S-haltigem, dann kurz mit heißem Wasser gewaschen und mitsamt dem Filter in einen 200 ml-Erlenmeyerkolben gebracht.

Der Kolbeninhalt wird mit einer Mischung von 20 ml konz. Salpetersäure und 10 ml konz. Schwefelsäure übergossen und auf einem feuerfesten Drahtnetz erhitzt. Falls sich dabei eine schwärzlich-braune Farbe zu zeigen beginnt, unterbricht man das Erhitzen und gibt nochmals einige ml Salpetersäure zu, um die Abscheidung von Kohle zu verhindern. Schließlich dampft man bis zum starken Rauchen ein, bis der Kolbeninhalt völlig weiß geworden ist, läßt abkühlen, verdünnt mit etwa dem gleichen Volumen Wasser und verfährt zur Bestimmung des Bleis weiter nach S. 232.

Im Filtrat von $PbSO_4$ findet sich häufig ein wenig Kupfer, das durch Einleiten von H_2S unmittelbar gefällt werden kann. Man filtriert ab, verascht in einem Porzellantiegel, glüht etwa 10 min stark und wiegt als CuO aus.

Die alles Antimon als Thiosalz enthaltende Lösung wird in einem geräumigen Becherglas unter dem Abzug durch tropfenweisen Zusatz von verdünnter Schwefelsäure in der Kälte *schwach* angesäuert, wobei sich Sb_2S_3 abscheidet. Dann läßt man die Lösung über Nacht bedeckt stehen. Der Niederschlag wird dann unter Abgießen mit schwach essigsaurem H_2S-Wasser gewaschen und in einem Filter gesammelt. Man spritzt darauf den größten Teil des Niederschlags mit wenig Wasser in ein Becherglas und löst die auf dem Filter gebliebenen Reste durch Auftropfen von Na_2S-Lösung. Wenn sich alles Antimon im Becherglas befindet, gibt man etwa 10 ml konz. Schwefelsäure hinzu und erhitzt auf dem Sandbad bis zum starken Rauchen. Nach dem Abkühlen wird vorsichtig auf etwa 50 ml verdünnt und nach Zusatz von 10 ml konz. Salzsäure mit 0,1 n KBrO₃-Lösung wie auf S. 162 titriert. Die Lösung ist nach dem Austitrieren auf Sn, As und Cu zu prüfen.

Sulfidische Erze, die As, Sb oder Sn als *wesentlichen* Bestandteil enthalten, können ähnlich wie die entsprechenden Legierungen durch Schmelzen mit Natriumpolysulfidhydrat oder durch einen Freiberger Aufschluß in Lösung gebracht werden; ein Aufschluß läßt sich häufig auch durch Behandeln mit konz. Schwefelsäure, durch Erhitzen des Erzes im Chlorstrom oder in manchen Fällen wie bei NiAs durch Abrösten erreichen.

Um ein sulfidisches Erz oder z. B. SnO_2 bei Bronze durch einen **Freiberger Aufschluß** in Lösung zu bringen, verreibt man es sehr fein mit etwa der zehnfachen Menge einer innigen Mischung von gleichen Teilen reiner entwässerter Soda und reinen Schwefels; dieses Gemisch wird an Stelle des zerfließlichen Na_2S verwendet. Man bringt das Gemisch quantitativ in einen Porzellantiegel und erwärmt ihn, mit einem Deckel verschlossen, etwa 20 min über ganz kleiner, leuchtender Flamme, so daß gerade noch kein Schwefel verdampft. Ein Teil desselben setzt sich dabei unter Disproportionierung zu Sulfid und Sulfat um, wobei CO_2 entweicht, während der Rest zu Polysulfid gebunden wird etwa nach der Gleichung:

$$4Na_2CO_3 + 10S \rightarrow 3Na_2S_3 + Na_2SO_4 + 4CO_2.$$

Man erhitzt schließlich etwa 15 min auf helle Rotglut und läßt langsam abkühlen. Die braun-gelbe Lösung der Schmelze in heißem Wasser wird erst filtriert, nachdem sie sich völlig geklärt hat. Das Filtrat versetzt man in der Wärme ganz vorsichtig mit KCN-Lösung (Abzug!), bis die Farbe schwach hellgelb geworden ist. Der Polysulfidschwefel wird hierdurch zu KSCN gebunden, so daß er beim Ansäuern des Filtrats nicht stört. Kupfer und Eisen lösen sich als Polysulfide merklich; man kann sie ausfällen, indem man vor dem Filtrieren wie oben verfährt, oder man setzt NaOH und Na_2SO_3 zu, aus dem $Na_2S_2O_3$ entsteht. Das ungelöste Sulfid wird abfiltriert und zur Bestimmung von Cu, Pb, Fe, Zn weiterverarbeitet. As, Sb und Sn werden durch schwaches Ansäuern der Thiosalzlösung als Sulfide gefällt und dann durch Destillation nach S. 188 oder in andere Weise voneinander getrennt und bestimmt.

Bei stark alkalischer Reaktion, d. h. bei großer S^{2-}-Konzentration, geht auch Hg^{2+} als Thiosalz in Lösung, während die geringere S^{2-}-Konzentration einer $(NH_4)_2S$-Lösung dazu nicht ausreicht. Man kann sich dieses Verhalten zunutze machen, wenn HgS bei Gegenwart von Oxidationsmitteln (vgl. S. 81) gefällt werden soll. Man bringt alles Hg^{2+} mit Na_2S und NaOH als Thiosalz in Lösung und scheidet durch Aufkochen mit einem Überschuß von NH_4NO_3 das HgS ab, wobei etwa entstandener Schwefel als Polysulfid gelöst bleibt. Das gleiche Verfahren kann zur Trennung des Quecksilbers von Ag, Cu, Pb, Bi sowie von As, Sb herangezogen werden. Beim Freiberger Aufschluß ver-

IX. Vollständige Analysen von Mineralien

flüchtigt sich das Quecksilber; er kommt daher für Quecksilber enthaltende Erze nur in Betracht, wenn dieses in einer gesonderten Einwaage durch Abrösten bestimmt wird.

7 Feldspat

Durchschnittliche Zusammensetzung von Silicatgesteinen:
59% SiO_2;   15% Al_2O_3;   3,1% Fe_2O_3;   3,8% FeO,   3,5% MgO;
5,1% CaO;   3,8% Na_2O;   3,1% K_2O;   1,1% H_2O;
1,1% TiO_2;   0,3% P_2O_5;   0,1% MnO;   0,1% CO_2.
Man berechne aus der Formel des Kalifeldspats $KAlSi_3O_8$ die prozentuale Zusammensetzung und vergleiche sie mit den obigen Werten.

Das Mineral wird durch Schmelzen mit Natriumcarbonat aufgeschlossen. Den Schmelzkuchen behandelt man mit Salzsäure und scheidet dadurch die Kieselsäure ab, die nach dem Glühen als SiO_2 gewogen wird. Das Filtrat wird wie beim Dolomit auf Al, Fe, Ca und Mg untersucht.

Die Bestimmung der Alkalimetalle erfolgt in einer besonderen Probe durch Erhitzen mit trockenem NH_4Cl und $CaCO_3$. Man laugt das Glühprodukt mit Wasser aus, trennt Calcium ab und bestimmt durch Eindampfen die Summe der Alkalisulfate.

7.1 Kieselsäure

Man beschickt einen größeren Platintiegel (etwa 35 mm Durchmesser, 35 mm Höhe) mit 5–6 g fein gepulvertem, wasserfreien Na_2CO_3 „zur Analyse", schüttet dann aus dem Wägeröhrchen 0,7–1 g des staubfein zerkleinerten Feldspats hinzu und vermischt beide Stoffe möglichst innig. Man benutzt dabei ein dünnes, am Ende rundgeschmolzenes Glasstäbchen, welches man zuvor durch eine Flamme gezogen hat und zum Schluß mit ein wenig Na_2CO_3 „abspült". Bei hohem Al_2O_3-Gehalt (z. B. bei Ton) nimmt man besser nur 0,5–0,7 g Substanz und 6–8 g Na_2CO_3.

Der bedeckte Tiegel wird zunächst über kleiner Flamme, dann über voller Bunsenflamme auf mäßige Rotglut erhitzt, wobei unter allmählichem Sintern der Masse ein großer Teil des CO_2 ohne Aufschäumen entweicht. Nach etwa 20 min bringt man die Masse zum Schmelzen, indem man zunächst von der Seite her eine allmählich immer größer gestellte, stark oxidierende, heiße Gebläseflamme gegen den Tiegel richtet. Durch gelegentliches Lüften des Deckels überzeugt man sich davon, daß die Masse nicht hochschäumt und daß auch die weiter oben sitzenden Teile vollständig niederschmelzen[1]; nötigenfalls faßt man ihn mit einer Zange mit Platinspitzen am Rand und schwenkt vorsichtig um.

Nachdem die Masse etwa 30 min in einer ruhigen Schmelze gehalten wurde, ist der Aufschluß in der Regel beendet. Dies ist der Fall, wenn bei längerem Beobachten keinerlei CO_2-Bläschen mehr aufsteigen. Die Schmelze bleibt durch Flöckchen unlöslicher Reaktionsprodukte meist mehr oder minder getrübt.

Nun entfernt man den Deckel, faßt den Tiegel am Rand mit einer Zange und läßt die Schmelze durch langsames, kreisendes Drehen an der Wand des Tiegels entlang fließen, bis sie dort in dünner Schicht erstarrt ist. Nach vollständiger Abkühlung übergießt man den in einer flachen 300 ml-Porzellanschale oder besser einer Platinschale liegenden Tiegel fast ganz mit heißem Wasser und spritzt auch den Deckel damit ab. Sobald die Schmelze auf dem Wasserbad ganz zerfallen ist, holt man den Tiegel mit Hilfe eines hakenförmig gebogenen Glasstabs heraus, spritzt ihn innen und außen kurz ab und bringt ihn zusammen mit dem Deckel in ein kleines Becherglas mit etwa 20 ml warmer 2 n-Salzsäure, um etwa noch anhaftende Reste in Lösung zu bringen. Die Porzellanschale wird mit einem Uhrglas bedeckt; durch die an der Schnauze bleibende Öffnung setzt man ganz langsam und tropfenweise unter öfterem Aufrühren der Lösung insgesamt etwa 20 ml konz. Salzsäure hinzu. Nach beendeter CO_2-Entwicklung werden Uhrglas und Wandung abgespült, die zum Reinigen des Tiegels benutzte Säure hinzugebracht und auf dem Wasserbad eingedampft. Zeigt sich hierbei neben Flocken von Kieselsäure ein pulveriger Rückstand, so ist der Aufschluß unvollständig gewesen.

Sobald der Inhalt trocken ist, wird er mit Hilfe eines in der Schale verbleibenden Glasstabs mit etwa 5 ml konz. Salzsäure durchfeuchtet und vollständig bis zur *Staubtrockne* eingedampft. Man nimmt dann die Schale vom Wasserbad, durchfeuchtet den Rückstand bei Zimmer-

---

[1] Die Benutzung eines elektrischen Ofens empfiehlt sich hier nicht, da er Schaden erleiden kann, falls die Schmelze überschäumt. Vom Gebrauch einer Tonesse ist abzuraten, weil vorhandenes Fe_2O_3 von den Flammengasen zu Metall reduziert und vom Platin aufgenommen wird; auch die sonst sehr praktischen Mekerbrenner wirken beim Schmelzaufschluß stets reduzierend!

temperatur gut mit 5 ml konz. Salzsäure, gibt nach etwa 10 min heißes Wasser unter Umrühren hinzu und erwärmt noch 10 min auf dem Wasserbad unter öfterem Umrühren, bis alle Salze gelöst sind. Die Kieselsäure wird auf einem weichen 9 cm-Filter gesammelt, zunächst mit heißer, verdünnter Salzsäure (1 + 100), dann ganz gründlich mit heißem Wasser bis zum Ausbleiben der Chloridreaktion gewaschen und vorerst aufbewahrt.

Das Filtrat wird in der zuvor benutzten Schale wieder eingedampft und, nachdem der Schaleninhalt ganz trocken geworden ist und den Chlorwasserstoffgeruch verloren hat, in einem hierzu bestimmten Trockenschrank 1 Std. auf 110–115 °C erhitzt. Den Rückstand befeuchtet man wieder mit 2–3 ml konz. Salzsäure, läßt ihn 10 min bei Zimmertemperatur stehen, fügt 50 ml Wasser hinzu, filtriert durch ein 7 cm-Filter und wäscht wie vorher aus. Es empfiehlt sich, die meist am Porzellan ziemlich fest haftende Kieselsäure mit ein wenig Filtrierpapier aufzunehmen.

Die beiden Filter mit der Kieselsäure werden in einem mit Deckel gewogenen Platintiegel *feucht* verascht; danach glüht man diesen bedeckt zunächst 30 min *scharf*, wiegt und erhitzt weiter jeweils 15 min bis zur Gewichtskonstanz. Die geglühte, sehr leichte Flöckchen bildende **Rohkieselsäure** ist hygroskopisch.

Bei der Sodaschmelze von Silicaten gehen diese in leicht durch Säure zersetzliches Natriumsilicat und Natriumaluminat über, während eine entsprechende Menge CO_2 entweicht. Noch schneller wirken Schmelzen von NaOH auf Silicate ein, nur Korund ist hiermit schwer aufzuschließen. Bei diesen Aufschlüssen bewähren sich blank gescheuerte Nickeltiegel, die in eine feuerfeste Scheibe mit Loch eingesetzt und nur in ihrem unteren Teil bis höchstens 450 °C erhitzt werden, so daß keine Schmelze überkriecht. Man schmilzt zunächst an NaOH ungefähr die fünffache Menge der Analysensubstanz zur Entwässerung ein, streut dann die Substanz auf die wieder erstarrte, aber noch warme Schmelze und erhitzt langsam bei bedecktem Tiegel bis zum Schmelzen. Der Aufschluß ist nach 10–20 min vollständig; die Schmelze wird nur mit warmem Wasser aufgenommen.

Manche Silicate wie Olivin, Wollastonit, Zeolithe, Ultramarin, Hochofenschlacken oder Zement lassen sich unmittelbar mit Säuren zersetzen. Sie scheiden gallertige, weiße Kieselsäure ab, wenn man sie als feines Pulver über Nacht mit konz. Salzsäure stehen läßt. Ein erheblicher Wassergehalt der Trockensubstanz, der beim Erhitzen im Glühröhrchen leicht zu erkennen ist, deutet auf **Säurezersetzlichkeit** des Minerals. Es gelingt bei manchen Tonen, sie durch Vorerhitzen auf 700 bis 800 °C vollkommen säurezersetzlich zu machen.

Zur Analyse von Wollastonit und ähnlichen Mineralien übergießt man die fein pulverisierte Substanz mit genügend konz. Salzsäure, läßt über Nacht bedeckt bei Zimmertemperatur stehen, erhitzt noch einige Zeit auf dem Wasserbad und dampft schließlich wie oben zur Trockne ein. Die weitere Behandlung erfolgt wie bei Feldspat und bei Dolomit.

Auch Silicium in Eisen- oder Aluminiumlegierungen wird durch Eindampfen unlöslich gemacht; um Verluste durch Entweichen von Siliciumwasserstoffen zu vermeiden, löst man in oxidierend wirkenden, Salpetersäure enthaltenden Säuremischungen. Ebenso geht man auch vor, wenn der Phosphorgehalt von Metallen bestimmt werden soll.

Die beim Ansäuern zunächst als **Hydrosol** oder in Form einer Gallerte entstehende Kieselsäure kann durch Entzug von Wasser in ein in Wasser und Säuren unlösliches Pulver verwandelt werden. Dies ist durch Konzentrieren einer $HClO_4$ oder auch H_2SO_4 enthaltenden Lösung bis zum Rauchen oder durch Eindampfen mit konz. HCl oder HNO_3 zur völligen Trockne und längeres Erwärmen auf 110–115 °C zu erreichen. Höheres Erhitzen ist nicht zweckmäßig, da sich dann Eisen- und Aluminiumoxid nicht mehr glatt in Salzsäure lösen. Kleine Mengen dieser Oxide werden von der Kieselsäure um so hartnäckiger zurückgehalten, je höher die Trockentemperatur war. Eisen und Aluminium lassen sich *nicht* durch energischeres Behandeln mit Salzsäure herauslösen, da sonst die abgeschiedene Kieselsäure unter der Einwirkung der Salzsäure wieder kolloid in Lösung geht. Auch unter den obigen Bedingungen wird beide Male ein Teil der abgeschiedenen Kieselsäure (1–2%) wieder gelöst. Ein geringer Rest, der auch der zweiten Abscheidung entgeht, wird schließlich beim Fällen von Aluminium- und Eisenhydroxid mit niedergeschlagen und kann bei sehr genauen Analysen dort nachträglich bestimmt werden.

Die abgeschiedene Rohkieselsäure enthält außer Aluminium- und Eisenoxid einen wesentlichen Teil des sehr häufig in Silicaten anzutreffenden Titans. Borsäure, wie sie z. B. in Glassorten vorkommt, wird vor der Abscheidung von SiO_2 in einfacher Weise durch mehrfaches Abrauchen mit konz. Salzsäure und Methylalkohol entfernt. Um SiO_2 in Fluor enthaltenden Mineralien wie Kryolith zu bestimmen, schmilzt man zunächst mit Borax und Kaliumhydrogensulfat, wobei sich alles Fluor als BF_3 verflüchtigt.

Zur genauen **Bestimmung von SiO_2** gibt man zur gewogenen Rohkieselsäure vorsichtig 10–15 Tropfen Schwefelsäure (1 + 1) und 5 ml analysenreine, 40%ige Flußsäure[1] hinzu, dampft die Flüssigkeit auf

---

[1] Das Arbeiten mit Flußsäure erfordert äußerste Vorsicht. Jeder Hautkontakt ist unbedingt zu vermeiden. Das Tragen einer Schutzbrille ist selbstverständlich.

einem kleinen Sandbad im *Flußsäureabzug* langsam bis zum beginnenden Rauchen der Schwefelsäure ein, läßt abkühlen und wiederholt das Abdampfen nochmals mit 1 ml Flußsäure. Man vertreibt schließlich die Schwefelsäure ganz und glüht kurze Zeit *stark*, um die vorhandenen Sulfate völlig zu zersetzen. Die gefundene Gewichtsabnahme entspricht reinem SiO_2. Die Kieselsäure verflüchtigt sich hierbei als SiF_4, das sich bei Anwesenheit wasserentziehender Mittel wie H_2SO_4 quantitativ bildet:

$$SiO_2 + 4\,HF \rightarrow SiF_4 + 2\,H_2O.$$

TiO_2 hinterbleibt quantitativ, wenn Schwefelsäure in mindestens 10fachem Überschuß gegenüber diesem angewandt wird.

Der verbleibende Rückstand, meist einige Milligramm Al_2O_3, Fe_2O_3 und TiO_2, ist bei der späteren Bestimmung dieser Oxide in Rechnung zu setzen; auch etwa anwesendes $BaSO_4$ findet sich hier.

7.2 Eisen- und Aluminiumoxid („R_2O_3")

Aus dem 200—300 ml betragenden Filtrat der Kieselsäure, das häufig durch kleine, hier nicht weiter störende Mengen Platin[1] verunreinigt ist, fällt man Aluminium- und Eisenhydroxid mit einem geringen Überschuß von carbonatfreier[2] Ammoniaklösung nach S. 73 zusammen aus. Infolge der großen Mengen von Alkalisalzen geht die Ausflockung so rasch vor sich, daß man bereits nach 2—3 min filtrieren kann. Bei längerem Stehenlassen nimmt der Niederschlag noch weiterhin Alkalisalze auf. Um ihn ganz davon zu befreien, ist er wenigstens einmal umzufällen.

Sollen Eisen und Aluminium getrennt bestimmt werden, so wiegt man in einem Platin- oder Quarztiegel zunächst die Summe der beiden Oxide und bringt diese durch **Aufschließen mit $K_2S_2O_7$** wieder in Lösung. Um den Aufschluß zu erleichtern, erhitzt man die Oxide vor dem Wiegen nur kurze Zeit auf nicht zu hohe Temperatur. Die gewogenen Oxide werden in eine auf Glanzpapier stehende Achatreibschale gebracht und mit etwa der zehnfachen Menge von fein pulverisiertem

---

[1] Beim Sodaaufschluß werden meist einige Zehntelmilligramm, bei einem Disulfataufschluß etwa 1 mg Platin gelöst.
[2] Prüfung mit $BaCl_2$!

$K_2S_2O_7$ verrieben[1]. Man bringt das Gemisch in den Tiegel zurück und reibt die Schale mit weiterem Disulfat mehrmals aus, so daß schließlich etwa die doppelte Menge im Tiegel ist. Die Mischung wird im bedeckten Tiegel 10–20 min lang so weit erhitzt, daß sie gerade merklich zu rauchen beginnt. Ist dann noch nicht alles klar gelöst, so steigert man die Temperatur unter gelegentlichem Umschwenken ganz langsam weiter, bis die Schmelze bei schwacher Rotglut leicht zu schäumen beginnt, ohne jedoch die Zersetzung bis zur Ausscheidung von festem K_2SO_4 zu treiben. Die in dünner Schicht erkaltete Schmelze wird in heißem Wasser, bei Gegenwart von Titan in kalter, 5%iger Schwefelsäure gelöst. Eisen wird dann nach S. 138 maßanalytisch bestimmt; Aluminium ergibt sich aus der Differenz.

Durch das beim Erhitzen von $K_2S_2O_7$ freigesetzte SO_3 werden Metalloxide in Sulfate verwandelt. Da sich die in Betracht kommenden Sulfate meist schon unterhalb Rotglut in Oxid und SO_3 zu zersetzen beginnen, geht man mit der Temperatur nicht höher, als unbedingt notwendig ist. Stets muß die Schmelze noch unzersetztes $K_2S_2O_7$ bzw. SO_3 in reichlichem Überschuß enthalten.

Spuren von Mangan finden sich in Silicaten sehr häufig; man erkennt sie schon beim Sodaaufschluß durch die grüne Manganat(VI)-färbung der Schmelze. Bei Gegenwart kleiner Mengen Mangan verfährt man zunächst wie oben, versetzt das Filtrat mit etwa einem Zehntel des Volumens konz. Ammoniaklösung (CO_2-frei!), erwärmt auf etwa 60 °C und gibt in mehreren Anteilen etwa 10 ml 3%iges H_2O_2 zu. Sobald die Gasentwicklung beim Stehen auf dem Wasserbad fast aufgehört hat und das Mangandioxid ausgeflockt ist, filtriert man ab und vereinigt den Niederschlag mit „R_2O_3" oder kolorimetriert getrennt. Unterläßt man die Ausfällung des Mangans, dann verteilt es sich auf „R_2O_3", CaC_2O_4, $MgNH_4PO_4$ und dessen Filtrat in stark wechselnden Anteilen.

Der durch Fällen mit Ammoniak erhaltene „R_2O_3"-Niederschlag enthält nach Vereinigung mit dem Rohkieselsäurerückstand außer Eisen- und Aluminiumoxid alles etwa anwesende TiO_2, geringe Reste von SiO_2 sowie unter Umständen Mn_3O_4, Cr_2O_3, ZrO_2 usw. und P_2O_5. Man bestimmt gegebenenfalls zunächst die Summe aller Oxide und bringt diese durch Aufschließen mit Disulfat in Lösung. Weit wirksamer als Disulfat oder Soda ist ein Gemisch von 3 Teilen $Na_2CO_3 + K_2CO_3$ und 1 Teil $Na_2B_4O_7$.

Durch kurzes Erhitzen der schwefelsauren Lösung mit $K_2S_2O_8$ und wenig Ag_2SO_4 kann das Mangan zu MnO_4^- oxidiert werden, ohne daß schon Ti-

---

[1] Man erhitzt $KHSO_4$ in einer Platinschale. Sobald das in Blasen entweichende Wasser entfernt ist und weiße Dämpfe auftreten, gießt man die Schmelze in eine angewärmte Porzellanschale, so daß sie in dünner Schicht erstarrt. Die Masse wird pulverisiert und gut verschlossen aufbewahrt.

tanperoxid entsteht. Nachdem man die Färbung gemessen hat, bringt man sie durch Zusatz von H_2O_2 zum Verschwinden und ruft gleichzeitig die Titanperoxidfarbe hervor, die ebenfalls kolorimetriert wird. Wenn man nun alles Persulfat durch längeres Kochen zerstört, kann man das Eisen mit H_2S zu Fe^{2+} reduzieren und mit Permanganat titrieren.

P_2O_5 muß in einer besonderen Probe der Oxide durch Fällen mit Ammoniummolybdat bestimmt werden. Man schließt diesmal mit Na_2CO_3 auf, da sich P_2O_5 beim Schmelzen mit $K_2S_2O_7$ verflüchtigt. Zur Bestimmung weiterer Bestandteile geht man nötigenfalls von Sondereinwagen aus. Al_2O_3 ergibt sich aus der Differenz. Falls Eisen(III)- oder Aluminium-Ionen in genügendem Überschuß vorhanden waren, enthält der Niederschlag alles Phosphat. Handelt es sich nur um wenig Phosphorsäure, so kann es vorteilhaft sein, sie durch vorsichtiges Neutralisieren mit einem kleinen Teil des Eisens vorweg auszufällen.

7.3 Calcium, Magnesium

Die Bestimmung dieser Elemente geschieht gegebenenfalls anschließend wie beim Dolomit. Falls es sich um größere Mengen davon handelt, werden die Niederschläge umgefällt, um sie von Alkalisalzen zu befreien.

7.4 Alkalimetalle nach Smith

Man wiegt 0,5 – 0,6 g *äußerst fein* gepulverten Feldspat (0,06 mm-Sieb!) aus dem Wägeröhrchen in eine auf schwarzem Glanzpapier stehende Achatreibschale, mengt das Mineral mit etwa ebensoviel NH_4Cl, fügt etwa 3 g $CaCO_3$ (zur Analyse, alkalifrei) hinzu und verreibt das Gemisch so *innig wie möglich*. Mit Hilfe eines kleinen, trockenen Pinsels bringt man die Mischung ohne Verlust zunächst auf schwarzes Glanzpapier[1], dann in einen Platinfingertiegel, auf dessen Boden sich schon ein wenig $CaCO_3$ befindet. Damit etwa zur Seite fallende Teilchen nicht verlorengehen, geschieht das Umfüllen über einem zweiten Bogen Glanzpapier.

Der mit einem übergreifenden Deckel verschlossene Fingertiegel wird in ein passend geschnittenes Loch einer kräftigen feuerfesten

---

[1] Man schneidet das Glanzpapier so, daß seine Ränder *nicht* nach der Glanzseite hin aufgeworfen sind.

Platte so eingesetzt, daß sich $2/3-3/4$ seiner Länge, der Höhe der Füllung entsprechend, unterhalb der Platte befinden. Man befestigt die Platte senkrecht und erwärmt den fast waagerecht liegenden Tiegel zunächst mit kleiner Flamme, bis nach 10–20 min die Ammoniakentwicklung aufgehört hat; NH_4Cl soll dabei nicht entweichen. Nun wird der gefüllte Teil des Tiegels mit einem kräftigen Mekerbrenner wenigstens 45 min lang auf heller Rotglut (1 000–1 100 °C) gehalten, während der andere, leere Teil jenseits der Platte *unterhalb* der Rotglut bleiben muß, damit sich nicht Alkalichlorid verflüchtigt[1].

Nach dem Erkalten gibt man 2 ml heißes Wasser in den Tiegel, läßt 10–15 min stehen und behandelt dann das Ganze in einer Porzellankasserolle mit 100 ml heißem Wasser, nötigenfalls über Nacht, bis alles zerfallen ist. Die Kasserrolle ist hierbei gut bedeckt zu halten ($Ca(OH)_2$!). Gröbere Teile werden vorsichtig mit einem kleinen Pistill zerdrückt. Man gießt vom Niederschlag durch ein Filter ab, behandelt das Ungelöste nochmals mit 50 ml heißem Wasser, sammelt alles im Filter und wäscht gründlich mit heißem Wasser oder – bei Gegenwart von Magnesium – mit $Ca(OH)_2$-Lösung aus. Beim Behandeln mit warmer Salzsäure darf der Rückstand kein unzersetztes, pulveriges Mineral hinterlassen; sonst war der Aufschluß nicht vollständig und muß mit dem Rückstand wiederholt werden.

Zur Abscheidung des Calciums versetzt man das Filtrat mit 5–10 ml konz. Ammoniaklösung und einer Lösung von 2 g $(NH_4)_2CO_3$ in wenig Wasser, erhitzt die Flüssigkeit, filtriert das Calciumcarbonat ab und wäscht es sorgfältig mit heißem Wasser aus. Das Filtrat wird in einer Quarzschale oder Porzellankasserolle auf dem Wasserbad eingedampft und der trockene Rückstand durch vorsichtig gesteigertes Erhitzen von der Hauptmenge der Ammoniumsalze befreit (vgl. S. 24). Da die Alkalichloride leicht flüchtig sind, darf man dabei keinesfalls bis auf Rotglut erhitzen.

Das zurückbleibende Salz löst man in 5 ml Wasser, versetzt die Lösung zur Fällung der letzten Spuren Calcium heiß mit einigen Tropfen $(NH_4)_2C_2O_4$-Lösung und Ammoniak und läßt über Nacht stehen. Dann filtriert man sie durch ein ganz kleines Filter in eine mit Deckel gewogene kleine Platinschale, wäscht aus, dampft die Lösung ein und erhitzt in einer dunklen Ecke des Abzugs vorsichtig mit einem Pilzbrenner so weit, daß der Boden der Schale höchstens kurz vorübergehend auf eben erkennbare Rotglut gerät. Sobald die Blasenbildung

---

[1] Gewöhnliche Platintiegel sind hier *nicht* verwendbar!

aufgehört hat, ist alles Oxalat in Carbonat übergegangen[1] Man läßt erkalten, löst in 2 ml Wasser, gibt einige Tropfen konz. Salzsäure zu, dampft ein und erhitzt nochmals schwach. Nach der Wägung der reinen Alkalichloride kann Kalium nach S. 185 bestimmt werden. Die gewogenen Alkalisalze sind qualitativ auf Mg^{2+}, Ca^{2+} und SO_4^{2-} zu prüfen. Über das Verknistern finden sich Hinweise auf S. 24.

Da $CaCl_2$ sehr zerfließlich ist, verwendet man eine Mischung von $CaCO_3$ und NH_4Cl, aus der sich beim Erhitzen zunächst fein verteiltes $CaCl_2$ bildet; erhitzt man stärker, so entsteht weiterhin CaO, das sich als stark basisches Oxid mit den Bestandteilen des Silicats zu wasserunlöslichem Calciumsilicat umsetzt, während die viel schwächer basischen Oxide Al_2O_3, Fe_2O_3 und MgO unverändert bleiben oder aus ihren Verbindungen durch CaO verdrängt werden. Da auch die Alkalioxide sehr starke Basen sind, stehen bei Beendigung des Aufschlusses den Chloridionen nur die Kationen der Alkalimetalle und des Calciums gegenüber, so daß beim Behandeln der Masse mit Wasser nur Alkalichloride, $CaCl_2$ und ein wenig $Ca(OH)_2$ in Lösung gehen. Der Aufschluß nach J. L. Smith gestattet, die Alkalimetalle auch in sehr schwer zersetzlichen Mineralien wie Al_2O_3 zu bestimmen.

Die meisten Silicate lassen sich auch nach Berzelius mit HF und H_2SO_4 zersetzen, so daß anschließend die Alkalimetalle bestimmt werden können. Falls Natrium und Kalium getrennt bestimmt werden sollen, müssen aber die so erhaltenen Alkalisulfate mit Hilfe von $BaCl_2$ in Chloride verwandelt werden. Bei einem anderen Verfahren unterläßt man daher den Zusatz von Schwefelsäure ganz, fällt SiF_6^{2-}, F^-, Mg^{2+}, Al^{3+} usw. mit überschüssigem $Ca(OH)_2$ und verfährt dann ähnlich wie beim Aufschluß nach Smith.

Sind die Alkalimetalle in säurezersetzlichen Silicaten oder in einer Lösung zu bestimmen, die noch beliebige andere Metalle enthält, so fällt man zunächst die Elemente der Schwefelwasserstoff- und Ammoniumsulfidgruppe, dann das Calcium mit Oxalat. Um Magnesium von den Alkalimetallen zu trennen, kann man in folgender Weise verfahren. Die Lösung wird mit festem HgO im Überschuß behandelt, eingedampft und höher erhitzt. Dabei bildet sich aus $MgCl_2$ das kaum elektrolytisch dissoziierte, leichtflüchtige $HgCl_2$ sowie MgO, während die Hydroxide der Alkalimetalle löslich bleiben. Mg läßt sich auch fällen, wenn man mit $Ba(OH)_2$-Lösung bis zur kräftigen Rotfärbung von Phenolphthalein versetzt; im Filtrat muß dann aber Barium mit NH_3 und $(NH_4)_2CO_3$ abgeschieden werden, ein Arbeitsgang, der meist mehrfach wiederholt werden muß. Kleine Mengen von Aluminium oder Magnesium lassen sich besser durch Fällen mit Oxin von den Alkalimetallen trennen.

---

[1] Alkalichloride, -fluoride und -nitrate lassen sich durch Eindampfen mit überschüssiger Oxalsäure in Oxalate verwandeln, aus denen man durch Erhitzen die Carbonate erhält.

8 Bestimmung der Alkalioxide in einem Glas

Etwa 0,6 g des fein pulverisierten Glases, das auch Borsäure enthalten darf, werden in einer kleinen Platinschale mit 5 ml 20%iger Schwefelsäure aufgeschlämmt, vorsichtig mit 5–10 ml reiner Flußsäure vermischt und über Nacht im Flußsäureabzug stehengelassen. Dann dampft man langsam auf dem Wasserbad ein und erhitzt schließlich auf dem Sandbad stärker, bis die Schwefelsäure unter starkem Rauchen zu entweichen beginnt. Der Rückstand, der schwefelsäurefeucht sein muß, wird nach dem Erkalten mit etwa 5 ml heißer 2 n-Salzsäure behandelt, in ein Becherglas gespült und nach Verdünnen auf etwa 100 ml erhitzt, bis alles $CaSO_4$ umgewandelt und gelöst ist, was 1–2 Std. dauert. Man fällt zunächst kleine Mengen Aluminium und Eisen mit Ammoniaklösung, dann – ohne abzufiltrieren – Calcium durch Zutropfen von Ammoniumoxalatlösung aus und läßt 6 Std. stehen. Man filtriert, wäscht sparsam mit ammoniumoxalathaltigem Wasser aus, dampft zur Trockne ein und vertreibt die Ammoniumsalze.

Der Rückstand wird in etwa 25 ml Wasser gelöst; dann gibt man bei 80 °C 25 ml 0,2 n Ammoniaklösung zu (p_H 9,5–10) und fällt mit Oxinlösung in geringem Überschuß wie auf S. 82. Man verwendet dazu eine 1%ige Lösung von Benzoesäure in 25%igem Alkohol, die mit 8-Hydroxychinolin gesättigt ist. Der Niederschlag, der Magnesium und einen Rest Aluminium enthält, wird abfiltriert und mit heißem, schwach ammoniakalischen Wasser ausgewaschen; das Filtrat wird auf dem Wasserbad eingedampft, wobei man mehrmals einige ml konz. Ammoniaklösung zugibt und schließlich nach Zusatz von 1 ml 50%iger Schwefelsäure auf dem Sandbad zur Trockne bringt. Die erhaltenen Alkalisulfate werden vor der Wägung wie auf S. 185 behandelt.

Bei Gegenwart größerer Mengen Aluminium läßt sich nicht alles Fluorid durch einfaches Abrauchen mit Schwefelsäure entfernen. Man bringt in diesem Fall den Rückstand durch Erwärmen mit Wasser und ein wenig Schwefelsäure vollständig in Lösung, dampft wieder ein und erhitzt nochmals zum Rauchen; erst dann kann man sicher sein, daß alles Fluor entfernt ist. Der Flußsäureaufschluß nach Berzelius führt nur bei wenigen, vorwiegend kieselsäurearmen Silicaten nicht zum Erfolg. Das Verfahren wird auch angewendet, um bei Silicatgesteinen mit Sondereinwaagen Mn oder Fe^{2+} zu bestimmen; im zweiten Fall führt man den Aufschluß in CO_2-Atmosphäre durch.

X. Aufgaben und Methoden der Analytischen Chemie

In den vorangehenden Abschnitten wurden klassische Methoden der Analytischen Chemie an Hand einer Reihe typischer, leicht zu bewältigender Beispiele aus dem Gebiet der Anorganischen Chemie behandelt. Der Aufgabenbereich der Analytischen Chemie ist jedoch weit größer. Es gibt wohl keinen Bereich der Chemie, ja kaum der Technik, in dem nicht Aufgaben analytischer Art zu bewältigen sind. Die Kontrolle der Zusammensetzung und Reinheit der Rohstoffe, Zwischenprodukte und Erzeugnisse ist von größter Bedeutung für die chemische Industrie sowohl auf anorganischem als auch auf organischem Gebiet. Die Überwachung der Reinheit von Lebensmitteln, von Luft, Wasser und Boden sind ebenso wie biochemische und physiologisch-chemische Untersuchungen zu einem wesentlichen Teil Tätigkeiten analytischer Art; dazu kommen in vielen Zweigen der Wissenschaft und Technik Entwicklungs- und Forschungsarbeiten, die ohne Benutzung moderner analytischer Methoden überhaupt nicht in Angriff genommen werden könnten.

Die Aufgabe des analytisch tätigen Chemikers besteht zunächst in der qualitativen Analyse der meist vorliegenden Stoffgemische. Dabei ist nicht nur festzustellen, welche Elemente vorhanden sind und in welcher Oxidationsstufe sie vorliegen, sondern vor allem auch, zu welchen Molekülen oder Ionen sie miteinander verbunden sind. Wenn von diesen nicht ganz spezifische Reaktionen und Merkmale schon bekannt sind, ist eine Identifizierung oft nur dadurch möglich, daß man das Stoffgemisch möglichst weitgehend in reine Stoffe zerlegt und diese weiter untersucht. Alle Verfahren der exakten Stofftrennung (Tabelle 1) bilden daher einen der wesentlichsten Bereiche der Analytischen Chemie; häufig können die gleichen Verfahren auch bei präparativen Arbeiten angewandt werden.

Eine weitere wichtige Aufgabe ist die Ermittlung der quantitativen Zusammensetzung (Tabelle 2). In vielen Fällen handelt es sich hierbei darum, den Anteil der einzelnen aus Molekülen oder Ionen bestehenden Reinstoffe in einem Gemisch festzustellen. Bisweilen ist aber auch die quantitative Zusammensetzung von Reinstoffen zu untersuchen,

X. Aufgaben und Methoden der Analytischen Chemie

Tabelle 1. Analytische Trennungsmethoden

1. *Fällung* durch chemische Reaktion, durch Änderung des Lösungsmittels, beides auch fraktioniert; Kristallisation, fraktionierte Kristallisation, Zonenschmelzen, Eis-Zonenschmelzen.
2. *Destillation*, fraktionierte Destillation mit der Kolonne, Verflüchtigung im Dampf- oder Gasstrom, Diffusion, Dialyse.
3. *Ionenaustausch, Adsorption*, beides auch chromatographisch, Gasadsorptionschromatographie (GSC).
4. *Extraktion* von festen Stoffgemischen oder Lösungen, *Flüssig-flüssig-Verteilung*, Papierchromatographie, Dünnschichtchromatographie, Gelchromatographie, *Gasverteilungschromatographie (GLC)*.
5. *Elektrolyse*, Elektrophorese, Ionophorese.

Tabelle 2a. Elementaranalyse, anorganisch
(alle Elemente und Ionen; qualitativ und quantitativ)

1. *Chemische Methoden.* Qualitative Reaktionen, gravimetrische Bestimmungen, Titrationen.
2. *Emissionsspektralanalyse* durch Funken- und Bogenspektrum, *Flammenfotometrie* in Emission und Absorption, *Röntgenfluoreszenz*, Elektronen-Mikrosonde, UV- und IR-Absorption, *Kolorimetrie,* ESR-Messung.
3. *Elektroanalyse,* potentiometrische, amperometrische und konduktometrische *Endpunktsbestimmung bei Titrationen,* Polarographie, Coulometrie.
4. Aktivierungsanalyse, Isotopenanalyse, Massenspektrum.

Tabelle 2b. Elementaranalyse, organisch
(C, H, O, N, ferner S, Cl, Br, I, F, P, B, Si; qualitativ und quantitativ)

1. *Verbrennungsanalyse.*
2. *Massenspektrum,* Isotopenanalyse.

Tabelle 3. Spurensuche

1. *Gaschromatographie, Massenspektrum, Aktivierungsanalyse.*
2. *UV-Absorption,* Fluoreszenz, Fluoreszenz-Löschung, Elektronen-Mikrosonde, *Funken- und Bogenspektrum.*
3. Chemische Ultramikromethoden, Tüpfelreaktionen, katalytische Reaktionen, Polarographie, anodische Auflösung.

um wenigstens ihre Bruttoformel angeben zu können. Schließlich ist die Suche nach Spuren bestimmter Stoffe (Tabelle 3) in Reinstoffen oder Gemischen eine häufig vorkommende und besonders wichtige Aufgabe.

Die Bruttoformel von Reinstoffen genügt in der Regel nicht zur eindeutigen Identifizierung, und meist hat eine mehr oder minder große Zahl von chemisch ganz verschiedenen Isomeren die gleiche Bruttoformel; diese sagt auch nichts aus über das Molekulargewicht (Tabelle 4) und über die vorliegende Kristallmodifikation. Zur Identifizierung eines Stoffes müssen daher weitere charakteristische Daten herangezogen werden (Tabelle 5), wobei sich meist die Identität mit ei-

Tabelle 4. Bestimmung des Molekulargewichts

1. Massenspektrum, *Feldemissionsmassenspektrum*.
2. *Kryoskopische* und ebullioskopische Methoden, *Dampfdruckerniedrigung*, osmotischer Druck.
3. Gasdichte, Ultrazentrifuge.
4. Endgruppenanalyse.
5. Röntgenographische Methoden.

Tabelle 5. Analyse organischer funktioneller Gruppen (qualitativ und quantitativ)

1. *Chemische Methoden,* Titrationen in nichtwäßrigen Lösungsmitteln, Wasserbestimmung.
2. *Kolorimetrie,* UV-Absorption, *IR-Absorption,* Ramanspektrum, NMR-Spektrum.
3. *Massenspektrum.*
4. *Gaschromatographie.*
5. Polarographie.

Tabelle 6. Identifizierung und Strukturanalyse (anorganisch und organisch)

1. *Massenspektrum.*
2. UV- und *IR-Absorptionsspektrum,* Ramanspektrum, Mikrowellenspektrum, Fotoelektronenspektrum, Optische Rotationsdispersion.
3. *ESR-Spektrum, NMR-Spektrum,* Kernquadrupolspektrum, Mössbauerspektrum
4. *Röntgenographische Strukturbestimmung, Pulverdiagramm.*

Relative Atom-Massen [1]

Ac	Actinium	227,0278	N	Stickstoff	14,00674
Ag	Silber	107,8682	Na	Natrium	22,98977
Al	Aluminium	26,98154	Nb	Niob	92,90638
Ar	Argon	39,948	Nd	Neodym	144,24
As	Arsen	74,92159	Ne	Neon	20,1797
Au	Gold	196,96654	Ni	Nickel	58,69
B	Bor	10,811	O	Sauerstoff	15,9994
Ba	Barium	137,327	Os	Osmium	190,2
Be	Beryllium	9,01218	P	Phosphor	30,97376
Bi	Bismut	208,98037	Pa	Protactinium	231,0359
Br	Brom	79,904	Pb	Blei	207,2
C	Kohlenstoff	12,011	Pd	Palladium	106,42
Ca	Calcium	40,078	Po	Polonium	208,9824
Cd	Cadmium	112,411	Pr	Praseodym	140,90765
Ce	Cer	140,115	Pt	Platin	195,08
Cl	Chlor	35,4527	Ra	Radium	226,0254
Co	Cobalt	58,9332	Rb	Rubidium	85,4678
Cr	Chrom	51,9961	Re	Rhenium	186,207
Cs	Caesium	132,90543	Rh	Rhodium	102,9055
Cu	Kupfer	63,546	Rn	Radon	222,0176
Dy	Dysprosium	162,50	Ru	Ruthenium	101,07
Er	Erbium	167,26	S	Schwefel	32,066
Eu	Europium	151,965	Sb	Antimon	121,75
F	Fluor	18,9984	Sc	Scandium	44,95591
Fe	Eisen	55,847	Se	Selen	78,96
Ga	Gallium	69,723	Si	Silicium	28,0855
Gd	Gadolinium	157,25	Sm	Samarium	150,36
Ge	Germanium	72,61	Sn	Zinn	118,71
H	Wasserstoff	1,00794	Sr	Strontium	87,62
He	Helium	4,0026	Ta	Tantal	180,9479
Hf	Hafnium	178,49	Tb	Terbium	158,92534
Hg	Quecksilber	200,59	Te	Tellur	127,60
Ho	Holmium	164,93032	Th	Thorium	232,0381
In	Indium	114,82	Ti	Titan	47,88
Ir	Iridium	192,22	Tl	Thallium	204,3833
I	Iod	126,90447	Tm	Thulium	168,93421
K	Kalium	39,0983	U	Uran	238,0289
Kr	Krypton	83,80	V	Vanadium	50,9415
La	Lanthan	138,9055	W	Wolfram	183,85
Li	Lithium	6,941	Xe	Xenon	131,29
Lu	Lutetium	174,967	Y	Yttrium	88,90585
Mg	Magnesium	24,305	Yb	Ytterbium	173,04
Mn	Mangan	54,93805	Zn	Zink	65,39
Mo	Molybdän	95,94	Zr	Zirkonium	91,224

[1] „Vakuumgewichte" (vgl. S. 14), bezogen auf $^{12}C = 12,00000$ (s. S. 65).
nem bereits bekannten Stoff ergibt; andernfalls ist eine Bestimmung der Molekülstruktur oder der Kristallstruktur notwendig (Tabelle 6).

X. Aufgaben und Methoden der Analytischen Chemie

Darüber hinaus kann es notwendig sein, weitere physikalische Eigenschaften zu bestimmen wie Dichte, Schmelzpunkt, Dampfdruck, Viskosität, Brechungsindex, Leitfähigkeit, Oberflächenstruktur, Korngrößenverteilung.

Moderne quantitative Bestimmungsverfahren bedürfen einer Eichung, wobei die feste Eichsubstanz oder die Eichlösung eine genau bekannte und annähernd die gleiche Zusammensetzung haben muß wie die zur Analyse kommende Probe, die in vielen Fällen zuvor einem Aufschluß oder einer Vortrennung unterworfen werden muß. Die klassischen Arbeitsweisen sind schon aus diesem Grunde nach wie vor unentbehrlich.

Die modernen analytischen Verfahren sind hinsichtlich Empfindlichkeit und Schnelligkeit den klassischen oft weit überlegen; andererseits darf nicht übersehen werden, daß sie – ganz abgesehen von dem meist um Größenordnungen höheren finanziellen Aufwand – keineswegs immer anwendbar sind und zu erheblichen Fehlern führen, falls der Bearbeiter nicht alle störenden Einflüsse kennt und berücksichtigt.

Nicht nur der auf seinem Spezialgebiet tätige Analytiker, sondern auch der normal ausgebildete Chemiker sollte unbedingt die Leistungsfähigkeit der in den Tabellen 1–6 angeführten Methoden kennen und in der Lage sein, die zur Lösung eines vorliegenden Problems am besten geeigneten Verfahren auszuwählen. Die genauere Darlegung der nur in Stichworten angeführten Verfahren würde allerdings über den Rahmen der vorliegenden Praktikumsanleitung weit hinausgehen; sie muß deshalb den entsprechenden Vorlesungen und Lehrbüchern vorbehalten bleiben.

■	Element wird quantitativ gefällt	⁞⁞⁞⁞	Element stört unter besonderen Bedingungen nicht
▬	Element wird quantitativ mitgefällt	⁞⁞⁞	Element stört in kleinen Mengen nicht
‖‖‖	Element bleibt quantitativ in Lösung	☐	Verfahren zur Trennung nicht geeignet

--- Element stört

Schwacher Druck: Verfahren zur Trennung wenig angewendet.
(Die Angaben gelten für den Fall, daß nur ein Element zusätzlich vorhanden ist; Störungen weiterer Elemente untereinander sind nicht berücksichtigt)

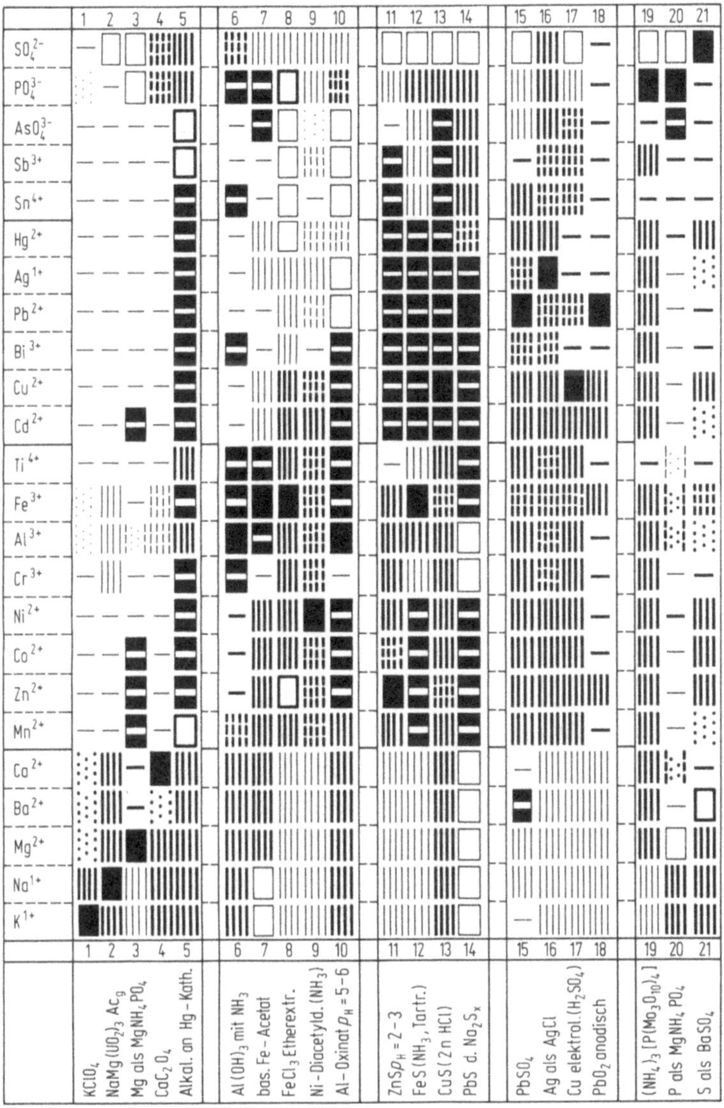

X. Aufgaben und Methoden der Analytischen Chemie

Abb. 50. Wichtige quantitative Trennungen. Zeichenerklärung s. S. 258

Sachverzeichnis

Abdampfen 23
Abmessen von Flüssigkeiten 94
Abrauchen 22
– von Schwefelsäure 24
– von Ammoniumsalzen 24
Abrösten 239
Absorption 214
Absorptionsspektrum 215
Abtreiben 234
Acetattrennung 171
Acidimetrie 95
Adsorptionsindikator 124
Äquivalentgewicht 45, 46, 47, 66, 133, 197
Äquivalentmenge 45
Äquivalenzfaktor 133
Äquivalenzpunkt 100, 101, 102, 122
Aktivitäten 69
aliquoter Teil 16
Alkalimetalle
– Bestimmung in Borax 110
– Bestimmung in Gegenwart anderer Metalle 252
– im Glas 253
– nach Smith im Feldspat 250
Alkalimetrie 95
Aluminium
– als Al_2O_3 73
– als Hydroxychinolat 83, 84, 176
– im Feldspat 248
– in Dolomit 225
– neben Eisen 166
Aluminiumblock 7, 36
Amminkomplexe 177
Ammoniak
– Bestimmung in Ammoniumsalzen 112
– Titration 103, 110
Ammoniaklösung
– Aufbewahrung 44
– Herstellung 44
Ammonium-dodekamolybdatophosphat 88
amperometrischen Titration 92, 122
amphoteres Verhalten 75
Amylopektin 150
Amylose 150
Analytischer Gewichtssatz 14
Anthranilsäure 84
Antibase 102
Antimon
– als Hydroxychinolat 83
– im Hartblei 242
– mit Kaliumbromat 162
– Trennung von Arsen 188, 191
– Trennung von Zinn 177
Ardagh-Methode 177
Arndsche Legierung 118
Arsen
– Abtrennung von anderen Elementen 190
– als As_2S_3 82
– als As_2S_5 82
– As^{3+} manganometrisch 142
– As^{3+} mit $KBrO_3$ 163
– iodometrisch 160
– Trennung von Antimon 188
– Trennung von Kupfer 184
Arsenkies 190
Arsensäure
– als $Mg_2As_2O_7$ 80
– nach Volhard 126
Atomgewicht 14, 49, 65, 122
– Tabelle der – 257
Atomprozente 52
Auflösen 22
Aufschluß
– Freiberger – 231, 232, 241, 243
– im Chlorstrom 241
– mit $K_2S_2O_7$ 248, 249

Aufschluß
- mit NaOH 246
- mit Na_2CO_3/K_2CO_3 236, 238
- mit $Na_2CO_3/K_2CO_3/Na_2B_4O_7$ 249
- mit Soda 75, 225, 244, 246, 248, 249, 250
- nach Berzelius 252, 253
- nach Carius 238
- nach Smith 250
- säurezersetzlicher Silicate 246
- von Pyritabbränden 236
- von Sulfiden 238
Auftrieb 14
Ausethern 176
Ausflockung 32
Austauschkapazität 182
Auswaschen 30, 31
Avogadro-Konstante N_A 65

Balkenwaage 9
Barium
- als $BaSO_4$ 67
Basen 95
Beimengungen
- Bestimmung kleiner – 234
Benzidin 112
Berechnung der Analyse 48, 93
Beryllium
- als BeO 75
- als $Be_2P_2O_7$ 80
Bindungsheterolyse 130
Bismut
- als $BiPO_4$ 80
- als Bi_2O_3 75
- neben Blei 129
- Trennung von Blei 174
Blei
- als $PbCrO_4$ 70
- bei Gegenwart von Kupfer und Zink 209
- im Hartblei 242
- in Messing (Bronze) 232
- iodometrisch 156
- neben Bismut 129
- schnellelektrolytisch 207
- Trennung von Cu, Cd, Zn, Sn 167

Bleiakkumulator 200
Blindanalyse 60
Borax 110
Borsäure
- Bestimmung 110
- Säurewirkung 109
- zur Stickstoffbestimmung 121
Borsäuretrimethylester 110
Braunstein
- nach Bunsen 155
Brönsted-Säure/Base-Theorie 101
Bromid
- als AgBr 64
- mit $AgNO_3$ gegen Eosin 124
- neben Chlorid 160, 192
- neben Chlorid mit KIO_3-Lösung 164
Bronze 243
- Analyse 230
Büretten 15, 17, 19, 41
Bunsenventil 29

Cadmium
- als $CdSO_4$ 78
- als $Cd_2P_2O_7$ 80
- als CdS 82
- als Hydroxychinolat 83
Cäsium
- als Tetraphenylborat 86
Calcium
- als $CaCO_3$ 75
- als $CaC_2O_4 \cdot H_2O$ 77
- als $CaSO_4$ 77, 78
- cerimetrisch 138
- im Feldspat 250
- in Dolomit 225
- in Phosphorit 183
- manganometrisch 137
- mit EDTA-Lösung 128
- Summe Ca/Mg 129
- Trennung von Mg 76, 166
Carbonate
- Titration 111
Cerimetrie 144
Cer(IV)sulfat
- Herstellung 0,1 n Lösung 144

Sachverzeichnis

Chelate 84
Chinaldinsäure 84
Chlorate
– iodometrisch 156
Chlorid
– als AgCl 61
– mit $AgNO_3$ gegen einen Adsorptionsindikator 124
– nach Mohr 123
– nach Volhard 125
– neben Bromid 192
Chlorkalk
– Bestimmung des „wirksamen Chlors" 154
Chrom
– als Cr_2O_3 75
– in Chromeisenstein 178
– in Legierungen 220
– neben Eisen oder Aluminium 179
Chromat
– iodometrisch 153, 178
Chromeisenstein 178
Chromschwefelsäure 40
Cobalt
– als $CoSO_4$ 78
– als Co_2O_3 73
– als $Co_2P_2O_7$ 80
– elektrolytisch 207
– iodometrisch 158
– neben Nickel 175
– neben Nickel, Zink oder Aluminium 176
– Trennung von Mn und Mg 169
Coulomb 135, 197
Coulometrie 197
Cuprizon 222
Cyanid
– als AgCN 64
– nach Liebig 127

DAB. 6 48
Dampftrichter 28
Dekantieren 30
Devardasche Legierung 118
Diacetyldioxim 175, 177
Dichromat-Verfahren 146

Dissoziationsgrad 98
Dissoziationskonstante 97
Divergieren 26
Dolomit 166
– Analyse 224
Dulcit 110
Durchlässigkeit 214

Edison-Akkumulator 206
EDTA 128
Eichkurve 216
Eichung der Meßgefäße 21
Eindampfen 22
Einleiten eines Gases 26
Eisen
– als Fe_2O_3 70
– als Hydroxychinolat 83
– Ausethern 187
– Fe^{2+} cerimetrisch 139
– Fe^{3+} nach Reinhardt-Zimmermann 139
– fotometrisch 221
– im Feldspat 248
– im Kupferkies 237
– in Braunstein 149
– in Dolomit 225
– in Magnetit 146
– in Messing (Bronze) 233
– in Stahl 176
– kolorimetrisch in einer Aluminiumlegierung 218
– manganometrisch als Fe^{2+} 138
– neben Aluminium 166
– Reduktion salzsaurer Fe^{3+}-Lösungen 140
– Trennung von Chrom in Chromeisenstein 178
– Trennung von Mn 171
– Trennung von Mn in Spateisenstein 170
Elektrizitätsmenge 197
Elektroanalyse 195
Elektrolyse 195
Erdalkalicarbonate
– acidimetrisch 117

Erdalkalimetalle
– Trennung der – 187
Erhitzen 35
Essigsäure
– Bestimmung des Gehalts 109
– Dissoziation 96, 97, 101
– Puffer 98
– Titration 103, 111
Exsiccator 7
Extinktion 212, 214
Extinktionskoeffizient 212
Extraktion 186, 187

Fällen 25
Fällung in homogener Lösung 173
Fällungsbereiche von
   Niederschlägen 167
Fahlerze 241
Faktor 94, 107
Faraday 197
Faraday-Konstante 135
Feldspat
– Analyse 244
Ferrochrom 178
Ferromangane 173
Feuchtigkeitsgehalt 53, 230
– Bestimmung in Dolomit 224
Filter
– Blauband 27
– Schwarzband 27
– Weißband 27
Filterstoffschleim 26
Filtertiegel 27, 32, 38, 41, 59
– Glas – 33
– Porengrößen 33
– Porzellan – 33
Filtrieren 30
Fixanal 94
Fluorid
– als CaF_2 65
– nach Volhard 126
Formaldehyd
– iodometrisch 161
Formaldehydmethode 112
Formel
– Berechnung der chemischen – 51

Fotometrie 211
Frequenz 214

Gangart 224, 236, 238
Gase, Reinigung der – 45
Gaskonstante R 65
gekoppelte Salzlösung und
   Salzfällung 126
Gewichtsprozent 47
Glas
– Analyse 253
– Borosilicat – 4
– Duran – 3
– Geräte – 4
– gewöhnliches – 3
– Jenaer – 3
– Löslichkeit 43
– Quarz 3
– Quarzgut 3
– Supremax 4
Glühverlust 53, 54
– Bestimmung in Dolomit 224
Gold in Legierungen oder Erzen 234

Halogenide, Trennung Cl^-, Br^-, I^- 159
Hartblei
– Analyse 241
Hochofenschlacke 246
Hydrogencarbonat
– Bestimmung neben Carbonat 115
Hydrolyse 101, 104, 170
– hydrolytische
   Trennungsverfahren 171
Hydrosol 247
Hydroxide
– basischer Charakter 170
– Fällung 170
8-Hydroxychinolin 82, 84, 163, 167,
   177

Impfen 80
Indirekte Analyse 192
– Berechnung 193
Iod
– Herstellung 0,1 n Lösung 160

Sachverzeichnis

Iodid
- als AgI 64
- iodometrisch 159
- mit AgNO$_3$ gegen Eosin 124

Iodometrie 149
Ionenaustauscher 113, 179
- Affinität 182
- Kapazität 181

Ionenprodukt des Wassers 95, 101
isosbestischer Punkt 217

Kalium
- als Tetraphenylborat 85
- neben Natrium als KClO$_4$ 185

Kaliumbromat
- Herstellung 0,1 n Lösung 162
- Oxidationen mit – 162

Kaliumiodat
- als Urtitersubstanz 152
- Oxidationen mit 162

Kaliumiodid
- als Reduktionsmittel 150

Kaliumpermanganat
- Herstellung 0,1 n Lösung 136

Kalkstein 166
Kalkstickstoff
- Aufschluß 120

Karl Fischer-Titration 161
Kieselsäure
- im Feldspat 244

Klarpunkt 124
Kohlendioxid
- in Dolomit 226

Kohlensäure
- Dissoziation 117

Kohlenstoff
- Bestimmung im Stahl 241

Kolloid 32
Kolorimetrie 211
konduktometrische Maßanalyse 92
Konzentration 45, 47
Kornvergrößerung 70
korrespondierendes Säure-Base-Paar 102

Kupfer
- als CuSCN 179
- als Hydroxychinolat 83
- elektrolytisch 202
- fotometrisch 222
- im Hartblei 242
- im Kupferkies 169, 237
- in einer Kupfer-Nickel-Legierung 234
- in Messing 156, 166
- in Messing (Bronze) 233
- mit Salicylaldoxim 176
- schnellelektrolytisch 209
- Trennung von anderen Elementen 179
- Trennung von Arsen 184
- Trennung von Zink und Eisen 169

Kupferkies
- Analyse 235

Kupfer-Nickel-Legierung
- Analyse 234

Lambert-Beersches Gesetz 212, 216, 217
Lanthanide
- als Oxide 77

Lithium
- Trennung von Na 187

Löserückstand
- Bestimmung im Kupferkies 235
- Bestimmung in Dolomit 224

Löslichkeit 63, 70
Löslichkeitsprodukt 63, 169
Lösungsmittel, nichtwäßrige 104
Loschmidt-Zahl N_L 45
Luft, CO$_2$-freie 44
Luftbad 24

Magnesium
- als Hydroxychinolat 82
- als Mg$_2$P$_2$O$_7$ 78
- im Feldspat 250
- in Dolomit 226
- neben Aluminium 177
- Summe Mg/Ca 129
- Trennung Ca^{2+}/Mg^{2+} 76, 166
- Trennung von den Alkalimetallen 252

Magnesiumlegierungen 219
Mangan
- als MnO_2 179
- als $MnSO_4$ 78
- als $Mn_2P_2O_7$ 80, 81
- Bestimmung im Braunstein 155
- in Eisensorten nach Volhard-Wolff 143
- kolorimetrisch 219
- Mn^{2+} manganometrisch 143
- neben Fe als $MnSO_4$ in Spateisenstein 170
Manganometrie 136
Mannit 110
Maßanalyse 90
Membranfilter 32, 35
Menge 45
Messing
- Analyse 230
Meßkolben 15, 16
Meßpipetten 17
Meßzylinder 15
Mischungsregel (Kreuzregel) 48
Mitfällung 68
Mittelwert 51
Mörser 6
Mol 45
Molekulargewicht 45, 46, 49, 66
Molenbruch 47
Molybdänsäure 110
Monelmetall, Analyse 234
multiplikative Verteilung 188

Nachlauffehler 20
Natrium
- als $NaMg(UO_2)_3Ac_9 \cdot 6{,}5\,H_2O$ 187
- in Natriumcarbonat 114
- manganometrisch 137
- neben Kalium 185
- Trennung von Li 187
Natronlauge
- Herstellung 0,1 n Lösung 108
- Titration 103
Natronlauge (Lösung)
- Aufbewahrung 44
- Herstellung 44
Nephelometrie 122, 217
Nernstsche Gleichung 134, 199
Nernstscher Verteilungssatz 187
Neßlers Reagenz 220
Neutralisationsanalyse 95
Neutralisationskurven 103
Neutralpunkt des Wassers 96
Nickel
- als Nickeldiacetyldioxim 167, 174, 175
- als Ni_2O_3 73
- elektrolytisch 206
- in einer Kupfer-Nickel-Legierung 234
- in Stahl 174
- neben Fe^{3+}, Al^{3+} oder Cr^{3+} 176
- Trennung von Mn und Mg 169
Nitrit
- iodometrisch 153
Nomographie 50
Normalität 47, 96
Normallösungen 93, 94
Normalpotential 134, 198
Normal-Wasserstoffelektrode 198

Ohmsches Gesetz 196
Olivin 246
Ostwaldsches Verdünnungsgesetz 98
Oxidation
- und Reduktion, Maßlösungen 132
Oxidationsstufe 46, 130
Oxidationszahl 130

Parallelbestimmungen 60
Perforation 187
o-Phenanthrolin 145, 221
Phosphat
- Abtrennung 80, 88
- als $Mg_2P_2O_7$ 86
- Bestimmung durch Ionenaustausch 113
- in Phosphorit 86, 183
Phosphorit 86, 183
Phosphorsäure
- als $MgNH_4PO_4$ 184

Sachverzeichnis

- als $Mg_2P_2O_7$ 80
- Dissoziation   79
- Neutralisationskurven   104
- Titration   112, 113, 184
- Trennung von Metallionen   184
- Trennung von zweiwertigen Elementen   171

p_H-Wert   96
Pipetten   15, 18, 41
Platin
- Platingefäße   5

Platinelektroden   200
- Typen   201

Platintiegel   37, 41, 54
Polarisation
- galvanische   198

Polarisationsspannung   198
Polarographie   92
Potentiometerschaltung   205
Potentiometrie   90
Potenzierungsverfahren   160
Primärteilchen   72
Puffermischungen   99
Pyrit
- Schwefelgehalt durch Abrösten   239

Pyritabbrände   236

Quecksilber
- als HgS   81
- nach Volhard   127

Quecksilberkathode   205

Reagenzien   42, 59
Redox-Indikatoren   136
Redoxpotential   133
Reduktionsrohr nach Jones   141
Reinheitsgrad   42
Reinigen der Geräte   40
Rhodanid
- als AgSCN   64
- als $BaSO_4$ 69
- mit $AgNO_3$ gegen Eosin   124

Rosetiegel   38
Rubidium
- als Tetraphenylborat   86

Sättigung   62
Säureexponent p_{K_S} 97
Säuren   95
Säure-Base-Indikatoren   97, 99
Salze   95
Salzsäure
- Dissoziation   96
- Herstellung 0,1 n Lösung   105
- Titration   103

Schichtdicke   212
Schmelzreaktionen   102
Schnellelektrolyse   201
- Anordnung   208

Schwefel
- als $BaSO_4$ 69
- im Kupferkies   238

Schwefelsäure
- Dissoziation   67, 96

Schwefelwasserstoff
- Dissoziation   168
- Trennungen durch –   168

Selensäure
- iodometrisch   156

Sieben   6
Silber
- als AgCl   167
- elektrolytisch   205
- Trennung von unedleren Metallen   206

Silbernitrat
- Herstellung 0,1 n Lösung   123

Sollwert   51
Sorbit   110
Spannung   196
Spateisenstein   170
Spektralfarben des Lichts   216
Spektralfotometer   215
Spritzflasche   27, 29
Stärke   150
Stahl   174, 176
Standardabweichung   51
Stickstoff
- Bestimmung in Nitraten   117
- nach Kjeldahl   119

Stromdichte   196
Stromstärke   196

Sachverzeichnis

Strontium
– als $SrSO_4$ 67
Sulfat
– acidimetrisch 112
– als $BaSO_4$ 66
Sulfid
– als $BaSO_4$ 69
– iodometrisch 161
Sulfit
– als $BaSO_4$ 69
– iodometrisch 161

Tauchstabkolorimeter 212, 213
Tellursäure
– iodometrisch 156
Tetrathionat 151
Thiosalze 177
Thiosulfat
– als $BaSO_4$ 69
– Herstellung 0,1 n Lösung 150
Tiegelofen 37, 39
Tiegelschuh 38
Tiegel-Haltezange 13
Titan
– als TiO_2 75
– kolorimetrisch 218
– mit Kupferron 176
– Trennung von Eisen 174
Titan(III)chlorid
– Herstellung 0,02 n Lösung 148
Titan(III)-Verfahren 148
Titer 93
Titration 93
Titrationskurven 103
Titrierexponent 101
Titrierfehler 103, 109
Titrisol 94
Trennung
– elektrolytisch 199
Trennungen 165
– quantitative – (Übersicht) 259
Trichter 27
Trockenmittel 8
Trockenschrank 7, 35
Trockensubstanz 53
Trocknen 7, 45

Übersättigung 70
Überspannung 204
Ultramarin 246
Umfällen 26, 71, 73
Umrechnungsfaktor 49
Urotropin 112
Urtiter 93

Val 46
Veraschen 39
Verdrängungstitration 111
Vergleichslösung 216
Verknistern 24
Verteilungskoeffizient 187
Vollpipetten 16

Wasser, CO_2-freies 108
Wasserbad 22, 23
Wasserbestimmung nach
  Karl Fischer 161
Wasserstoffionen-Exponent 96
Wasserstoffperoxid
– cerimetrische Bestimmung 146
– manganometrisch 146
Wellenlänge 212, 214
Wellenzahl 212, 214
Wertigkeit 46
Widerstand 196
Wiegen 9
Wittscher Saugtopf 33
Wollastonit 225, 246, 247

Zement 225, 246
Zeolithe 246
Zerkleinern 6
Zersetzungsspannung 198
Zink
– als Hydroxychinolat 83
– als Hydroxychinolat,
  bromatometrisch 163
– als $K_2Zn_3[Fe(CN)_6]_2$ 126
– als $Zn_2P_2O_7$ 80
– in Messing (Bronze) 233
– neben Eisen 167
– Trennung von Al, Mg, Mn, Ni,
  Cr 169

Zinn
– als SnO_2 75
– als Sn^{2+} iodometrisch 161
– in Messing (Bronze) 231

H. Parlar, D. Angerhöfer

Chemische Ökotoxikologie

1991. XV, 384 S. 194 Abb. 84 Tab. (Springer-Lehrbuch) Brosch. DM 48,- ISBN 3-540-53625-6

Chemische Substanzen in der Umwelt sind vielfältigen chemischen Reaktionen und Transportvorgängen unterworfen. Sie wirken auf Pflanze, Tier und Mensch ein, und sie beeinflussen einzelne Organismen oder komplexe Ökosysteme. Die Ökotoxikologie erfaßt, beschreibt und bewertet diese Vorgänge.
H. Parlar gibt in seinem aus Vorlesungen entwickelten Lehrbuch der Chemischen Ökotoxikologie einen Überblick über Konzepte und Strategien zur Beurteilung der Umweltrelevanz von Chemikalien. Der Autor betont die Ökosystemforschung und den interdisziplinären Charakter des Gebietes.

Inhalt: Verhalten von Chemikalien in der Umwelt. - Wirkung von Chemikalien. - Rückstände von Chemikalien. - Experimentelle Methoden zur Untersuchung des Verhaltens von Chemikalien. - Gefährlichkeitsbewertung und gesetzliche Regelung von Chemikalien. - Sachverzeichnis.

Preisänderungen vorbehalten

E. Pretsch, T. Clerc, J. Seibl, W. Simon

Tabellen zur Strukturaufklärung organischer Verbindungen

mit spektroskopischen Methoden

3. Aufl. 1986. Korr. Nachdruck 1990. XII, 413 S.
(Anleitungen für die chemische Laboratoriumspraxis, Bd. XV) Geb. DM 86,-
ISBN 3-540-15895-2

Für die 3. Auflage des bewährten Tabellenwerkes zur Strukturaufklärung organischer Verbindungen wurden die Kapitel über Kernresonanz-, Infrarot- und Massenspektroskopie erweitert und auf den neuesten Stand gebracht. Für Studenten der Chemie und benachbarter Gebiete ist das Werk ein unverzichtbares Nachschlagewerk in den Praktika zur Spektroskopie und Strukturaufklärung.

Springer-Verlag
Berlin
Heidelberg
New York
London
Paris
Tokyo
Hong Kong
Barcelona
Budapest

Preisänderungen vorbehalten

MIX
Papier aus verantwortungsvollen Quellen
Paper from responsible sources
FSC® C105338

If you have any concerns about our products,
you can contact us on
ProductSafety@springernature.com

In case Publisher is established outside the EU,
the EU authorized representative is:
**Springer Nature Customer Service Center GmbH
Europaplatz 3, 69115 Heidelberg, Germany**

Printed by Libri Plureos GmbH
in Hamburg, Germany